手把手教你学

三菱PLC

巫　莉　编著

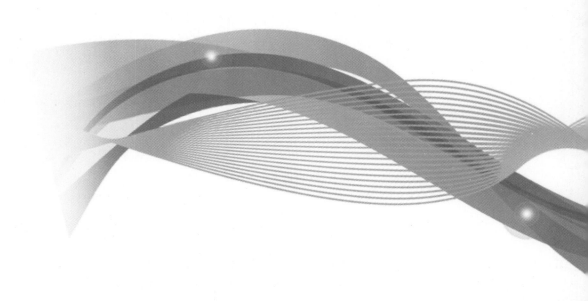

中国电力出版社
CHINA ELECTRIC POWER PRESS

内 容 提 要

本书将 PLC 的控制过程用 Flash 动画课件以图解的方式展现出来，静中有动，使读者通过阅读本书就能达到观看动画课件的效果，有利于读者自学。

本书主要内容包括三菱 PLC 编程软件的使用，FX$_{2N}$ 系列 PLC 常用指令，FX$_{2N}$ 系列 PLC 编程实例，以及 FX$_{2N}$ 系列 PLC 与变频器、触摸屏的应用实例等。

本书可供技术人员培训和自学使用，还可作为高等院校相关专业的教学参考书。

图书在版编目（CIP）数据

手把手教你学三菱 PLC/巫莉编著. —北京：中国电力出版社，2013.10（2015.1 重印）

ISBN 978 - 7 - 5123 - 4526 - 3

Ⅰ. ①手⋯ Ⅱ. ①巫⋯ Ⅲ. ①plc 技术-程序设计 Ⅳ. ①TM571.6

中国版本图书馆 CIP 数据核字（2013）第 116770 号

中国电力出版社出版、发行

（北京市东城区北京站西街 19 号 100005 http://www.cepp.sgcc.com.cn）

汇鑫印务有限公司印刷

各地新华书店经售

*

2013 年 10 月第一版 2015 年 1 月北京第二次印刷

787 毫米×1092 毫米 16 开本 18.5 印张 454 千字

印数 3001—5000 册 定价 **45.00 元**

PLC（可编程序控制器）是在传统的继电器—接触器控制基础上发展起来的，它具有功能强大、环境适应性好、编程简单、使用方便等优点。随着科学技术的发展，PLC 在各个领域的应用越来越广泛。

本书利用 Flash 动画技术，将所制作的 Flash 动画课件以图解的方式展现出来，"静"中有"动"，使读者通过阅读本书就可以达到观看动画课件的效果，非常有利于读者自学。

本书包括八章，第一章通过图解一个简单的 PLC 应用案例使读者快速进入 PLC 天地；第二章图解说明三菱 PLC 编程软件的使用；第三章图解说明 FX$_{2N}$ 系列 PLC 的编程元件和基本指令的应用；第四章图解 FX$_{2N}$ 系列 PLC 的基本编程实例；第五章图解介绍 FX$_{2N}$ 系列 PLC 步进指令及状态编程法；第六、七章分别图解介绍了常用的应用指令和模拟量控制，并列举了大量编程实例，通俗易懂；第八章图解介绍了 PLC、变频器、触摸屏的综合使用，并列举了 PLC、变频器、触摸屏综合应用的实例，如彩灯控制、电梯控制、恒压供水系统的控制及中央空调节能改造系统的控制等，体现了 PLC 控制的先进性及其与当今电气控制领域的新器件综合应用的实力。

本书具有如下特点：

（1）本书采用黑色和蓝色两种颜色图解 Flash 动画课件，运用色彩的变化，"动态"地展示了 PLC 梯形图程序中编程元件"得电"和"失电"，即当编程元件变为蓝色则表示"得电"，当编程元件变为黑色则表示"失电"，一目了然。

（2）以"动态"的图解方式将 Flash 动画课件中 PLC 的输入设备的动作、PLC 的工作原理、PLC 程序的运行状态、PLC 输出设备的动作展现出来，直观地反映了 PLC 控制系统与继电器—接触器控制系统的不同之处，与软件仿真的效果相媲美，提高了读者对于 PLC 程序的理解能力，大大降低了读者的学习难度，如图 1 所示。

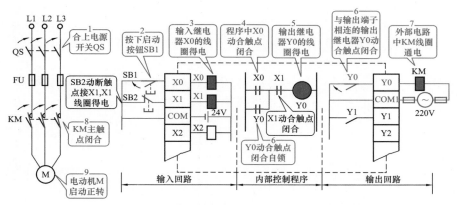

图 1　三相异步电动机单向运行的 PLC 控制方案图解

本书可供技术人员培训和自学使用，还可作为高等院校相关专业的教学参考书。

本书在编写过程中，参考了有关文献和教材，在此感谢本书所列参考文献的作者。限于编者水平，书中难免有疏漏之处，恳请各位读者及同行专家批评指正。

作　者

2013 年 8 月

手把手教你学三菱PLC

目 录

前言

| 第一章 | 图解 PLC 的快速入门 | 1 |

第一节　概述 ………………………………………………………………… 1
第二节　图解 PLC 的构成 …………………………………………………… 10
第三节　图解 FX_{2N} 系列 PLC 的系统配置 ………………………………… 19
第四节　图解 PLC 快速入门案例 …………………………………………… 26

| 第二章 | 图解三菱 PLC 编程软件的使用 | 37 |

第一节　图解 FXGP/WIN－C 编程软件的使用 …………………………… 37
第二节　图解 GX Developer 编程软件的使用 …………………………… 49

| 第三章 | 图解 FX_{2N} 系列 PLC 编程入门 | 65 |

第一节　图解 FX_{2N} 系列 PLC 的编程元件 …………………………… 65
第二节　图解 FX_{2N} 系列 PLC 的基本指令 …………………………… 73
第三节　图解梯形图的编程规则 …………………………………………… 83

| 第四章 | 图解 FX_{2N} 系列 PLC 的基本编程实例 | 86 |

第一节　图解常用基本环节的编程 ………………………………………… 86
第二节　图解经验法编程实例 ……………………………………………… 105

| 第五章 | 图解 FX_{2N} 系列 PLC 步进指令及状态编程法 | 130 |

第一节　图解状态编程思想及步进顺控指令 …………………………… 130
第二节　图解 FX_{2N} 系列 PLC 状态编程方法 ………………………… 135
第三节　图解选择性流程、并行性流程的程序编制 …………………… 144

| 第六章 | 图解应用指令及其编程实例 | 160 |

第一节　图解应用指令的基本规则 ………………………………………… 160
第二节　图解常用的应用指令及其编程实例 …………………………… 163

第七章	图解模拟量处理模块	211
第一节	模拟量输入/输出混合模块 FX$_{0N}$-3A	211
第二节	温度 A/D 输入模块	217
第三节	FX$_{2N}$-2DA 输出模块	219

第八章	图解 PLC、变频器、触摸屏的应用实例	221
第一节	图解 PLC 应用开发的步骤	221
第二节	图解变频器的使用	222
第三节	图解触摸屏的使用	254
第四节	图解交通信号灯的控制	257
第五节	图解 PLC 在彩灯控制中的应用	261
第六节	图解 PLC 与变频器在电梯控制中的综合应用	264
第七节	图解 PLC 与变频器、触摸屏在恒压供水系统中的应用	269
第八节	图解 PLC 与变频器、触摸屏在中央空调节能改造技术中的应用	275

附录 A	FX$_{2N}$系列 PLC 技术性能指标	284
附录 B	FX$_{2N}$系列 PLC 应用指令顺序排列及其索引	287

参考文献		289

第一章

图解PLC的快速入门

第一节 概 述

可编程控制器在近 40 多年来得到了迅猛的发展，至今已经成为工业自动化领域中最重要、应用最多的控制装置，居工业生产自动化三大支柱（可编程控制器、机器人、计算机辅助设计与制造）的首位。

一、可编程控制器的由来

早期的工业生产中广泛使用的电气自动控制系统是继电器—接触器控制系统。它具有结构简单、价格低廉、容易操作和对维护技术要求不高的优点，特别适用于工作模式固定、控制要求比较简单的场合。随着工业生产的迅速发展，继电控制系统的缺点变得日益突出。由于其线路复杂，系统的可靠性难以提高且检查和修复相当困难。当产品更新时，生产机械、加工规范和生产加工线也必须随之改变，而这种变动的工作量很大，造成的经济损失也是相当可观的。1968 年，美国通用汽车公司（GM）为适应汽车工业激烈的竞争，满足汽车型号不断更新的要求，向制造商公开招标，寻求一种取代传统继电器—接触器控制系统的新的控制装置，通用汽车公司对新型控制器提出的十大条件是：

（1）编程简单，可在现场修改程序；

（2）维护方便，采用插件式结构；

（3）可靠性高于继电接触控制系统；

（4）体积小于继电接触控制系统；

（5）成本可与继电器控制柜竞争；

（6）可将数据直接输入计算机；

（7）输入是交流 115V（美国标准系列电压值）；

（8）输出为交流 115V、2A 以上，能直接驱动电磁阀、交流接触器、小功率电机等；

（9）通用性强，能扩展；

（10）能存储程序，存储器容量至少能扩展到 4KB。

由此可见，美国通用汽车公司在寻找一种新型控制装置，它尽可能减少重新设计控制系统和接线，降低生产成本，缩短时间，设想把计算机功能完备、灵活、通用等优点和继电器控制系统的简单易懂、操作方便、价格便宜等优点有机地结合起来，制造成一种通用控制装置，并把计算机的编程方法和程序输入方式加以简化，用面向控制对象、面向控制过程、面向用户的"自然语言"编写独特的控制程序，使不熟悉计算机的人员也能方便地使用。

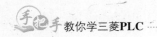

　　根据上述要求，美国数字设备公司（DEC）在1969年首先研制出第一台可编程控制器PDP-14，在汽车装配线上使用，取得了成功。接着，美国MODICON公司也开发出了可编程控制器084。从此，这项新技术迅速在世界各国得到推广应用。1971年日本从美国引进了这项新技术，很快研制出日本第一台可编程控制器DSC-18。1973年西欧国家也研制出他们的第一台可编程控制器。我国从1974年开始研制，1977年开始工业推广应用。

　　早期的可编程控制器是为了取代继电器控制线路，其功能基本上限于开关量逻辑控制，仅有逻辑运算、定时、计数等顺序控制功能，一般称为可编程逻辑控制器（Programmable Logic Controller，PLC）。这种PLC主要由分立元件和中小规模集成电路组成，在硬件设计上特别注重适用于工业现场恶劣环境的应用，但编程需要由受过专门训练的人员来完成，这是第一代可编程控制器。

　　进入20世纪70年代，随着微电子技术的发展，尤其是PLC采用通用微处理器之后，这种控制器就不再局限于当初的逻辑运算了，功能得到更进一步增强。进入20世纪80年代，随着大规模和超大规模集成电路等微电子技术的迅猛发展，以16位和少数32位微处理器构成的微机化PLC，使PLC的功能增强，工作速度加快，体积减小，可靠性提高，成本下降，编程和故障检测更为灵活方便。现代的PLC不仅能实现开关量的顺序逻辑的控制，而且具有数字运算、数据处理、运动控制以及模拟量控制，还具有远程I/O、网络通信和图像显示等功能，已成为实现生产自动化、管理自动化的重要支柱。

　　我国有不少的厂家研制和生产过PLC，但是还没有出现有影响力和较大市场占有率的产品。在全世界有上百家PLC制造厂商，其中著名的厂商有：美国Rockwell自动化公司所属的A-B（Allen&Bradly）公司、GE-Fanuc公司，德国的西门子（SIEMENS）公司和法国的施耐德（SCHNEIDER）自动化公司，日本的欧姆龙（OMRON）和三菱公司等。这几家公司控制着全世界80%以上的PLC市场，它们的系列产品有其技术广度和深度，从微型PLC到有上万个I/O点的大型PLC应有尽有。

　　二、可编程控制器的定义

　　PLC的技术从诞生之日起，就不停地发展。PLC的定义也经过多次变动。1987年，国际电工委员会IEC（International Electrical Committee）颁布了可编程控制器最新的定义：

　　可编程控制器是一种能够直接应用于专门为在工业环境下应用而设计的数字运算操作的电子装置。它采用可以编制程序的存储器，用来在其内部存储执行逻辑运算、顺序运算、计时、计数和算术运算等操作的指令，并能通过数字式或模拟式的输入和输出，控制各类的机械或生产过程。可编程控制器及其有关的外围设备都应按照易于与工业控制系统形成一个整体，易于扩展其功能的原则而设计。

　　可见，PLC的定义实际是根据PLC的硬件和软件技术进展而发展的。这些发展不仅改进了PLC的设计，也改变了控制系统的设计理念。这些改变，包括硬件和软件的。

　　1. PLC的硬件进展

　　（1）采用新的先进的微处理器和电子技术达到快速的扫描时间；

　　（2）小型的、低成本的PLC，可以代替4～10个继电器，现在获得更大的发展动力；

　　（3）高密度的I/O系统，以低成本提供了节省空间的接口；

　　（4）基于微处理器的智能I/O接口扩展了分布式控制能力，典型的接口如PID、网络、CAN总线、现场总线、ASCII通信、定位、主机通信模块和语言模块（如BASIC，PAS-

CAL）等；

（5）包括输入输出模块和端子的结构设计改进，使端子更加集成；

（6）特殊接口允许某些器件可以直接接到控制器上，如热电偶、热电阻、应力测量、快速响应脉冲等；

（7）外部设备改进了操作员界面技术，系统文档功能成为了PLC的标准功能。

以上这些硬件的改进，导致了PLC的产品系列的丰富和发展，使PLC从最小的只有10个I/O点的微型PLC，到可以达到8000点的大型PLC，应有尽有。这些产品系列，用普通的I/O系统和编程外部设备，可以组成局域网，并与办公网络相连。整个PLC的产品系列概念对于用户来说，是一个非常节约成本的控制系统概念。

2. PLC的软件进展

（1）PLC引入了面向对象的编程工具，并且根据国际电工委员会的 IEC61131-3 的标准形成了多种语言；

（2）小型PLC也提供了强大的编程指令，并且因此延伸了应用领域；

（3）高级语言，如 BASIC、C语言在某些控制器模块中已经可以实现，在与外部通信和处理数据时提供了更大的编程灵活性；

（4）梯形图逻辑中可以实现高级的功能块指令，可以使用户用简单的编程方法实现复杂的软件功能；

（5）诊断和错误检测功能从简单的系统控制器的故障诊断扩大到对所控制的机器和设备的过程和设备诊断；

（6）浮点算术可以进行控制应用中计量、平衡和统计等所牵涉的复杂计算；

（7）数据处理指令得到简化和改进，可以进行涉及大量数据存储、跟踪和存取的复杂控制和数据采集和处理功能。

尽管PLC比原来复杂了很多，但是，它们依然保持了令人吃惊的简单性，对操作员来说，今天高功能的PLC与以前一样那么容易操作。

三、可编程控制器的特点

PLC发展如此迅速的原因，在于它具有一些其他控制系统（包括 DCS 和通用计算机在内）所不及的一些特点。

1. 可靠性

可靠性包括产品的有效性和可维修性。可编程控制器的可靠性高，表现在下列几个方面：

（1）可编程控制器不需要大量的活动部件和电子元件，接线大大减少，与此同时，系统的维修简单，维修时间缩短，因此可靠性得到提高。

（2）可编程控制器采用一系列可靠性设计方法进行设计，例如冗余设计，掉电保护，故障诊断，报警和运行信息显示和信息保护及恢复等，使可靠性得到提高。

（3）可编程控制器有较强的易操作性，它具有编程简单，操作方便，编程的出错率大大降低，而为工业恶劣操作环境而设计的硬件使可靠性大大提高。

（4）可编程控制器的硬件设计方面，采用了一系列提高可靠性的措施。例如，采用可靠性高的工业级元件，采用先进的电子加工工艺（SMT）制造，对干扰采用屏蔽、隔离和滤波等；采用看门狗和自诊断措施，便于维修的设计等。

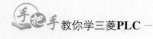

2. 易操作性

PLC 的易操作性表现在下列三个方面：

（1）操作方便。对 PLC 的操作包括程序的输入和程序更改的操作，大多数 PLC 采用编程器进行程序输入和更改操作。现在的 PLC 的编程器大部分可以用计算机直接进行，更改程序也可根据所需地址编号、继电器编号或接点号等直接进行搜索或按顺序寻找，然后可以在线或离线更改。

（2）编程方便。PLC 有多种程序设计语言可以使用，对现场电气人员来说，由于梯形图与电气原理图相似，因此，很容易理解和掌握。采用语句表语言编程时，由于编程语句是功能的缩写，便于记忆，并且与梯形图有一一对应的关系，所以有利于编程人员的编程操作。功能图表语言以过程流程进展为主线，十分适合设计人员与工艺专业人员设计思想的沟通。功能模块图和结构化文本语言编程方法由于具有功能清晰，易于理解等优点，而且与 DCS 组态语言的统一，正受到广大技术人员的重视。

（3）维修方便。PLC 所具有的自诊断功能对维修人员的技术要求降低，当系统发生故障时，通过硬件和软件的自诊断，维修人员可以根据有关故障代码的显示和故障信号灯的提示等信息，或通过编程器和 HMI 屏幕的设定，直接找到故障所在的部位，为迅速排除故障和修复节省了时间。

为便于维修工作的开展，有些 PLC 制造商提供维修用的专用仪表或设备，提供故障维修树等维修用资料；有些厂商还提供维修用的智能卡件或插件板，使维修工作变得十分方便。此外，PLC 的面板和结构设计也考虑了维修的方便性。例如，对需要维修的部件设置在便于维修的位置，信号灯设置在易于观察的位置，接线端子采用便于接线和更换的类型等，这些设计使维修工作能方便地进行，大大缩短了维修时间。采用标准化元件和标准化工艺生产流水作业，使维修用备品备件简化等，也使维修工作变得方便。

3. 灵活性

PLC 的灵活性主要表现在以下三个方面：

（1）编程的灵活性。PLC 采用的标准编程语言有梯形图、指令表、功能图表、功能模块图和结构化文本编程语言等。使用者只要掌握其中一种编程语言就可进行编程，编程方法的多样性使编程方便。由于 PLC 内部采用软连接，因此，在生产工艺流程更改或者生产设备更换后，可不必改变 PLC 的硬设备，通过程序的编制与更改就能适应生产的需要。这种编程的灵活性是继电器控制系统和数字电路控制系统所不能比拟的。正是由于编程的柔性特点，使 PLC 成为工业控制领域的重要控制设备，在柔性制造系统 FMS，计算机集成制造系统（CIMS）和计算机流程工业系统（CIPS）中，PLC 正成为主要的控制设备，得到广泛的应用。

（2）扩展的灵活性。PLC 的扩展灵活性是它的一个重要特点。它可以根据应用的规模不断扩展，即进行容量的扩展、功能的扩展、应用和控制范围的扩展。它不仅可以通过增加输入输出卡件增加点数，通过扩展单元扩大容量和功能，也可以通过多台 PLC 的通信来扩大容量和功能，甚至可以与其他的控制系统如 DCS 或其他上位机的通信来扩展其功能，并与外部的设备进行数据交换。这种扩展的灵活性大大方便了用户。

（3）操作的灵活性。指设计工作量、编程工作量和安装施工的工作量的减少。操作变得十分方便和灵活，监视和控制变得很容易。在继电器控制系统中所需的一些操作得到简化，不同生产过程可采用相同的控制台和控制屏等。

4. 机电一体化

为了使工业生产过程的控制更平稳，更可靠，向优质高产低耗要效益，对过程控制设备和装置提出了机电一体化——仪表、电子、计算机综合的要求，而 PLC 正是这一要求的产物，它是专门为工业过程而设计的控制设备，具有体积小、功能强，抗干扰性好等优点，它将机械与电气部件有机地结合在一个设备内，把仪表、电子和计算机的功能综合集成在一起，因此，它已经成为当今数控技术、工业机器人、离散制造和过程流程等领域的主要控制设备，成为工业自动化三大支柱（PLC、机器人、CAD/CAM）之一。

四、可编程控制器 PLC 与各类控制系统的比较

1. PLC 与继电器控制系统的比较

传统的继电器控制系统是针对一定的生产机械、固定的生产工艺而设计的，采用硬接线方式安装而成，只能完成既定的逻辑控制、定时和计数等功能，即只能进行开关量的控制，一旦改变生产工艺过程，继电器控制系统必须重新配线，因而适应性很差，且体积庞大，安装、维修均不方便。由于 PLC 应用了微电子技术和计算机技术，各种控制功能是通过软件来实现的，只要改变程序，就可适应生产工艺改变的要求，因此适应性强。它不仅能完成逻辑运算、定时、计数等功能，而且能进行算术运算，因而它既可进行开关量控制，又可进行模拟量控制，还能与计算机联网，实现分级控制。它还有自诊断功能，所以在用微电子技术改造传统产业的过程中，传统的继电器控制系统必将被 PLC 所取代。

2. PLC 与单片机控制系统比较

单片机控制系统仅适用于较简单的自动化项目。硬件上主要受 CPU 、内存容量及 IO 接口的限制；软件上主要受限于与 CPU 类型有关的编程语言。现代 PLC 的核心就是单片微处理器。虽然用单片机作控制部件在成本方面具有优势，但是从单片机到工业控制装置之间毕竟有一个硬件开发和软件开发的过程。虽然 PLC 也有必不可少的软件开发过程，但两者所用的语言差别很大，单片机主要使用汇编语言开发软件，所用的语言复杂且易出错，开发周期长。而 PLC 是用专用的指令系统来编程的，简便易学，现场就可以开发调试。比之单片机，PLC 的输入输出端更接近现场设备，不需添加太多的中间部件，这样节省了用户时间和总的投资。一般说来单片机或单片机系统的应用只是为某个特定的产品服务的，与 PLC 相比，单片机控制系统的通用性、兼容性和扩展性都相当差。

3. PLC 与计算机控制系统的比较

PLC 是专为工业控制所设计的。而微型计算机是为科学计算、数据处理等而设计的，尽管两者在技术上都采用了计算机技术，但由于使用对象和环境的不同，PLC 较之微机系统具有面向工业控制、抗干扰能力强、适应工程现场的温度、湿度环境的特点。此外，PLC 使用面向工业控制的专用语言而使编程及修改方便，并有较完善的监控功能。而微机系统则不具备上述特点，一般对运行环境要求苛刻，使用高级语言编程，要求使用者有相当水平的计算机硬件和软件知识。而人们在应用 PLC 时，不必进行计算机方面的专门培训，就能进行操作及编程。

4. PLC 与传统的集散型控制系统的比较

PLC 是由继电器逻辑控制系统发展而来的。而传统的集散控制系统 DCS（Distributed Control System）是由回路仪表控制系统发展起来的分布式控制系统，它在模拟量处理，回

路调节等方面有一定的优势。PLC 随着微电子技术、计算机技术和通信技术的发展，无论在功能上、速度上、智能化模块以及联网通信上，都有很大的提高，并开始与小型计算机联成网络，构成了以 PLC 为重要部件的分布式控制系统。随着网络通信功能的不断增强，PLC 与 PLC 及计算机的互联，可以形成大规模的控制系统，现在各类 DCS 也面临着高端 PLC 的威胁。由于 PLC 的技术不断发展，DCS 过去所独有的一些复杂控制功能现在 PLC 基本上全部具备，且 PLC 具有操作简单的优势，最重要的一点，就是 PLC 的价格和成本是 DCS 系统所无法比拟的。

五、PLC 控制系统的类型

1. PLC 构成的单机系统

这种系统的被控对象是单一的机器生产或生产流水线，其控制器由单台 PLC 构成，一般不需要与其他 PLC 或计算机进行通信。但是，设计者还要考虑将来是否有联网的需要，如果有的话，应当选用具有通信功能的 PLC，如图 1-1 所示。

2. PLC 构成的集中控制系统

这种系统的被控对象通常由数台机器或数条流水线构成，该系统的控制单元由单台 PLC 构成，每个被控对象与 PLC 指定的 I/O 相连，如图 1-2 所示。由于采用一台 PLC 控制，因此，各被控对象之间的数据、状态不需要另外的通信线路。但是一旦 PLC 出现故障，整个系统将停止工作。对于大型的集中控制系统，通常采用冗余系统克服上述缺点。

3. PLC 构成的分布式控制系统

这类系统的被控对象通常比较多，分布在一个较大的区域内，相互之间比较远，而且，被控对象之间经常的交换数据和信息。这种系统的控制器采用若干个相互之间具有通信功能的 PLC 构成，系统的上位机可以采用 PLC，也可以采用工控机，如图 1-3 所示。PLC 作为一种控制设备，用它单独构成一个控制系统是有局限性的，主要是无法进行复杂运算，无法显示各种实时图形和保存大量历史数据，也不能显示汉字和打印汉字报表，没有良好的界面。这些不足，我们选用上位机来弥补。上位机完成监测数据的存储、处理与输出，以图形或表格形式对现场进行动态模拟显示、分析限值或报警信息，驱动打印机实时打印各种图表。

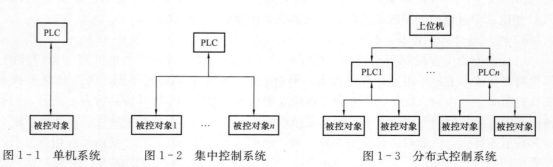

图 1-1　单机系统　　　　图 1-2　集中控制系统　　　　图 1-3　分布式控制系统

六、可编程控制器的应用

目前，可编程控制器在国内外已广泛应用于钢铁、石油、化工、电力、建材、机械制造、汽车、轻纺、交通运输、环保等各行各业。随着其性能价格比的不断提高，其应用范围正不断扩大，其用途大致有以下几个方面。

1．开关量的逻辑控制

这是 PLC 最基本的应用，用 PLC 取代传统的继电器控制，实现逻辑控制和顺序控制。如机床电气控制、家用电器（电视机、冰箱、洗衣机等）自动装配线的控制、汽车、化工、造纸、轧钢自动生产线的控制等。

2．过程控制

过程控制是指对温度、压力、流量等连续变化的模拟量的闭环控制。PLC 通过模拟量 I/O 模块，实现模拟量（Analog）和数字量（Digital）之间的 A/D 与 D/A 转换，并对模拟量实行闭环 PID（比例-积分-微分）控制。现代的 PLC 一般都有 PID 闭环控制功能，这一功能可以用 PID 功能指令或专用的 PID 模块来实现。其 PID 闭环控制功能已经广泛地应用于塑料挤压成形机、加热炉、热处理炉、锅炉等设备，以及轻工、化工、机械、冶金、电力、建材等行业。

3．运动控制

PLC 使用专用的指令或运动控制模块，对直线运动或圆周运动进行控制，可实现单轴、双轴、三轴和多轴位置控制，使运动控制与顺序控制功能有机地结合在一起。PLC 的运动控制功能广泛地用于各种机械，如金属切削机床、金属成形机械、装配机械、机器人、电梯等场合。

4．数据处理

现代的 PLC 具有数学运算（包括四则运算、矩阵运算、函数运算、字逻辑运算、求反、循环、移位和浮点数运算等）、数据传送、转换、排序和查表、位操作等功能，可以完成数据的采集、分析和处理。这些数据可以与储存在存储器中的参考值比较，也可以用通信功能传送到别的智能装置，或者将它们打印制表。

5．通信联网

指 PLC 与 PLC 之间、PLC 与上位计算机或其他智能设备（如变频器、数控装置）之间的通信，利用 PLC 和计算机的 RS - 232 或 RS - 422 接口、PLC 的专用通信模块，用双绞线和同轴电缆或光缆将它们联成网络，实现信息交换，构成"集中管理、分散控制"的多级分布式控制系统，建立自动化网络。

七、可编程控制器的发展趋势

近年来，可编程控制器发展的明显特征是产品的集成度越来越高，工作速度越来越快，功能越来越强，使用越来越方便，工作越来越可靠，具体表现为以下几个方面。

1．向微型化、专业化的方向发展

随着数字电路集成度的提高、元器件体积的减小、质量的提高，可编程控制器结构更加紧凑，设计制造水平在不断进步。微型可编程控制器的价格便宜，性价比不断提高，很适合于单机自动化或组成分布式控制系统。有些微型可编程控制器的体积非常小，如三菱公司的 FX_{0N}、FX_{0S}、FX_{2N} 系列 PLC 均为超小型可编程控制器。微型可编程控制器的体积虽小，功能却很强，过去一些大中型可编程控制器才有的功能如模拟量的处理、通信、PID 调节运算等等，均可以被移植到小型机上。

2．向大型化、高速度、高性能方向发展

大型化指的是大中型可编程控制器向着大容量、智能化和网络化发展，使之能与计算机组成集成控制系统，对大规模、复杂系统进行综合性的自动控制。大型可编程控制器大多采

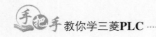

用多CPU结构，如三菱的AnA系统可编程控制器使用了世界上第一个在一块芯片上实现可编程控制器全部功能的32位微处理器，即顺序控制专用芯片，其扫描一条基本指令的时间为$0.15\mu s$。

在模拟量控制方面，除了专门用于模拟量闭环控制的PID指令和智能PID模块外，某些可编程控制器还具有模拟量模糊控制、自适应参数整定功能，使调试时间减少，控制精度提高。

同时，用于监控、管理和编程的人机接口和图形工作站的功能日益加强。如西门子公司的TISTAR和PCS工作站使用的APT（应用开发工具）软件，是面向对象的配置设计、系统开发和管理工具软件，它使用工业标准符号进行基于图形的配置设计。自上而下的模块化和面向对象的设计方法，大大地提高了配置效率，降低了工程费用，系统的设计开发自始至终体现了高度结构化的特点。

3. 编程语言日趋标准

与个人计算机相比，可编程控制器的硬件、软件体系结构都是封闭的而不是开放的。在硬件方面，各厂家的CPU模块和I/O模块互不通用，各公司的总线、通信网络和通信协议一般也是专用的。编程语言虽然多用梯形图，但具体的指令系统和表达方式并不一致，因此各公司的可编程控制器互不兼容。为了解决这一问题，国际电工委员会IEC于1994年5月公布了可编程控制器标准（IEC1131），其中的第三部分（IEC1131-3）是可编程控制器的编程语言标准。标准中共有五种编程语言，其中的顺序功能图（SFC）是一种结构块控制程序流程图，梯形图和功能块图是两种图形语言，此外还有两种文字语言——指令表和结构文本。除了提供几种编程语言可供用户选择外，标准还允许编程者在同一程序中使用多种编程语言，这使编程者能够选择不同的语言来适应特殊的工作。几乎所有的可编程控制器厂家都表示在将来完全支持IEC1131-3标准，但是不同厂家的产品之间的程序转换仍有一个过程。

4. 与其他工业控制产品更加融合

可编程控制器与个人计算机、分布式控制系统（DCS，又称集散控制系统）和计算机数控（CNC）在功能和应用方面相互渗透，互相融合，使控制系统的性价比不断提高。在这种系统中，目前的趋势是采用开放式的应用平台，即网络、操作系统、监控及显示均采用国际标准或工业标准，如操作系统采用UNIX、MS-DOS、Windows、OS2等，这样可以把不同厂家的可编程控制器产品连接在一个网络中运行。

（1）PLC与PC的融合。个人计算机的价格便宜，有很强的数据运算、处理和分析能力。目前个人计算机主要用作可编程控制器的编程器、操作站或人/机接口终端。

将可编程控制器与工业控制计算机有机地结合在一起，形成了一种称之为IPLC（IntegratedPLC，即集成可编程控制器）的新型控制装置，其典型代表是1988年10月A-B公司与DEC公司联合开发的金字塔集成器（Pyramid Integrator），它是可编程控制器工业成熟的一个里程碑。它由A-B公司的大型可编程控制器（PLC-5/250）和DEC公司的MicroVAX计算机组合而成，放在同一块VME总线底板上。可以认为IPLC是能运行DOS或Windows操作系统的可编程控制器，也可以认为它是能用梯形图语言以实时方式控告I/O的计算机。

（2）PLC与DCS的融合。DCS（Distributed Control System）指的是集散控制系统，又

叫分布式控制系统，主要用于石油、化工、电力、造纸等流程工业的过程控制。它是用计算机技术对生产过程进行集中监视、操作、管理和分散控制的一种新型控制装置，是由计算机技术、信号处理技术、测量控制技术、通信网络技术和人机接口技术竞相发展、互相渗透而产生的，既不同于分散的仪表控制技术，又不同于集中式计算机控制系统，而是吸收了两者的优点，在它们的基础上发展起来的一门技术。

可编程控制器日益加速渗透到以多回路为主的分布式控制系统之中，这是因为可编程控制器已经能够提供各种类型的多回路模拟量输入、输出和PID闭环控制功能，以及高速数据处理能力和高速数据通信联网功能。可编程控制器擅长于开关量逻辑控制，DCS擅长于模拟量回路控制，二者相结合，则可以优势互补。

（3）PLC与CNC的融合。计算机数控（CNC）已受到来自可编程控制器的挑战，可编程控制器已经用于控制各种金属切削机床、金属成形机械、装配机械、机器人、电梯和其他需要位置控制和进度控制的场合。过去控制几个轴的内插补是可编程控制器的薄弱环节，而现在已经有一些公司的可编程控制器能实现这种功能。例如，三菱公司的A系列和AnS系列大中型可编程控制器均有单轴/双轴/三轴位置控制模块，集成了CNC功能的IPCL620控制器可以完成8轴的插补运算。

5. 与现场总线相结合

现场总线（FieldBus）是连接智能现场设备和自动化系统的数字式、双向传输、多分支结构的通信网络，它是当前工业自动化的热点之一。现场总线以开放的、独立的、全数字化的双向多变量通信代替0~10mA或4~20mA现场电动仪表信号。现场总线I/O集检测、数据处理、通信为一体，可以代替变送器、调节器、记录仪等模拟仪表，它接线简单，只需一根电缆，从主机开始，沿数据链从一个现场总线I/O连接到下一个现场总线I/O。

现场总线控制系统将DCS的控制站功能分散给现场控制设备，仅靠现场总线设备便可以实现自动控制的基本功能。例如将电动调节阀及其驱动电路、输出特性补偿、PID控制和运算、阀门自校验和自诊断功能集成在一起，再配上温度变送器就可以组成一个闭环温度控制系统，有的传感器中也植入了PID控制功能。使用现场总线后，操作员可以在中央控制室实现远程监控，对现场设备进行参数调整，还可以通过现场设备的自诊断功能预测故障和寻找故障点。

可编程控制器与现场总线相结合，可以组成价格便宜、功能强大的分布式控制系统，由于历史原因，现在有多种现场总线标准并存，包括基金会现场总线（Foundation Field Bus）、过程现场总线（Profibus）、局域操作网络（LonWorks）、控制器局域网络（CAN）、可寻址远程变送器数据通路协议（HART）。一些主要的可编程控制器厂家将现场总线作为可编程控制器控制系统中的底层网络，如Rockwell公司的PLC5系列可编程控制器安装了Profibus（过程现场总线）协处理器模块后，能与其他厂家支持Profibus通信协议的设备，如传感器、执行器、变送器、驱动器、数控装置和个人计算机通信。西门子公司的可编程控制器也可以连接Profibus网络，如该公司的S7-215型CPU模块能提供Profibus-DP接口，传输速率可达12Mbit/s，可选双绞线或光纤电缆，连接127个节点，传输距离为9.6km（双绞线）/23.8km（光纤电缆）。Schneider公司的Modicon TSX Quantum控制系统的LonWorks模块可用于实时性要求不高的场合，如楼宇自动化控制。

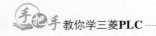
6. 通信联网能力增强

可编程控制器的通信联网功能使可编程控制器与个人计算机之间以及与其他智能控制设备之间可以交换数字信息，形成一个统一的整体，实现分散控制和集中管理。可编程控制器通过双绞线、同轴电缆或光纤联网，信息可以传送到几十千米远的地方。可编程控制器网络大多是各厂家专用的，但是它们可以通过主机，与遵循标准通信协议的大网络联网。

西门子公司的可编程控制器可以通过 SINEC H1、SINEC 12（Profibus）或 SINEC L1 进行通信。SINEC H1 是一种符合 IEEE802.3 标准的以太网，可连接 1024 个节点，传输距离为 4.6km，传输速率为 10Mbit/s。SINEC L1 是一种速度较低的廉价网络。在网络中，个人计算机、图形工作站、小型机等可以作为监控站或工作站，它们能够提供屏幕显示、数据采集、分析整理、记录保持和回路面板等功能。而三菱公司的 FX_{2N} 系列可编程控制器能够连接到世界上最流行的开放式网络 CC‐Link、Profibus Dp 和 DeviceNet，或者采用传感器层次的网络，以满足用户的通信需求。

第二节 图解 PLC 的构成

可编程控制器实质上是一台用于工业控制的专用计算机，它与一般计算机的结构及组成相似。PLC 是专为工业环境下应用而设计的，为了便于接线、扩充功能，便于操作与维护，以及提高系统的抗干扰能力，其结构及组成又与一般计算机有所区别。

一、可编程控制器系统的硬件

PLC 的基本组成包括中央处理模块（CPU）、存储器模块、输入/输出（I/O）模块、电源模块及外部设备（如编程器），如图 1‐4 所示。

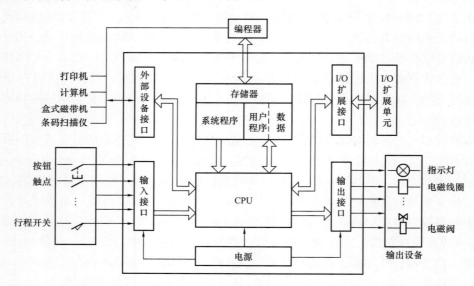

图 1‐4　PLC 的基本组成

1. 中央处理模块

中央处理模块（CPU）一般由控制器、运算器和寄存器组成，这些电路都集成在一个芯片内。CPU通过数据总线、地址总线和控制总线与存储单元、输入/输出接口电路相连接。

PLC中所采用的CPU随机型不同而异，通常有三种：通用微处理器（如8086、80286、80386等）、单片机和位片式微处理器。小型PLC大多采用8位、16位微处理器或单片机作CPU，这些芯片具有价格低、通用性好等优点。对于中型的PLC，大多采用16位、32位微处理器或单片机作为CPU，如8086、96系列单片机，具有集成度高、运算速度快、可靠性高等优点。对于大型PLC，大多数采用高速位片式微处理器，具有灵活性强、速度快、效率高等优点。

与通用计算机一样，CPU是PLC的核心部件，它完成PLC所进行的逻辑运算、数值计算、信号变换等任务，并发出管理、协调PLC各部分工作的控制信号。主要用途如下：

（1）接收从编程器输入的用户程序和数据，送入存储器存储；

（2）用扫描方式接收输入设备的状态信号，并存入相应的数据区（输入映像寄存器）；

（3）监测和诊断电源、PLC内部电路的工作状态和用户编程过程中的语法错误等；

（4）执行用户程序。从存储器逐条读取用户指令，完成各种数据的运算、传送和存储等功能；

（5）根据数据处理的结果，刷新有关标志位的状态和输出映像寄存器表的内容，再经输出部件实现输出控制、制表打印或数据通信等功能。

2. 存储器模块

可编程控制器中的存储器是存放程序及数据的地方，PLC运行所需的程序分为系统程序及用户程序，存储器也分为系统存储器（EPROM）和用户存储器（RAM）两部分。

（1）系统存储器：用来存放PLC生产厂家编写的系统程序，并固化在只读存储器ROM内，用户不能更改。

（2）用户存储器：包括用户程序存储区和数据存储区两部分。用户程序存储区存放针对具体控制任务，用规定的PLC编程语言编写的控制程序。用户程序存储区的内容可以由用户任意修改或增删。用户程序存储器的容量一般代表PLC的标称容量，通常小型机小于8KB，中型机小于64KB，大型机在64KB以上。

用户数据存储区用于存放PLC在运行过程中所用到的和生成的各种工作数据。用户数据存储区包括输入、输出数据映像区，定时器、计算器的预置值和当前值的数据区，存放中间结果的缓冲区等。这些数据是不断变化的，但不需要长久保存，因此采用随机读写存储器RAM。由于随机读写存储器RAM是一种挥发性的器件，即当供电电源关掉后，其存储的内容会丢失，因此在实际使用中通常为其配备掉电保护电路。当正常电源关断后，由备用电池为它供电，保护其存储的内容不丢失。

3. 输入/输出（I/O）模块

输入/输出（I/O）模块是PLC与工业控制现场各类信号连接的部分，起着PLC与被控对象间传递输入输出信息的作用。由于实际生产过程中产生的输入信号多种多样，信号电平各不相同，而PLC所能处理的信号只能是标准电平，因此必须通过输入模块将这些信号转换成CPU能够接收和处理的标准电平信号。同样，外部执行元件如电磁阀、接触器、继电器等所需的控制信号电平也有差别，也必须通过输出模块将CPU输出的标准电平信号转换成这些执行元件所能接收的控制信号。

（1）输入接口电路。PLC输入电路通常分为3种类型，即直流输入方式、交流输入方式和交直流输入方式。外部输入元件可以是无源触点或有源传感器。输入接口中都有滤波电路及隔离耦合电路。滤波有抗干扰的作用，耦合有抗干扰及产生标准信号的作用。直流输入方式的电路图如图1-5所示，其中LED为相应输入端在面板上的指示灯。

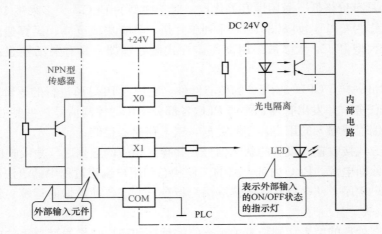

图1-5　直流输入方式的电路图

（2）输出接口电路。PLC的输出电路有继电器输出、晶体管输出、晶闸管输出三种形式，图1-6所示为继电器输出型，CPU控制继电器线圈的通电或失电，其触点相应闭合或断开，触点再控制外部负载电路的通断，它是利用继电器线圈和触点之间的电气隔离，将内部电路与外部电路进行隔离。图1-7所示为晶体管输出型，晶体管输出型通过使晶体管截止或饱和控制外部负载电路，它是在PLC的内部电路与输出晶体管之间用光耦合器进行隔离。图1-8所示为晶闸管输出型，晶闸管输出型通过使晶闸管导通或关断控制外部电路，它是在PLC的内部电路与输出元件之间用光电晶闸管进行隔离。输出接口本身都不带电源，而且在考虑外驱动电源时，还需考虑输出器件的类型。继电器的输出接口可用于交流及直流两种电源，但接通断开的频率低；晶体管式的输出接口有较高的接通断开频率，只适用于直流驱动的场合；晶闸管输出方式只适用于交流负载，其优点是响应速度快，缺点是带负载能力不大。

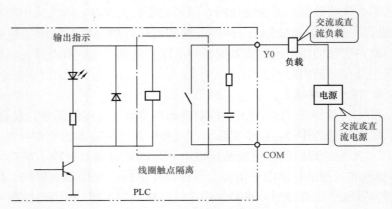

图1-6　继电器输出接口电路

来自工业生产现场的输入信号经输入模块进入 PLC。这些信号可以是数字量、模拟量、直流信号、交流信号等，使用时要根据输入信号的类型选择合适的输入模块。

由 PLC 产生的输出控制信号经过输出模块驱动负载，如电动机的起停和正反转、阀门的开闭、设备的移动、升降等。和输入模块相同，与输出模块相接的负载所需的控制信号可以是数字量、模拟量、直流信号、交流信号等，因此，同样需要根据负载性质选择合适的输出模块。

PLC 具有多种 I/O 模块，常见的有数字量 I/O 模块和模拟量 I/O 模块，以及快速响应模块、高速计数模块、通信接口模块、温度控制模块、中断控制模块、PID 控制模块和位置控制模块等种类繁多、功能各异的专用 I/O 模块和智能 I/O 模块。I/O 模块的类型、品种与规格越多，PLC 系统的灵活性越好；I/O 模块的 I/O 容量越大，PLC 系统的适应性越强。

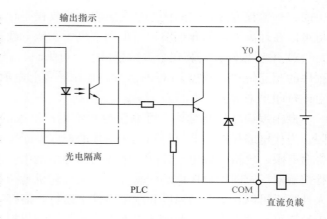

图 1-7 晶体管输出接口电路

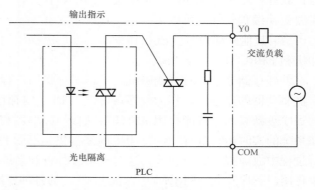

图 1-8 晶闸管输出接口电路

4. 电源模块

PLC 的电源模块把交流电源转换成供 PLC 的中央处理器 CPU、存储器等电子电路工作所需要的直流电源，使 PLC 正常工作。PLC 的电源部件有很好的稳压措施，因此对外部电源的稳定性要求不高，一般允许外部电源电压的额定值在 +10%～-15% 的范围内波动。有些 PLC 的电源部件还能向外提供直流 24V 稳压电源，用于对外部传感器供电。为了防止在外部电源发生故障的情况下，PLC 内部程序和数据等重要信息的丢失，PLC 用锂电池作停电时的后备电源。

5. 外部设备

（1）编程器。可编程控制器的特点是它的程序是可以改变的，可方便地加载程序，也可方便地修改程序。可编程控制器的编程设备是 PLC 不可缺少的设备。编程设备除了编程以外，一般都还具有一定的调试及监视功能，可以通过键盘调入及显示 PLC 的状态、内部器件及系统的参数，它经过接口与中央处理器 CPU 联系，完成人机对话操作。PLC 的编程设备一般有如下两类。

1）专用的编程器：手持式和台式两种。其中手持式编程器携带方便，适合工业控制现场应用。按照功能强弱，手持式编程器又可分为简易型及智能型两类。前者只能联机编程，后者既可联机又可脱机编程。所谓脱机编程是指在编程时，把程序存储在编程器本身存储器

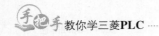

中的一种编程方式。它的优点是在编程及修改程序时，可以不影响 PLC 内原有程序的执行，也可以在远离主机的异地编程后再到主机所在地下载程序。

2）编程软件：安装在个人计算机上，可编辑、修改用户程序，进行计算机和 PLC 之间程序的相互传送，监控 PLC 的运行，并在屏幕上显示其运行状况，还可将程序储存在磁盘上或打印出来等。

专用编程器只能对某一可编程控制器生产厂家的可编程控制器产品编程，使用范围有限。当代可编程控制器以每隔几年一代的速度不断更新换代，因此专用可编程控制器的使用寿命有限，价格一般也比较高。现在的趋势是使用个人计算机作为基础的编程系统，由可编程控制器厂家向用户提供编程软件。个人计算机是指 IBM PC/AT 及其兼容机，工业用的个人计算机可以在较高的温度和湿度条件下运行，能够在类似于可编程控制器运行条件的环境中长期可靠地工作。轻便的笔记本电脑配上可编程控制器的编程软件，很适合在工业现场调试程序。世界上各主要的可编程控制器厂家都提供了使用个人计算机的可编程控制器编程/监控软件，不少厂家还推出了中文版的编程软件，对于不同型号和厂家的可编程控制器，只需要更换编程软件就可以了。

（2）其他外部设备。PLC 还配有生产厂家提供的其他一些外部设备，如外部存储器、打印机和 EPROM 写入器等。

外部存储器是指磁带或磁盘，工作时可将用户程序或数据存储在盒式录音机的磁带上或磁盘驱动器的磁盘中，作为程序备份。当 PLC 内存中的程序被破坏或丢失时，可将外存中的程序重新装入。打印机用来打印带注释的梯形图程序或语句表程序以及打印各种报表等。在系统的实时运行过程中，打印机用来提供运行过程中发生事件的硬记录，如记录 PLC 运行过程中故障报警的时间等，这对于事故分析和系统改进是非常有价值的。EPROM 写入器是将用户程序写入 EPROM 中。同一 PLC 的各种不同应用场合的用户程序可分别写入不同的 EPROM（可电擦除可编程的只读存储器）中去，当系统的应用场合发生改变时，只需更换相应的 EPROM 芯片即可。

二、可编程控制器的软件

1. 软件的分类

PLC 的软件包含系统软件及应用软件两大部分。

（1）系统软件。系统软件是指系统的管理程序、用户指令的解释程序及一些供系统调用的专用标准程序块等。系统管理程序用以完成 PLC 运行相关时间分配、存储空间分配管理和系统自检等工作。用户指令的解释程序用以完成用户指令变换为机器码的工作。系统软件在用户使用 PLC 之前就已装入机内，并永久保存，在各种控制工作中都不能更改。

（2）应用软件。应用软件又称为用户软件、用户程序，是由用户根据控制要求，采用 PLC 专用的程序语言编制的应用程序，以实现所需的控制目的。

2. 应用软件常用的编程语言

目前 PLC 常用的编程语言有梯形图、指令表、顺序功能图、功能块图等。

（1）梯形图。梯形图语言是一种以图形符号及图形符号在图中的相互关系表示控制关系的编程语言，是从继电器电路图演变过来的。图 1-9 所示为继电器控制电路图与 PLC 控制的梯形图，它们的控制功能相同，都能实现三相异步电动机的自锁正转控制。从图 1-9 中可见，梯形图中所绘的图形符号和继电器电路图中的符号十分相似。而且梯形图与继电接触器控制电路图的结构也十分相似。这两个相似的原因非常简单，一是因为梯形图是为熟悉继电器电路图的工程技术人员设计的，所以使用了类似的符号，二是两种图所表达的逻辑含义是一样的。因而，绘制梯形图的一种思想可以是这样的：将可编程控制器中参与逻辑组合的元件看成和继电器一样，具有动合、动断触点及线圈，且线圈的得电、失电将导致触点的相应动作；再用母线代替电源线，用能量流概念来代替继电器电路中的电流概念；使用绘制继电器电路图类似的思路绘出梯形图。

梯形图与继电器控制电路图两者之间存在许多差异：

1) PLC采用梯形图编程是模拟继电器控制系统的表示方法，因而梯形图内各种元件也沿用了继电器的叫法，称之为"软继电器"，例如图 1-9 中 X0、X1（输入继电器）、Y0（输出继电器）。梯形图中的"软继电器"不是物理继电器，每个"软继电器"各为存储器中的一位，相应位为"1"态，表示该继电器线圈"得电"，因此称其为"软继电器"。用"软继电器"就可以按继电器控制系统的形式来设计梯形图。

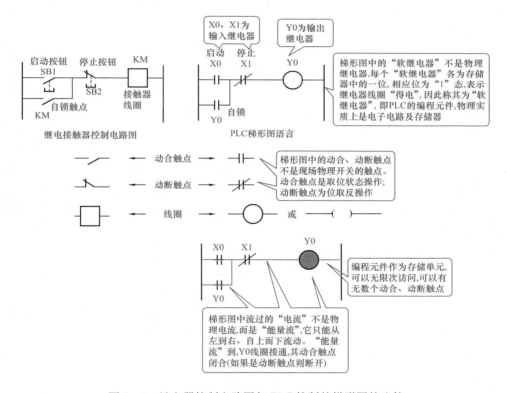

图 1-9 继电器控制电路图与 PLC 控制的梯形图的比较

2) 梯形图中流过的"电流"不是物理电流，而是"能量流"，它只能从左到右、自上而下流动。"能量流"不允许倒流。"能量流"到，线圈则接通。"能量流"流向的规定顺应了PLC的扫描是自左向右、自上而下顺序地进行，而继电器控制系统中的电流是不受方向限制的，导线连接到哪里，电流就可流到哪里。

3) 梯形图中的动合、动断触点不是现场物理开关的触点。它们对应输入、输出映像寄存器或数据寄存器中的相应位的状态，而不是现场物理开关的触点状态。PLC认为动合触点是取位状态操作；动断触点应理解为位取反操作。因此在梯形图中同一元件的一对动合、动断触点的切换没有时间的延迟，动合、动断触点只是互为相反状态。而继电器控制系统大多数的电器是属于先断后合型的电器。

4）梯形图中的输出线圈不是物理线圈，不能用它直接驱动现场执行机构。输出线圈的状态对应输出映像寄存器相应的状态而不是现场电磁开关的实际状态。

5）编制程序时，PLC 内部继电器的触点原则上可无限次反复使用，因为存储单元中的位状态可取用任意次；继电器控制系统中的继电器触点数是有限的。但是 PLC 内部的线圈通常只引用一次，因此，应慎重对待重复使用同一地址编号的线圈。

(2) 指令语句表。指令表也叫做语句表。它和单片机程序中的汇编语言有点类似，由语句指令依一定的顺序排列而成。一条指令一般可分为二部分，一为助记符，二为操作数。也有只有助记符的，称为无操作数指令。指令表语言和梯形图有严格的对应关系。对指令表运用不熟悉的人可先画出梯形图，再转换为语句表。另一方面，程序编制完毕装入机内运行时，简易编程设备都不具备直接读取图形的功能，梯形图程序只有改写为指令表才有可能送入可编程控制器运行。图 1－10 所示为梯形图所对应的语句表。

助记符	操作数
LD	X0
OR	Y0
ANI	X1
OUT	Y0

指令语句表

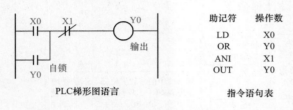

图 1－10　梯形图语言对应的指令语句表

(3) 顺序功能图。顺序功能图常用来编制顺序控制类程序。它包含步、动作、转换三个要素。顺序功能编程法将一个复杂的顺序控制过程分解为一些小的工作状态，对这些小状态的功能分别处理后再将它们依顺序连接组合成整体的控制程序。顺序功能图体现了一种编程思想，在程序的编制中有很重要的意义。图 1－11 是顺序功能图的示意图。

(4) 功能块图编程语言。这是一种类似于数字逻辑门电路的编程语言，有数字电路基础的人很容易掌握。该编程语言用类似与门、或门的方框来表示逻辑运算关系，方框的左侧为逻辑运算的输入变量，右侧为输出变量，输入、输出端的小圆圈表示“非”运算，方框被“导线”连接在一起，信号从左向右流动，图 1－12 所示为功能块图的实例。个别微型 PLC 模块（如西门子公司的“LOGO!”逻辑模块）使用功能块图编程语言，除此之外，很少有人使用功能块图编程语言。

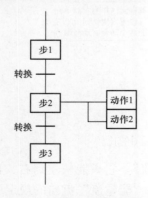

图 1－11　顺序功能图的示意图

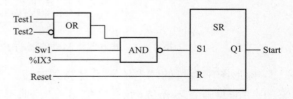

图 1－12　功能块图的实例

三、可编程控制器的分类

1. 按硬件的结构类型分类

PLC 是专门为工业生产环境设计的，为了便于在工业现场安装、扩展、接线，其结构与普通计算机有很大区别，通常有整体式、模块式和叠装式 3 种结构。

（1）整体式 PLC。整体式又称为单元式或箱体式。整体式 PLC 的 CPU 模块、I/O 模块和电源装在一个箱体机壳内，结构非常紧凑，体积小、价格低，小型可编程控制器一般采用整体式结构。整体式 PLC 提供多种不同 I/O 点数的基本单元和扩展单元供用户选用，基本单元内包括 CPU 模块、I/O 模块和电源，扩展单元内只有 I/O 模块和电源，基本单元和扩展单元之间用扁平电缆连接。各单元的输入点与输出点的比例一般是固定的（如 3∶2），有的 PLC 有全输入型和全输出型的扩展单元。整体式 PLC 一般配有许多专用的特殊功能单元，如模拟量 I/O 单元、位置控制单元、数据输入输出单元等，使 PLC 的功能得到扩展。如 OMRON 公司的 C20P、C40P、C60P，三菱公司的 F1 系列，东芝公司的 EX20/40 系列和 AB 公司的 SLC500 等，都属于整体式可编程控制器。

（2）模块式 PLC。模块式 PLC 又称为积木式 PLC。大、中型 PLC 和部分小型 PLC 采用模块式结构。模块式 PLC 用搭积木的方式组成系统，由框架和模块组成。模块插在模块插座上，模块插座焊在框架中的总线连接板上。PLC 厂家备有不同槽数的框架供用户选用，如果一个框架容纳不下所选用的模块，可以增设一个或数个扩展框架，各框架之间用 I/O 扩展电缆相连。有的 PLC 没有框架，各种模块安装在基板上。用户可以选用不同档次的 CPU 模块、品种繁多的 I/O 模块和特殊功能模块，对硬件配置的选择余地较大，维修时更换模块也很方便，但缺点是体积比较大。如 OMRON 公司的 C200H、C1000H、C2000H，AB 公司的 PLC5 系列产品，MODICON984 系列产品，西门子公司的 S5－100U、S5－115U、S7－300、S7－400PLC 机，都属于模块式 PLC。图 1－13 所示为模块式 PLC 的示意图。

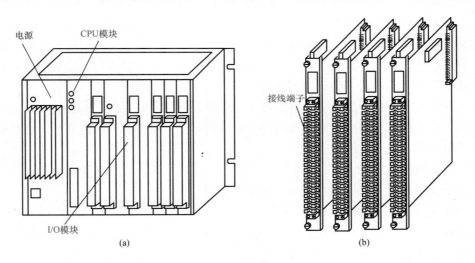

图 1－13　模块式可编程控制器
（a）模块插入机箱时的情形；（b）模块插板

（3）叠装式可编程控制器。叠装式结构是整体式和模块式相结合的产物。把某一系列 PLC 工作单元的外形都做成外观尺寸一致的，CPU、I/O 及电源也可作成独立的，不使用模块式 PLC 中的母板，采用电缆连接各个单元，在控制设备中安装时可以一层层地叠装，这就是叠装式可编程控制器。如西门子公司的 S7－200 型号 PLC 属于叠装式可编程控制器，如图 1－14 所示。

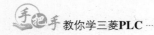
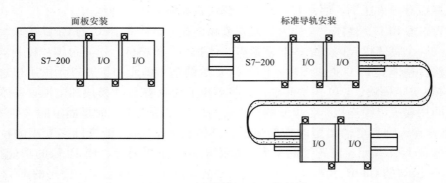

图 1-14　叠装式可编程控制器

　　整体式 PLC 一般用于规模较小，输入/输出点数固定，以后也少有扩展的场合；模块式 PLC 一般用于规模较大，输入输出点数较多，输入输出点数比例比较灵活的场合；叠装式 PLC 具有前两者的优点，从近年来的市场情况看，整体式及模块式有结合为叠装式的趋势。

　　2. 按应用规模和功能分类

　　为了适应不同工业生产过程的应用要求，不同型号的可编程控制器处理输入输出信号数常常设计成不一样的。一般将一路信号叫做一个点，将输入点数和输出点数的总和称为机器的点数。按照点数的多少，可将 PLC 分为小型、中型、大型三种类型，小型 PLC 的 I/O 点数在 256 点及以下，中型 PLC 的 I/O 点数在 256～2048 点，大型 PLC 的 I/O 点数在 2048 点以上。可编程控制器还可以按功能分为低档机、中档机及高档机。低档机以逻辑运算为主，具有计时、计数、移位等功能。中档机一般有整数及浮点运算、数制转换、PID 调节、中断控制及联网功能，可用于复杂的逻辑运算及闭环控制场合。高档机具有更强的数字处理能力，可进行矩阵运算、函数运算，可完成数据管理工作，有很强的通信能力，可以和其他计算机构成分布式生产过程综合控制管理系统。

　　可编程控制器的按功能划分及按点数规模划分是有一定联系的。一般大型、超大型机都是高档机。机型和机器的结构形式及内部存储器的容量一般也有一定的联系，大型机一般都是模块式机，都有很大的内存容量。

　　四、PLC 的性能指标

　　PLC 的主要性能一般可以用以下 6 种指标表述。

　　1. 用户程序存储容量

　　用户程序存储容量是衡量 PLC 存储用户程序的一项指标，通常以字为单位表示。每 16 位相邻的二进制数为一个字，1024 个字为 1K 字。对于一般的逻辑操作指令，每条指令占 1 个字；定时/计数、移位指令每条占 2 个字；数据操作指令每条占 2～4 个字。有些 PLC 是以编程的步数来表示用户程序存储容量的，一条指令包含若干步，一步占用一个地址单元，一个地址单元为两个字节。

　　2. I/O 总点数

　　I/O 总点数是 PLC 可接收输入信号和输出信号的数量。PLC 的输入和输出量有开关量和模拟量两种。对于开关量，其 I/O 总点数用最大 I/O 点数表示；对于模拟量，I/O 总点数用最大 I/O 通道数表示。

3. 扫描速度

扫描速度是指 PLC 扫描 1K 字，用户程序所需的时间，通常以 ms/K 字为单位表示。有些 PLC 也以 μs/步来表示扫描速度。

4. 指令种类

指令种类是衡量 PLC 软件功能强弱的重要指标，PLC 具有的指令种类越多，说明软件功能越强。

5. 内部寄存器的配置及容量

PLC 内部有许多寄存器用以存放变量状态、中间结果、定时计数等数据，其数量的多少、容量的大小，直接关系到用户编程时的方便灵活与否。因此，内部寄存器的配置也是衡量 PLC 硬件功能的一个指标。

6. 特殊功能

PLC 除了基本功能外，还有很多特殊功能，例如自诊断功能、通信联网功能、监控功能、高速计数功能、远程 I/O 和特殊功能模块等。不同档次和种类的 PLC，其具有的特殊功能相差很大，特殊功能越多，则 PLC 系统配置、软件开发就越灵活，越方便，适应性越强。因此，特殊功能的强弱，种类的多少是衡量 PLC 技术水平高低的一个重要指标。

第三节　图解 FX2N 系列 PLC 的系统配置

一、FX2N 系列 PLC 型号名称的含义

FX2N 系列 PLC 型号名称的含义如下：

$$\underset{①}{FX\square\square}-\underset{②③④}{\square\square\square\square}-\underset{⑤}{\square}$$

① 系列序号：如 1S，1N，2N。

② 表示输入输出的总点数：FX2N 系列 PLC 的最大输入输出点数为 256 点。

③ 表示单元类型：M 为基本单元，E 为输入输出混合扩展单元与扩展模块，EX 为输入专用扩展模块，EY 为输出专用扩展模块。

④ 表示输出形式：R 为继电器输出（有干触点，交流、直流负载两用）；

T 为晶体管输出（无干触点，直流负载用）；

S 为双向晶闸管输出（无干触点，交流负载用）。

⑤ 表示电源形式：D 为 DC 24V 电源，24V 直流输入；H 为大电流输出扩展模块（1A/1 点）；V 为立式端子排的扩展模块；C 为接插口输入方式；F 为输入滤波时间常数为 1ms 的扩展模块；L 为 TTL 输入扩展模块；S 为独立端子（无公共端）扩展模块；若无标记，则为 AC 电源，24V 直流输入，横式端子排，标准输出（继电器输出为 2A/1 点；晶体管输出为 0.5A/1 点；双向晶闸管输出为 0.3A/1 点）。

例如，图 1-15 所示型号为 FX2N-48MR 的 PLC，属于 FX2N 系列，是有 48 个 I/O 点的基本单元，继电器输出型。

二、FX2N 系列 PLC 的基本构成

FX2N 系列 PLC 采用一体化箱体结构，其基本单元将所有的电路，含 CPU、存储器、输入输出接口及电源等都装在一个模块内，是一个完整的控制装置。这样结构紧凑，体积小

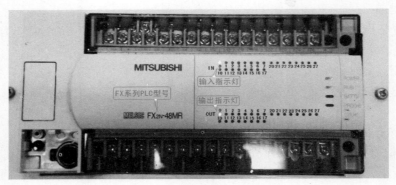

图 1-15 FX₂ₙ系列 PLC

巧，成本低，安装方便。FX₂ₙ系列 PLC 基本单元的输入输出比为 1∶1。

为了实现输入输出点数的灵活配置及功能的灵活扩展，FX₂ₙ系列 PLC 还配有扩展单元、扩展模块及特殊功能单元。

扩展单元：用于增加 I/O 点数的装置，内部设有电源。

扩展模块：用于增加 I/O 点数及改变 I/O 比例，内部无电源，用电由基本单元或扩展单元供给。因扩展单元及扩展模块无 CPU，必须与基本单元一起使用。

特殊功能单元：是一些专门用途的装置。如模拟量 I/O 单元、高速计数单元、位置控制单元、通信单元等；这些单元大多数通过基本单元的扩展口连接基本单元，也可以通过编程器接口接入或通过主机上并接的适配器接入，不影响原系统的扩展。

FX₂ₙ系列 PLC 可以根据需要，仅以基本单元或由多种单元组合使用。FX₂ₙ系列 PLC 的基本单元、扩展单元、扩展模块、特殊功能单元的型号规格如表 1-1～表 1-4 所示。

表 1-1　　　　　　　　　　　　基 本 单 元 一 览 表

输入/输出总点数	输入点数	输出点数	FX₂ₙ系列		
			AC 电源 DC 输入		
			继电器输出	三端双向晶闸管开关元件	晶体管输出
16	8	8	FX₂ₙ-16MR-001	—	FX₂ₙ-16MT-001
32	16	16	FX₂ₙ-32MR-001	FX₀ₙ-32MS-001	FX₂ₙ-32MT-001
48	24	24	FX₂ₙ-48MR-001	FX₀ₙ-48MS-001	FX₂ₙ-48MT-001
64	32	32	FX₂ₙ-64MR-001	FX₀ₙ-64MS-001	FX₂ₙ-64MT-001
80	40	40	FX₂ₙ-80MR-001	FX₀ₙ-80MS-001	FX₂ₙ-80MT-001
128	64	64	FX₂ₙ-128MR-001	—	FX₂ₙ-128MT-001
输入/输出总点数	输入点数	输出点数	DC 电源 AC 输入型		
			继电器输出		晶体管输出
32	16	16	FX₂ₙ-32MR-D		FX₂ₙ-32MT-D
48	24	24	FX₂ₙ-48MR-D		FX₂ₙ-48MT-D
64	32	32	FX₂ₙ-64MR-D		FX₂ₙ-64MT-D
80	40	40	FX₂ₙ-80MR-D		FX₂ₙ-80MT-D

表 1 - 2 　　　　　　　　　　　扩 展 单 元 一 览 表

输入/输出总点数	输入点数	输出点数	AC 电源 DC 输入		
			继电器输出	三端双向晶闸管开关元件	晶体管输出
32	16	16	FX$_{2N}$- 32ER	—	FX$_{2N}$- 32ET
48	24	24	FX$_{2N}$- 48ER	—	FX$_{2N}$- 48ET

表 1 - 3 　　　　　　　　　　　扩 展 模 块 一 览 表

型 号				输入点数	输出点数
输入	继电器输出	晶闸管输出	晶体管输出		
FX$_{2N}$- 16EX	—	—	—	16	
FX$_{2N}$- 16EX - C	—	—	—	16	
FX$_{2N}$- 16EXL - C	—	—	—	16	
—	FX$_{2N}$- 16EYR	FX$_{2N}$- 16EYS	—	—	16
—	16	0	FX$_{2N}$- 16EYT	—	16
—	0	16	FX$_{2N}$- 16EYT - C	—	16

表 1 - 4 　　　　　　　　　　　特 殊 功 能 单 元 一 览 表

区分	型号	名 称	占用点数		耗电
			输入	输出	DC 5V
特殊功能板	FX$_{2N}$- 8AV - BD	8 点模拟电位器功能扩展板	—		20mA
	FX$_{2N}$- 422 - BD	RS - 422 通信板	—		60mA
	FX$_{2N}$- 485 - BD	RS - 485 通信板	—		60mA
	FX$_{2N}$- 232 - BD	RS - 232 通信板	—		20mA
	FX$_{2N}$- CNV - BD	连接特殊适配器的功能扩展板	—		—
特殊模块	FX$_{0N}$- 3A	2ch 模拟输入、1ch 模拟输出	—	8	—	30mA
	FX$_{0N}$- 16NT	M - NET/M1N1 用（绞合导线）	8	8	20mA
	FX$_{2N}$- 4AD	4ch 模拟输入	—	8	—	30mA
	FX$_{2N}$- 4DA	4ch 模拟输出	—	8	—	30mA
	FX$_{2N}$- 4AD - PT	4ch 温度传感器输入（PT - 100）	—	8	—	30mA
	FX$_{2N}$- 4AD - TC	4ch 温度传感器输入（热电偶）	—	8	—	30mA
	FX$_{2N}$- 1HC	50kHz 2 相高速计算器	—	8	—	90mA
	FX$_{2N}$- 1PG	100kpps 脉冲输出模块	—	8	—	55mA
	FX$_{2N}$- 232IF	RS - 232C 通信接口	—	8	—	40mA
	FX - 16NP	M - NET/M1N1 用（光纤）	16	8	80mA
	FX - 16NT	M - NET/M1N1 用（绞合导线）	16	8	80mA
	FX - 16NP - S3	M - NET/N1NT - S3 用（光纤）	8	8	8	80mA
	FX - 16NT - S3	M - NET/N1NT - S3 用（绞合导线）	8	8	8	80mA
	FX - 1D1F	1D1F 接口	8	8	8	130mA

续表

区分	型号	名　称	占用点数		耗电
			输入	输出	DC 5V
特殊单元	FX－1GM	定位脉冲输出单元（1轴）	—	8	自给
	FX－10GM	定位脉冲输出单元（1轴）	—	8	自给
	FX－20GM	定位脉冲输出单元（2轴）	—	8	自给

　　FX$_{2N}$系列 PLC 技术性能指标包括一般技术指标、电源技术指标、输入技术指标、输出技术指标和性能技术指标，请参见附录。

三、FX$_{2N}$系列 PLC 的外观及其特征

　　FX 系列 PLC 基本单元的外部特征基本相似，如图 1－16 所示，一般都有外部端子部分、指示部分及接口部分，其各部分的组成及功能如下：

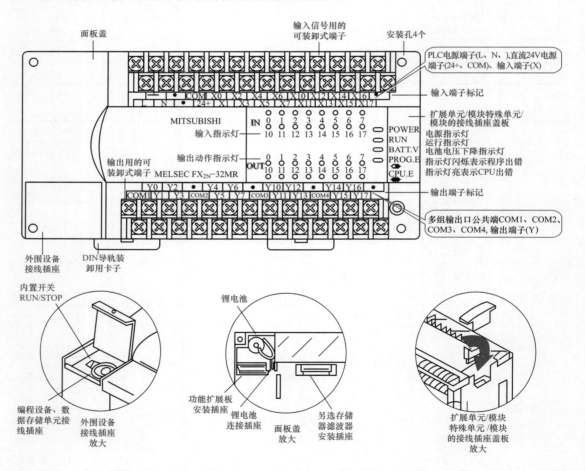

图 1－16　FX$_{2N}$系列 PLC 外形图

　　（1）外部端子部分。外部端子包括 PLC 电源端子（L、N、⏚），直流 24V 电源端子（24＋、COM）、输入端子（X）、输出端子（Y）等。主要完成电源、输入信号和输出信号的连接。其中 24＋、COM 是机器为输入回路提供的直流 24V 电源，为了减少接线，其正极

在机器内已经与输入回路连接，当某输入点需要加入输入信号时，只需将 COM 通过输入设备接至对应的输入点，一旦 COM 与对应点接通，该点就为"ON"，此时对应输入指示就点亮。

（2）指示部分。指示部分包括各 I/O 点的状态指示、PLC 电源（POWER）指示、PLC 运行（RUN）指示、用户程序存储器后备电池（BATT）状态指示及程序出错（PROG - E）、CPU 出错（CPU - E）指示等，用于反映 I/O 点及 PLC 机器的状态。

（3）接口部分。接口部分主要包括编程器、扩展单元、扩展模块、特殊模块及存储卡盒等外部设备的接口，其作用是完成基本单元同上述外部设备的连接。在编程器接口旁边，还设置了一个 PLC 运行模式转换开关 SW1，它有 RUN 和 STOP 两个运行模式，RUN 模式能使 PLC 处于运行状态（RUN 指示灯亮），STOP 模式能使 PLC 处于停止状态（RUN 指示灯灭），此时，PLC 可进行用户程序的录入、编辑和修改。

四、PLC 的安装、接线

PLC 是专为工业生产环境设计的控制装置，具有较强的抗干扰能力，但是，也必须严格按照技术指标规定的条件安装使用。PLC 一般要求安装在环境温度为 0～55℃，相对湿度小于 85%，无粉尘、油烟，无腐蚀性及可燃性气体的场合中。为了达到这些条件，PLC 不要安装在发热器件附近，不能安装在结露、雨淋的场所，在粉尘多、油烟大、有腐蚀性气体的场合安装时要采取封闭措施，在封闭的电器柜中安装时，要注意解决通风问题另外 PLC 要安装在远离强烈振动源和强烈电磁干扰源的场合，否则需要采取减振及屏蔽措施。

PLC 的安装固定常有两种方式，一是直接利用机箱上的安装孔，用螺钉将机箱固定在控制柜的背板或面板上。其二是利用 DIN 导板安装，这需先将 DIN 导板固定好，再将 PLC 及各种扩展单元卡上 DIN 导板。安装时还要注意在 PLC 周围留足散热及接线的空间。

PLC 在工作前必须正确地接入控制系统。和 PLC 连接的主要有 PLC 的电源接线、输入输出器件的接线、通信线、接地线等。

1. 电源接线及端子排列

PLC 基本单元的供电通常有两种情况，一是直接使用工频交流电，通过交流输入端子连接，对电压的要求比较宽松，100～250V 均可使用。二是采用外部直流开关电源供电，一般配有直流 24V 输入端子。采用交流供电的 PLC 机内自带直流 24V 内部电源，为输入器件及扩展单元供电。FX 系列 PLC 大多为 AC 电源，DC 输入型式。图 1 - 17 为 FX_{2N}- 32MR 的接线端子排列图，图 1 - 17 中上部端子排中标有 L 及 N 的接线位为交流电源相线及中线的接点。图 1 - 18 所示为基本单元接有扩展模块时交直流电源的配线情况。从图 1 - 18 可知，不带有内部电源的扩展模块所需的 24V 电源由基本单元或由带有内部电源的扩展单元提供。

2. 输入口器件的接入

PLC 的输入口连接输入信号，器件主要有开关、按钮及各种传感器，这些都是触点类型的器件。在接入 PLC 时，每个触点的两个接头分别连接一个输入点及输入公共端。由图 1 - 17 可知 PLC 的开关量输入接线点都是螺钉接入方式，每一位信号占用一个螺钉。图中上部为输入端子，COM 端为公共端，输入公共端在某些 PLC 中是分组隔离的，在 FX_{2N} 机中是连通的。开关、按钮等器件都是无源器件，PLC 内部电源能为每个输入点大约提供 7mA 工作电流，这也就限制了线路的长度。有源传感器在接入时须注意与机内电源的极性配合。模拟量信号的输入须采用专用的模拟量工作单元。图 1 - 19 所示为输入器件的接线图。

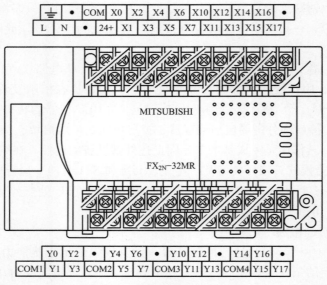

图 1-17 FX_{2N} 系列 PLC 的接线端子排列示例（FX_{2N}-32MR）

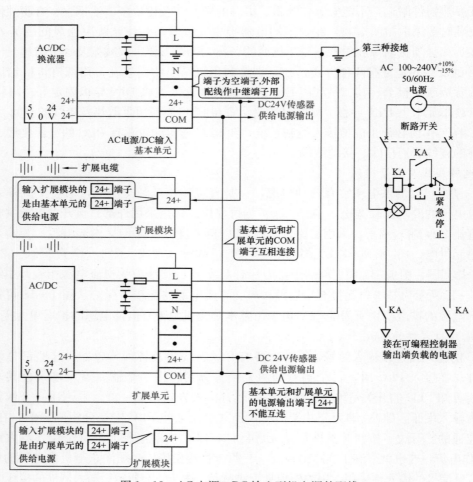

图 1-18 AC 电源、DC 输入型机电源的配线

3．输出口器件的接入

PLC 的输出口上连接的器件主要是继电器、接触器、电磁阀的线圈。这些器件均采用PLC 机外的专用电源供电，PLC 内部不过是提供一组开关触点。接入时线圈的一端接输出点螺钉，一端经电源接输出公共端。图 1-17 中下部为输出端子，由于输出口连接线圈种类多，所需的电源种类及电压不同，输出口公共端常分为许多组，而且组间是隔离的。PLC 输出口的电流定额一般为 2A，大电流的执行器件须配装中间继电器。图 1-20 为输出器件为继电器时输出器件的连接图。

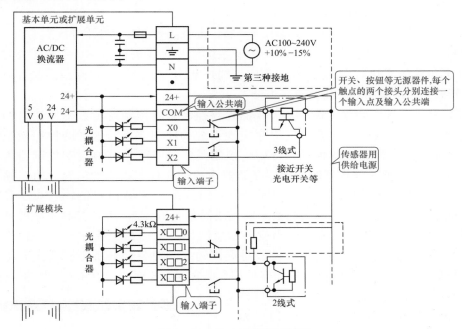

图 1-19　输入器件的接线图

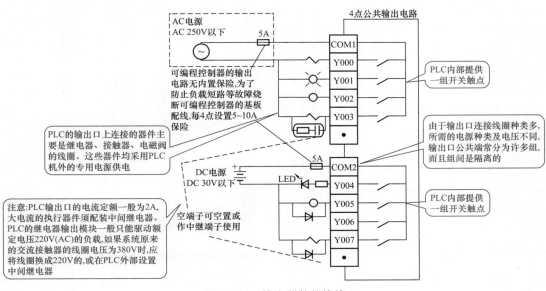

图 1-20　输出器件的接线

25

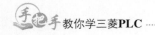

4. 通信线的连接

PLC 一般设有专用的通信口，通常为 RS－485 口或 RS－422 口，FX_{2N} 型 PLC 为 RS－422 口。与通信口的接线常采用专用的接插件连接。

第四节　图解 PLC 快速入门案例

下面以 FX_{2N} 系列 PLC 控制三相异步电动机启动、停止为例，来解析 PLC 控制系统。

一、PLC 控制系统的基本结构

传统的继电器—接触器控制系统是由继电器、接触器等电器元件用导线连接在一起，达到满足控制对象动作要求的目的。这样的控制系统称为接线逻辑。一旦控制任务发生变化（如生产工艺流程的变化），则必须改变相应接线才能实现，因而这种接线逻辑控制的灵活性、通用性较低，故障率高，维修也不方便。

而 PLC 就是一种存储程序控制器。存储程序控制是将控制逻辑以程序语言的形式存放在存储器中，通过执行存储器中的程序实现系统的控制要求。这样的控制系统称为存储程序控制系统。在存储程序控制系统中，控制程序的修改不需要改变控制器内部的接线（硬件），而只需通过编程器改变程序存储器中的某些程序语言的内容。PLC 输入设备和输出设备与继电—接触器控制系统相同，但它们直接连接到 PLC 的输入端子和输出端子（PLC 的输入接口和输出接口已经做好，接线简单、方便），PLC 控制系统的基本结构框图如图 1－21 所示，PLC 的输入输出设备示意图如图 1－22 所示。在 PLC 构成的控制系统中，实现一个控制任务，同样需要针对具体的控制对象，分析控制系统要求，确定所需的用户输入输出设备，然后运用相应的编程语言（如梯形图、语句表、控制系统流程图等）编制出相应的控制程序，利用编程器或其他设备（如 EPROM 写入器、与 PLC 相连的个人计算机等）写入 PLC 的程序存储器中。每条程序语句确定了系统工作的一个顺序，运行时 CPU 依次读取存储器中的程序语句，对它们的内容解释并加以执行；执行结果用以驱动输出设备，控制被控对象工作。可见，PLC 是通过软件实现控制的，能够适应不同控制任务的需要，通用性强，使用灵活，可靠性高。

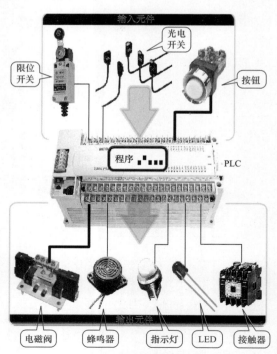

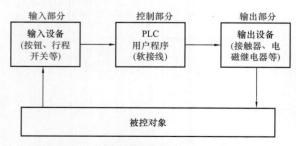

图 1－21　PLC 控制系统的基本结构框图

图 1－22　PLC 的输入输出设备示意图

输入部分的作用是将输入控制信号送入 PLC。常用的输入设备包括控制开关和传感器。控制开关可以是按钮开关、限位开关、行程开关、光电开关、继电器和接触器的触点等。传感器包括各种数字式和模拟式传感器，如光栅位移式传感器、热电偶等。另外，输入设备还有触点状态编程器和通信接口以及其他计算机等。

输出部分的作用是将 PLC 的输出控制信号转换为能够驱动被控对象工作的信号。常用的输出设备包括电磁开关、直流电动机、功率步进电动机、交流电动机、电磁阀、电磁继电器、电磁离合器和加热器等。如需要也可接 CRT 显示器和打印机等。

内部控制电路是采用大规模集成电路制作的微处理器和存储器，执行按照被控对象的实际要求编制并存入程序存储器中的程序，完成控制任务，产生控制信号输出，驱动输出设备工作。

二、PLC 控制系统的实例解析

PLC 的输入部分采集输入信号，输出部分就是系统的执行部分，这两部分与继电—接触器控制系统相同。PLC 内部控制电路是由编程实现的逻辑电路，用软件编程代替继电器的功能。对于使用者来说，在编制程序时，可把 PLC 看成是内部由许多"软继电器"组成的控制器，用近似继电器控制线路的编程语言进行编程。从功能上讲，可以把 PLC 的控制部分看作是由许多"软继电器"组成的等效电路。下面以 FX$_{2N}$ 系列 PLC 控制三相异步电动机启动、停止为例，来解析 PLC 控制系统。

1. 三相异步电动机单向运转控制方案一

如图 1-23 所示为三相异步电动机启动、停止继电—接触器控制线路原理图，下面以 FX$_{2N}$ 系列 PLC 为例，将其改造为 PLC 控制系统，主电路基本保持不变，只是用 PLC 替代继电器控制系统电路图中的控制电路部分，如图 1-24 所示的三相异步电动机单向运转控制，图 1-24（a）为三相异步电动机单向运转控制主电路，图 1-24（b）为 PLC 的输入输出接线图，从图 1-24（b）中可知，启动按钮 SB1 接于 X0，停车按钮 SB2 接于 X1，交流接触器 KM 接于 Y0，这就是端子分配，PLC 的 I/O 端子分配如表 1-5 所示，图 1-24（c）是三相异步电动机单向运转控制梯形图。下面通过 PLC 的等效电路来详细解读图 1-24 中主电路、PLC 的接线图和程序梯形图之间的关系。PLC 的等效电路如图 1-25 所示。

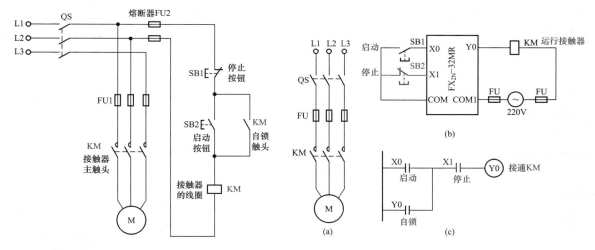

图 1-23　三相异步电动机启动、停止
的继电器—接触器控制线路原理图

图 1-24　三相异步电动机单向运转控制
（a）主电路；（b）PLC 接线图；（c）梯形图

表 1-5		I/O 设备及 I/O 点分配	
输入口分配		输出口分配	
输入设备	PLC 输入继电器	输出设备	PLC 输出继电器
SB1（正转启动按钮）	X0	KM（接触器）	Y0
SB2（停止按钮）	X1		

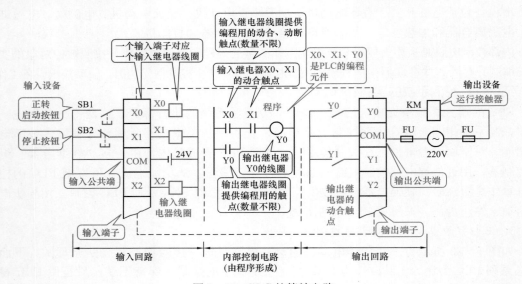

图 1-25　PLC 的等效电路

PLC 等效电路各组成部分的分析如下。

（1）输入回路。输入回路是由外部输入电路、PLC 输入接线端子（COM 是输入公共端）和输入继电器组成的。外部输入信号经 PLC 输入接线端子驱动输入继电器。一个输入端子对应一个等效电路中的输入继电器，它可提供任意一个动合和动断触点，供 PLC 内部控制电路编程使用。由于输入继电器反映输入信号的状态，如输入继电器接通表示传送给 PLC 一个接通的输入信号，因此习惯上经常将两者等价使用。输入回路的电源可用 PLC 电源模块提供的直流电压。

（2）内部控制电路：这部分电路是由用户程序形成的。它的作用是按照程序规定的逻辑关系，对输入信号和输出信号的状态进行运算、处理和判断，然后得到相应的输出。用户程序常采用梯形图编写，梯形图在形式上类似于继电器控制原理图，两者在电路结构及线圈与触点的控制关系上都大致相同，只是梯形图中元件符号及其含义与继电器控制电路中的元件不同。

（3）输出回路：由与内部电路隔离的输出继电器的外部动合触点、输出接线端子（COM 是输出公共端）和外部电路组成，用来驱动外部负载。

PLC 内部控制电路中有许多输出继电器。每个输出继电器除了有为内部控制电路提供编程用的动合、动断触点外，还为输出电路提供一个动合触点与输出接线端连接。驱动外部负载的电源由用户提供。

注意：PLC 等效电路中的继电器并不是实际的物理继电器（硬继电器），它实际是存储器中的每一位触发器。该触发器为"1"态，相当于继电器接通；该触发器为"0"态，相当于继电器断开。

图 1-25 所示 PLC 的等效电路中内部控制电路即用户程序可以实现异步电动机的单向运行，异步电动机的单向运行 PLC 控制方案 1 分析示意图如图 1-26 所示。

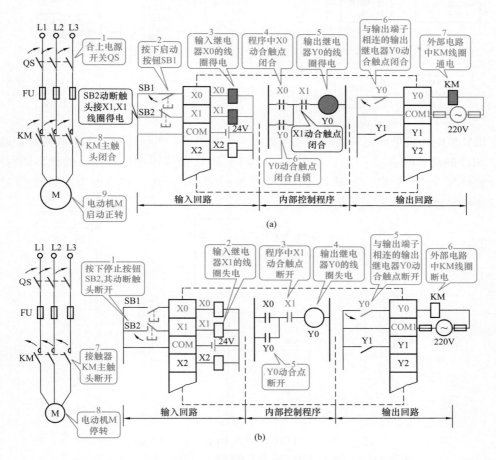

图 1-26　异步电动机的单向运行 PLC 控制方案 1 分析示意图

（a）启动控制示意图；（b）停止控制示意图

启动过程如下：

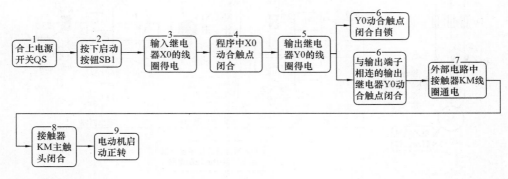

停止过程如下：

29

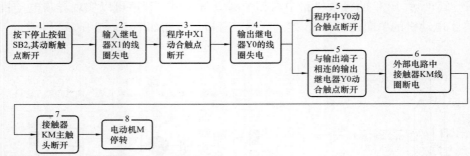

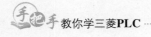

2. 三相异步电动机单向运转控制方案二

三相异步电动机单向运转控制方案 2 如图 1-27 所示，与前面方案 1 不同的是，改用停止按钮 SB2 的动合触点接于 X1，如图 1-27（b）PLC 接线图所示；相应的梯形图程序 X1 的动合触点改为动断触点，如图 1-27（c）梯形图所示。异步电动机的单向运行 PLC 控制方案二分析示意图如图 1-28 所示。

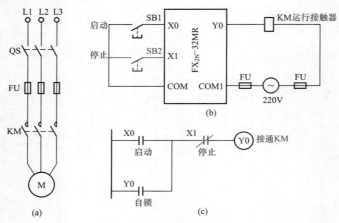

图 1-27 三相异步电动机单向运转控制方案 2

（a）主电路；（b）PLC 接线图；（c）梯形图

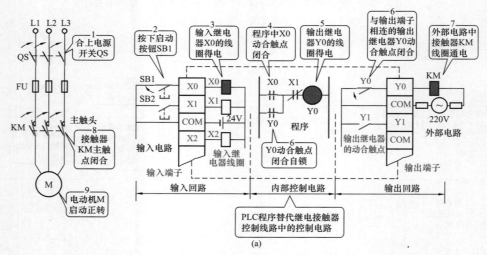

图 1-28 方案 2 的 PLC 控制方案分析示意图（一）

（a）启动控制示意图

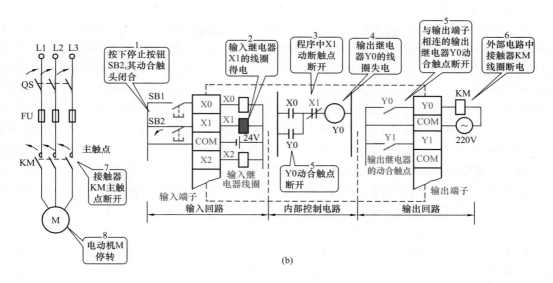

(b)

图 1-28　方案 2 的 PLC 控制方案分析示意图（二）

（b）停止控制示意图

异步电动机的单向运行 PLC 控制方案 2 启动过程如下：

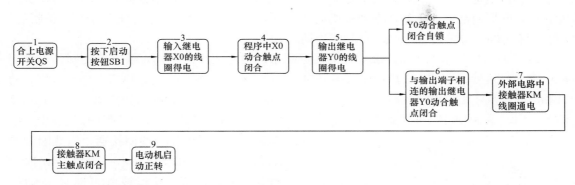

异步电动机的单向运行 PLC 控制方案 2 停止过程如下：

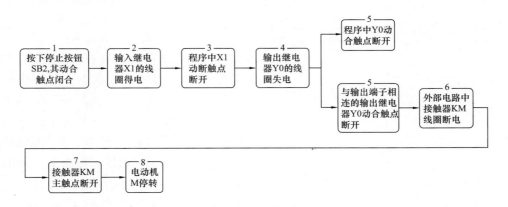

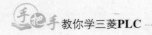

3. 两个方案的比较

假设某工程的停止按钮的接线存在安全隐患,如停止按钮的接线被小动物咬坏,或因振动造成接触不良。现分析一下以上两种方案的反应:若采用停止按钮 SB2 的动断触头接于 X1,如图 1-26 (a) 所示,正常情况下在未按下停止按钮 SB2 时,X1 线圈是通电的,当发生上述故障时,由于 X1 线圈无法得电,X1 动合触点断开,即使 X0 接通,Y0 也无法接通,故可提醒工作人员有故障,从而查找并排除故障,达到避免事故发生的目的;但若采用停止按钮 SB2 的动合触头接于 X1 时,如图 1-28 (a) 所示,正常情况下在未按下停止按钮 SB2 时,X1 线圈是不通电的,程序中 X1 动断触点处于闭合状态,当发生上述故障时,X1 线圈也同样是不通电的,故当 X0 接通时,Y0 仍然也可以接通,无法提示故障的存在。而当按下停止按钮 SB2 时,Y0 却无法断电,导致无法停车,势必造成事故的发生,故从安全的角度出发,最好采用停止按钮 SB2 的动断触点作为 PLC 的输入信号。

三、PLC 循环扫描的工作方式

PLC 是以执行用户程序来实现控制要求的,在存储器中设置输入映像寄存器区和输出映像寄存器区(统称 I/O 映像区),分别存放执行程序之前的各输入状态和执行过程中各结果的状态。PLC 对用户程序的执行是以循环扫描方式进行的。PLC 这种运行程序的方式与微型计算机相比有较大的不同,微型计算机运行程序时,一旦执行到 END 指令,程序运行结束。而 PLC 从 0000 号存储地址所存放的第一条用户程序开始,在无中断或跳转的情况下,按存储地址号递增的方向顺序逐条执行用户程序,直到 END 指令结束。然后再从头开始执行,并周而复始地重复,直到停机或从运行(RUN)切换到停止(STOP)工作状态。PLC 每扫描完一次程序就构成一个扫描周期。

PLC 的扫描工作方式与传统的继电器控制系统也有明显的不同,继电器控制装置采用硬逻辑并行运行的方式:在执行过程中,如果一个继电器的线圈通电,则该继电器的所有动合和动断触点,无论处在控制线路的什么位置,都会立即动作,即动合触点闭合,动断触点断开。PLC 采用循环扫描控制程序的工作方式(串行工作方式):在 PLC 的工作过程中,如果某一个软继电器的线圈接通,该线圈的所有动合和动断触点,并不一定都会立即动作,只有 CPU 扫描到该触点时才会动作(动合触点闭合,动断触点断开)。下面我们具体介绍 PLC 的扫描工作过程。

1. PLC 的两种工作状态

PLC 有两种工作状态,即运行(RUN)状态与停止(STOP)状态。运行状态是执行应用程序的状态。停止状态一般用于程序的编制与修改。图 1-29 给出了运行和停止两种状态 PLC 不同的扫描过程。在这两种不同的工作状态中,扫描过程所要完成的任务是不相同的。

PLC 在 RUN 工作状态时,执行一次图 1-29 所示的扫描操作所需的时间称为扫

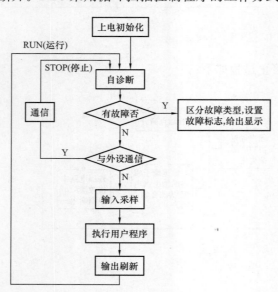

图 1-29 PLC 的工作过程

描周期，其典型值为 1～100ms。指令执行所需的时间与用户程序的长短、指令的种类和 CPU 执行速度有很大关系，PLC 厂家一般给出每执行 1k(1k＝1024) 条基本逻辑指令所需的时间（以 ms 为单位）。某些厂家在说明书中还给出了执行各种指令所需的时间。一般说来，一个扫描过程中，执行指令的时间占了绝大部分。

2. PLC 的工作过程

PLC 上电后，在系统程序的监控下，周而复始地按一定的顺序对系统内部的各种任务进行查询、判断和执行，这个过程实质上是按顺序循环扫描的过程。

（1）初始化：PLC 上电后，首先进行系统初始化，清除内部继电器区，复位定时器等。

（2）CPU 自诊断：在每个扫描周期都要进入自诊断阶段，对电源、PLC 内部电路、用户程序的语法进行检查；定期复位监控定时器等，以确保系统可靠运行。

（3）通信信息处理：在每个通信信息处理扫描阶段，进行 PLC 之间以及 PIC 与计算机之间的信息交换；PLC 与其他带微处理器的智能装置通信，例如，智能 I/O 模块；在多处理器系统中，CPU 还要与数字处理器交换信息。

（4）与外部设备交换信息：PLC 与外部设备连接时，在每个扫描周期内要与外部设备交换信息。这些外部设备有编程器、终端设备、彩色图形显示器、打印机等。编程器是人机交互的设备，通过它，用户可以进行程序的编制、编辑、调试和监视等。用户把应用程序输入到 PLC 中，PLC 与编程器要进行信息交换。当在线编程、在线修改、在线运行监控时，也要求 PLC 与编程器进行信息交换。在每个扫描周期内都要执行此项任务。

（5）执行用户程序：PLC 在运行状态下，每一个扫描周期都要执行用户程序。执行用户程序时，是以扫描的方式按顺序逐句扫描处理的，扫描一条执行一条，并把运算结果存入输出映像区对应位中。

（6）输入、输出信息处理：PLC 在运行状态下，每一个扫描周期都要进行输入、输出信息处理。以扫描的方式把外部输入信号的状态存入输入映像区；将运算处理后的结果存入输出映像区，直到传送到外部被控设备。

PLC 周而复始地循环扫描，执行上述整个过程，直至停机。

3. 用户程序的循环扫描过程

PLC 的工作过程，与 CPU 的操作方式有关。CPU 有两个操作方式：STOP 方式和 RUN 方式。在扫描周期内，STOP 方式和 RUN 方式的主要差别在于：RUN 方式下执行用户程序，而在 STOP 方式下不执行用户程序。

PLC 对用户程序进行循环扫描的工作方式，每个扫描周期可分为三个阶段：输入采样刷新阶段、用户程序执行阶段和输出刷新阶段，如图 1－30 所示。

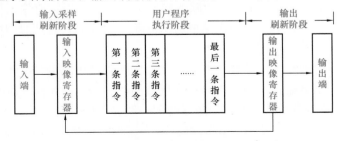

图 1－30　PLC 用户程序的工作过程

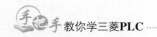

（1）输入采样刷新阶段。PLC 的 CPU 不能直接与外部接线端子联系。送到 PLC 输入端子上的输入信号，经电平转换、光电隔离、滤波处理等一系列电路进入缓冲器等待采样，没有 CPU 采样"允许"，外部信号不能进入输入映像寄存器。

在输入采样阶段，PLC 以扫描方式，按顺序扫描输入端子，把所有外部输入电路的接通/断开状态读入到输入映像寄存器，在此输入映像寄存器被刷新。在程序执行阶段和输出处理阶段中，输入映像寄存器与外界隔离，其内容保持不变，直至下一个扫描周期的输入采样阶段，才被重新读入的输入信号刷新。可见，PLC 在执行程序和处理数据时，不直接使用现场当时的输入信号，而使用本次采样时输入映像寄存器中的数据。

（2）用户程序执行阶段。用户程序由若干条指令组成，指令在存储器中按照序号顺序排列。PLC 在程序执行阶段，在无中断或跳转指令的情况下，根据梯形图程序从首地址开始按自上而下、从左至右的顺序逐条扫描执行。即按语句表的顺序从 0000♯ 地址开始的程序逐条扫描执行，并分别从输入映像寄存器、输出映像寄存器以及辅助继电器中将有关编程元件"0"或者"1"状态读出来，并根据指令的要求执行相应的逻辑运算，运算的结果写入对应的元件映像寄存器中保存，输出继电器的状态写入对应的输出映像寄存器中保存。因此，每个编程元件的映像寄存器（输入映像寄存器除外）的内容随着程序的执行而变化。

（3）输出刷新阶段。当所有指令执行完毕后，进入输出刷新阶段，CPU 将输出映像寄存器中的内容集中转存到输出锁存器，然后传送到各相应的输出端子，最后再驱动实际输出负载，这才是 PLC 的实际输出，这是一种集中输出的方式。输出设备的状态要保持一个扫描周期。

用户程序执行过程中，集中采样与集中输出的工作方式是 PLC 的一个特点，在采样期间，将所有的输入信号（不管该信号当时是否要用）一起读入，此后在整个程序处理过程中，PLC 系统与外界隔开，直至输出控制信号。外界信号状态的变化要到下一个工作周期再与外界交涉。这样从根本上提高了系统的抗干扰能力，提高了工作的可靠性。

四、扫描周期和输入、输出滞后时间

1. 扫描周期

PLC 在 RUN 工作模式时，执行一次扫描操作所需的时间称为扫描周期，其典型值为 1～100ms。扫描周期与用户程序的长短、指令的种类和 CPU 执行指令的速度有很大的关系。当用户程序较长时，指令执行时间在扫描周期中占相当大的比例。

2. 输入、输出滞后时间

输入、输出滞后时间又称系统响应时间，是指 PLC 的外部输入信号发生变化的时刻至它控制的有关外部输出信号发生变化的时刻之间的时间间隔，它由输入电路滤波时间、输出电路的滞后时间和因扫描工作方式产生的滞后时间这 3 部分组成。

输入模块的 RC 滤波电路用来滤除由输入端引入的干扰噪声，消除因外接输入触点动作时产生的抖动引起的不良影响，滤波电路的时间常数决定了输入滤波时间的长短，其典型值为 10ms 左右。

输出模块的滞后时间与模块的类型有关，继电器型输出电路的滞后时间一般在 10ms 左右；双向晶闸管型输出电路在负载通电时的滞后时间约为 1ms，负载由通电到断电时的最大滞后时间为 10ms；晶体管型输出电路的滞后时间一般在 1ms 以下。

由扫描工作方式引起的滞后时间最长可达两个多扫描周期。PLC 总的响应延迟时间一般只有数十毫秒，对于一般的控制系统是无关紧要的。但也有少数系统对响应时间有特别的

要求，这时就需选择扫描时间短的 PLC，或采取使输出与扫描周期脱离的控制方式来解决。

如图 1-31 所示，X0 是输入继电器，用来接收外部输入信号。波形图中最上一行是 X0 对应的经滤波后的外部输入信号的波形。Y0、Y1、Y2 是输出继电器，用来将输出信号传送给外部负载。X0 和 Y0、Y1、Y2 的波形表示对应的输入、输出映像寄存器的状态，高电平表示"1"状态，低电平表示"0"状态。

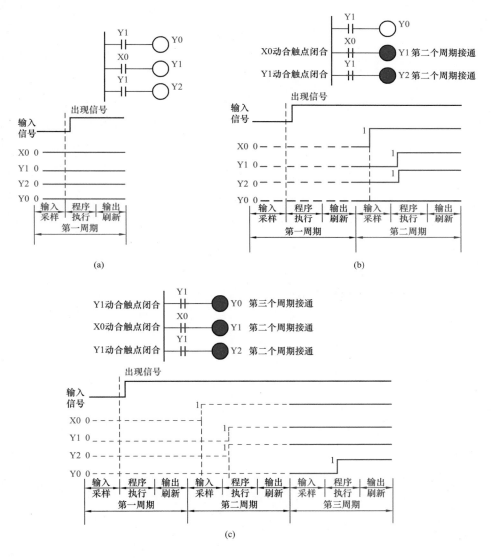

图 1-31　PLC 的 I/O 延迟示意图

(a) 第一个扫描周期情况；(b) 第二个扫描周期情况；(c) 第三个扫描周期情况

如图 1-31 (a) 所示，输入信号在第一个扫描周期的输入采样阶段之后才出现，故在第一个扫描周期内各映像寄存器均为"0"状态，使 Y0、Y1、Y2 输出端的状态为 OFF ("0") 状态。

如图 1-31 (b) 所示，在第二个扫描周期的输入采样阶段，输入继电器 X0 的状态为

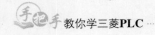

ON（"1"）状态，在程序执行阶段，由梯形图可知，Y1、Y2 依次接通，它们的映像寄存器都变为"1"状态。

如图 1-31（c）所示，在第三个扫描周期的程序执行阶段，由于 Y1 的接通使 Y0 接通。Y0 的输出映像寄存器变为"1"状态。在输出处理阶段，Y0 对应的外部负载被接通。可见从外部输入触点接通到 Y0 驱动的负载接通，响应延迟达两个多扫描周期。

若交换梯形图中第一行和第二行的位置，Y0 的延迟时间减少一个扫瞄周期，可见这种延迟时间可以使用程序优化的方法减少。

第二章
图解三菱PLC编程软件的使用

🖱️ **第一节** 图解 FXGP/WIN-C 编程软件的使用

FXGP/WIN-C 编程软件是三菱公司早期专门用于 FX 系列 PLC 的编程软件，其占用空间小，功能较强，在 Windows 98/2000/XP 系统下均可运行。可以通过梯形图符号、指令语句和 SFC 符号创建及编辑程序，还可以在程序中加入注释，并能够监控 PLC 运行时各编程元件的状态及数据变化，而且还具有程序和监控结果的打印功能。下面详细介绍 FXGP/WIN-C 编程软件的使用方法。

1. 编程软件的启动

开启计算机，双击 FXGP/WIN-C 图标，出现 SWOPC-FXGP/WIN-C 界面，如图 2-1 所示。

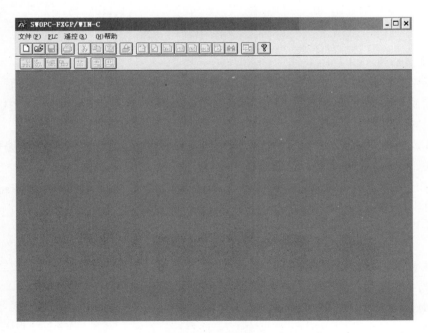

图 2-1　运行 FXGP/WIN-C 后的界面

2. 新建文件

单击"文件"菜单，单击"新文件"命令，出现 PLC 类型设置对话框，如图 2-2

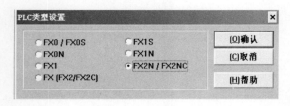

图 2-2　PLC 类型设置对话框

所示。

3. 在 PLC 类型设置对话框上选择 PLC 类型

例如 FX$_{2N}$，选定后单击"确认"按钮。设置完成后，程序编辑的主界面自动打开，如图 2-3 所示。

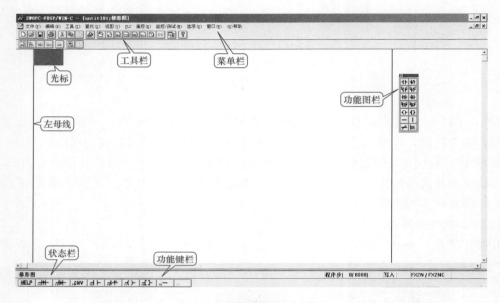

图 2-3　程序编辑的主界面

4. 创建梯形图

单击程序编辑的主界面工具栏中的梯形图视图按钮，即可在主窗口左边看见一根竖直的线，这就是左母线。蓝色的方框为光标，梯形图的绘制过程是取用功能图栏中的符号"拼绘"梯形图的过程。

（1）梯形图程序的编制。通过一个具体实例来讲解，用 FXGP/WIN-C 编程软件在计算机上编制如图 2-4 所示的梯形图程序。

梯形图的绘制有两种方法，一种方法是用鼠标和键盘操作，即用鼠标选择工具栏中的图形符号，再输入其软元件和软元件号，输入完毕按 Enter 键即可。具体操作步骤如下。

1）输入触点。输入串联动合、动断触点时，将鼠标移到功能图栏，并单击其中的处（或单击编辑区下方的功能键），则出现如图 2-5 所示的"输入元件"对话框。

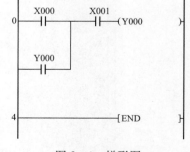

图 2-4　梯形图

将鼠标移到对话框的文本框处单击，再输入元件号 X0（注意 X 后面是阿拉伯数字 0，而不是英文字母 O），单击"确认"按钮（或按回车键），此时在编辑区的光标处画出一动合触点（上方标注了元件号 X0），光标后移一位，如图 2-5 所示。当需要在光标处输入一个串联动断触点时，单击功能图栏的处（或单击编辑屏幕下方的

功能键 ⊪），按照以上所说方法即可。如果要输入一个并联动合、动断触点，就单击功能图栏的 ⼁ 或 ⼁ 。

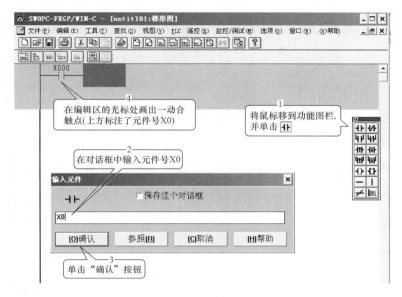

图 2-5　输入动合触点图解

注意：在输入的时候要注意阿拉伯数字 0 和英文字母 O 的区别以及空格的问题。

2）输入线圈。输出继电器 Y、辅助继电器 M、定时器 T、计数器 C 等的线圈输入方法如下。

用鼠标单击功能图栏中的 ⟨⟩ 或单击功能键中的 ⟨⟩ ，则弹出如图 2-6 所示对话框，将

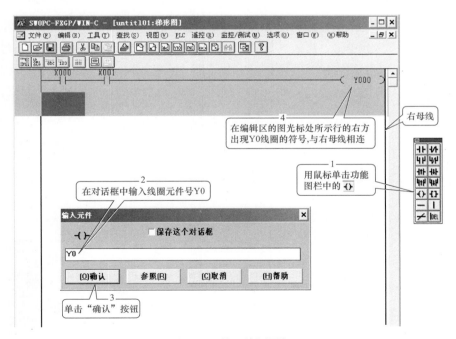

图 2-6　输入线圈图解

鼠标移到对话框中文本框处单击，再输入线圈元件号（例如 Y0），单击"确认"按钮（或按回车键），此时在编辑区的光标处所示行的右方出现 Y0 线圈的符号，与右母线相连，如图 2-6 所示。如果输入定时器、计数器线圈，则在图中文本框处输入 T0→空格→K100 或 C0→空格→K10，再按确认或回车键，即在编辑区光标所示行的右方出现定时器 T0 或计数器 C0 线圈符号（T0　K100）或（C0　K10）。

3）输入垂直线段。在梯形图的分支处输入垂直线段，用鼠标单击功能图栏中的 | 处，则在当前光标位置左下方出现一垂直线，光标也下移一行。输入垂直线段图解如图 2-7 所示。

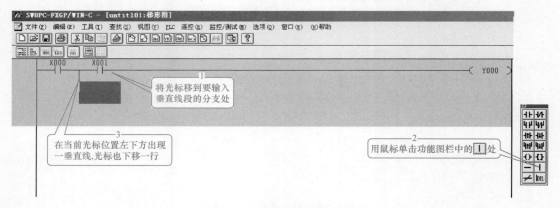

图 2-7　输入垂直线段图解

如果要消除垂直线段，单击"工具"菜单中的竖线删除，则梯形图中光标左下方的垂直线段被删除。

4）输入指令。对 END、MC/MCR、SET/RST 等基本指令（以及应用指令），用鼠标单击功能图栏中的 {} 处输入。

用鼠标单击功能图栏中的 {} 或单击功能键中的 {}，则弹出如图 2-8 所示的对话框，将鼠标移到对话框中文本框处单击，再输入 END，单击"确认"按钮（或按回车键），此时在编辑区的光标处所示行的右方出现指令 END，与右母线相连，如图 2-8 所示。应用指令要输入指令的助记符及操作数，输入时在助记符与操作数以及操作数与操作数之间输入空格键。

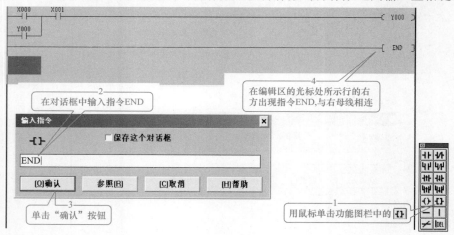

图 2-8　输入指令图解

梯形图的绘制另一种方法是用键盘操作，即通过键盘输入完整的指令，如图2-9所示，在光标处由键盘输入LD→空格→X0→按Enter按钮，则X0的动合触点就在编写区域中显示出来，然后再输入OR Y0、AND X1、OUT Y0。如果要输入SET/RST、PLS/PLF等以及应用指令时，直接输入指令助记符以及操作数，按回车键即可。

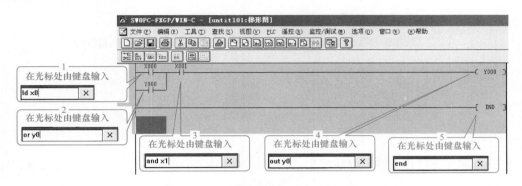

图2-9 梯形图绘制的方法2图解

（2）梯形图的转换。使用梯形图编辑窗口创建程序时，编写区是灰色状态，这时如果关闭梯形图编辑窗口，所创建的程序将被清除。

梯形图程序编制完后，在写入PLC之前，必须进行转换，单击图2-10中工具栏转换命令键，或单击"工具"菜单下的"转换"命令，或直接按F4键完成转换，此时编写区不再是灰色状态，可以存盘或传送，如图2-10所示。注意梯形图未经转换点击"保存"按钮存盘，如果此时关闭编辑软件，编绘的梯形图将丢失。程序转换后，单击指令表视图键或梯形图视图键就可以进行梯形图与指令表间的切换。

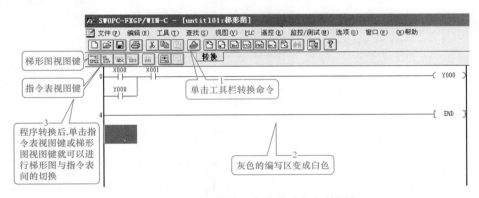

图2-10 梯形图的转换及与指令表间切换图解

5. 创建指令表

编制PLC程序除了用梯形图方法，也可以用指令方式编制程序，即直接输入指令的编程方式，并以指令的形式显示。注意输入的指令顺序，也就是PLC执行程序的顺序（从上到下，从左到右），如果输入指令的顺序出错，则程序就会出错。

创建指令表程序时，单击"视图"菜单中的"指令表"命令，则出现指令表编辑界面，如图2-11所示。图中从0行开始，全为NOP。输入指令表时，不必输入序号，只需要直接输入指令助记符、元件号、参数即可。指令表程序编制完后不需变换。

图 2-11 指令表编辑界面

6. 程序的编辑操作

在编辑梯形图过程中或程序转换后，都可以对元件进行修改和删除。但是注意在程序转换后进行修改时，则在删除或修改的行会变成暗色，修改完毕还需要进行转换。

（1）元件的删除。如果要进行触点、线圈、指令、横线等梯形图元件符号的删除，可以利用计算机的删除键，被删除处留下一个空隙，必须用元件或横线补上。梯形图竖线的删除可以利用菜单栏中"工具"菜单中的竖线删除，如图 2-12 所示。

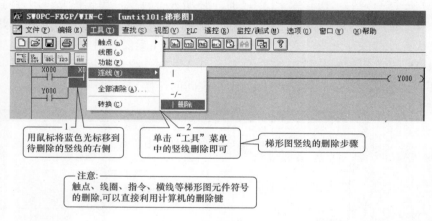

图 2-12 元件删除图解

（2）元件的修改。将鼠标移到待修改的元件 X1 处单击，则蓝色图光标覆盖了元件 X1，然后再双击蓝色图光标覆盖区域，自动弹出之前的"输入元件"对话框，将"输入元件"对话框中元件 X1 直接改为 X2，再单击"确认"按钮，则梯形图中的 X1 修改为 X2，如图 2-13 所示。

（3）行删除。如果要删除程序中的某一行，就用鼠标单击该行的首个元件处，则出现蓝色光标，再单击"编辑"菜单中的"行删除"命令，则蓝色光标所在程序行被删除，如图 2-14 所示。

（4）行插入。如果要在程序中某行位置再插入一程序行，就用鼠标单击该行的首个元件处，则出现蓝色光标，再单击"编辑"菜单中的"行插入"命令，则在蓝色光标所在程序行处插入一空白程序行，原来的程序行往下移动一行。此时，可在插入行位置输入新的程序。

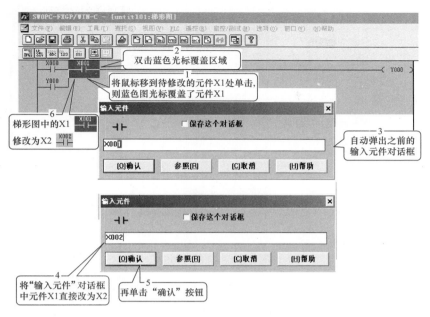

图 2-13　元件修改图解

图 2-14　行删除图解

7. 文件的保存

当梯形图程序编制完毕后，必须先进行变换，然后单击工具栏按钮■或执行"文件"菜单中的"保存"命令，自动弹出如图 2-15 所示的对话框，输入文件名，保存文件名中间不可有空格，pmw 为程序文件扩展名。单击对话框中的"确定"按钮，出现"另存为"对话框，如图 2-16 所示。可以校对文件名以及路径，在文件题头名的空白处，输入中文或英文的文件题头。单击"确认"按钮，则文件被保存。

8. 梯形图注释

梯形图编制完后，为了读图和检索的方便，可以对线圈或触点注释。

（1）显示注释。单击梯形图编辑窗口"视图"菜单下的"显示注释"命令，弹出"梯形图注释设置"对话框，如图 2-17 所示。选中元件号、元件名称、元件注释、线圈注释，选择元件注释的显示范围和线圈注释的显示范围，单击"确定"按钮，如图 2-18 所示。此时，梯形图的光标的长宽以及行距随之发生变化，以便于注释。

43

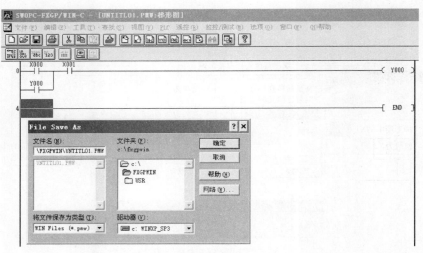

图 2-15　保存文件 1

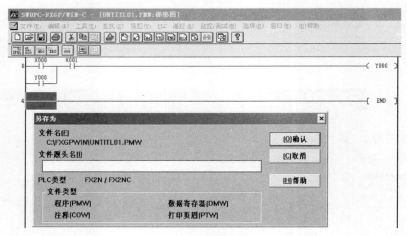

图 2-16　保存文件 2

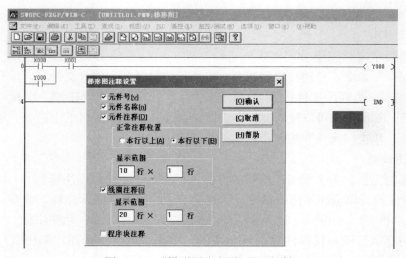

图 2-17　"梯形图注释设置"对话框

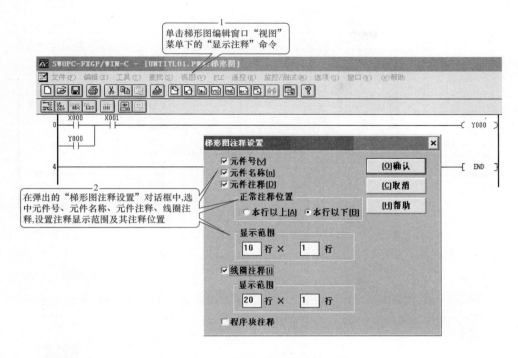

图 2-18 "梯形图注释设置"对话框

（2）元件注释。将蓝色光标移到需要注释的元件（如 X0）上，单击"编辑"菜单下的"元件注释"命令，弹出如图 2-19 所示的对话框。在文本框处输入中文注释"启动"，单击"确认"按钮。则在元件 X0 下方显示中文注释"启动"，元件注释图解如图 2-20 所示。

（3）线圈注释。将蓝色图光标移到需要注释的线圈（如 Y0）上，单击"编辑"菜单下的"线圈注释"命令，弹出如图 2-21 所示的"输入线圈注释"对话框。在文本框处输入中文注释"红灯"，单击"确认"按钮，则在 Y0 线圈下方显示中文注释"红灯"，线圈注释图解如图 2-22 所示。

图 2-19　元件注释对话框

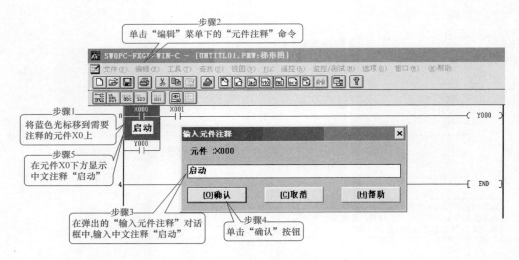

图 2-20　元件注释图解

图 2-21　"输入线圈注释"对话框

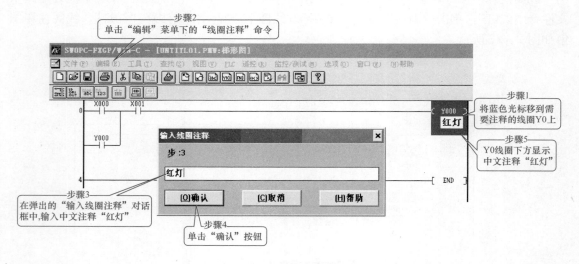

图 2-22　线圈注释图解

（4）注释视图。梯形图注释最方便的方法是使用工具栏的注释视图键，单击工具栏的 abc 按钮，自动弹出如图 2-23 所示的"设置元件"对话框，输入元件号 X0，单击"确认"按钮，则弹出以 X0 为首址的元件表，可以在元件表中进行注释。

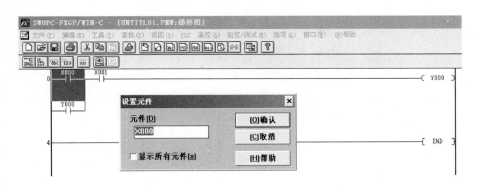

图 2-23 使用工具栏的注释视图键

9. 程序的下载

程序编辑完成后，要将编好的程序下载到 PLC 中的 CPU，首先要正确连接计算机和 PLC 的编程电缆（专用电缆），特别是 PLC 接口方向不要弄错，否则容易造成损坏。进行程序的下载时要将 PLC 的 RUN/STOP 开关置于 STOP 位置，然后单击菜单栏中"PLC"菜单，在下拉菜单中再选"传送"命令中的"写出"命令，自动弹出程序写入对话框，选中范围设置，再输入程序的终止步数，单击"确认"按钮即可将编辑好的程序下载到 PLC 中，程序下载图解如图 2-24 所示。"传送"菜单中的"读入"命令则用于将 PLC 中的程序读入编程计算机中去修改。

10. 程序的调试及运行监控

程序的调试及运行监控是程序开发的重要环节，SWOPC-FXGP/WIN-C 编程软件具有监控功能，专门用于程序的调试及运行监控。

程序下载到 PLC 后，将 PLC 的 RUN/STOP 开关置于 RUN 位置，启动程序，则程序运行。PLC 面板上相应的输入继电器 X 和输出继电器 Y 的发光二极管根据程序运行情况发亮。程序编辑区显示梯形图状态下，单击工具栏的开始监控键 或菜单栏中的"监控/测试"中的"开始监控"，进入元件监控状态，则在梯形图屏幕上显示的程序的动断触点呈现绿色的长方形光标。运行程序时，梯形图中绿色的长方形光标显示的位元件处于接通状态，例如被激活的线圈以及闭合的动合触点呈现绿色的长方形光标，被激活的定时器显示时间的数字变化，被激活的计数器显示计数次数的数字变化，如图 2-25 所示。在监控状态中单击工具栏的停止监控键 或菜单栏中的"监控/测试"菜单中的"停止监控"命令，则可以终止监控状态。

元件状态的监视还可以通过表格方式实现。编辑区显示梯形图或指令表状态下，单击菜单栏中的"监控/测试"中的"进入元件监控"，即可进入元件监控状态对话框，在对话框中设置需要监控的元件，则当 PLC 运行时就可以显示运行中各元件的状态。

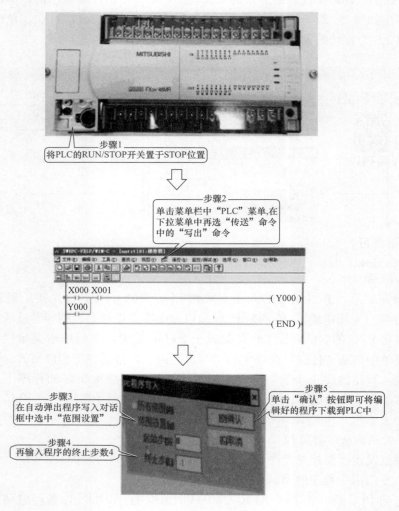

图 2-24　程序下载图解

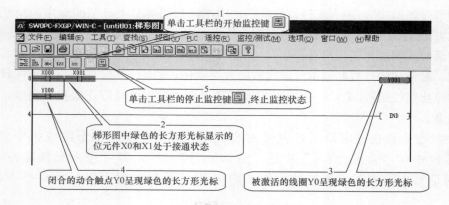

图 2-25　程序的监控图解

第二节 图解 GX Developer 编程软件的使用

一、编程软件简介

三菱 PLC 编程软件有好几个版本，早期的 FXGP/DOS 和 FXGP/WIN－C 及现在常用的 GPP For Windows 和最新的 GX Developer（简称 GX），实际上 GX Developer 是 GPP For Windows 升级版本，相互兼容，但 GX Developer 界面更友好、功能更强大、使用更方便。

这里介绍 GX Developer Version7.08J（SW7D5C－GXW）版本，它适用于 Q 系列、QnA 系列、A 系列以及 FX 系列的所有 PLC。GX 编程软件可以编写梯形图程序和状态转移图程序（全系列），它支持在线和离线编程功能，并具有软元件注释、声明、注解及程序监视、测试、故障诊断、程序检查等功能。此外，具有突出的运行写入功能，而不需要频繁操作 STOP/RUN 开关，方便程序调试。

GX 编程软件可在 Windows 95/Windows 98/Windows 2000 及 Windows XP 操作系统中运行，但在 Windows 98 系统中运行最稳定。该编程软件简单易学，具有丰富的工具箱，直观形象的视窗界面。此外，GX 编程软件可直接设定 CC－link 及其他三菱网络的参数，能方便地实现监控、故障诊断、程序的传送及程序的复制、删除和打印等功能，下面介绍 GX 编程软件的使用方法。

二、GX 编程软件的使用

1. 编程软件的启动和创建新工程

在计算机上安装好 GX 编程软件后，运行 GX 软件，其界面如图 2－26 所示。可以看到该窗口编辑区域是不可用的，工具栏中除了"新建"和"打开"按钮可用以外，其余按钮均不可用，单击图 2－26 中的 按钮，或执行"工程"菜单中的"创建新工程"命令，可创建一个新工程，出现如图 2－27 所示建立新工程对话框。选择 PLC 所属系列和型号，此外，设置项还包括程序的类型，即梯形图或 SFC（顺控程序），设置文件的保存路径和工程名称等。注意 PLC 系列和 PLC 型号两项必须设置，且需与所连接的 PLC 一致，否则程序将可能无法写入 PLC。设置好上述各项后出现图 2－28 所示的程序的编辑窗口，即可进行程序的编制。

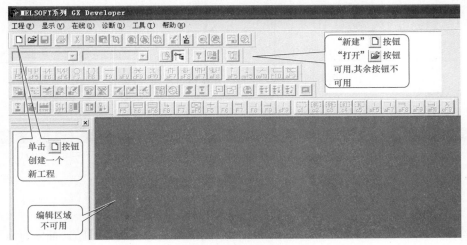

图 2－26　运行 GX 后的界面

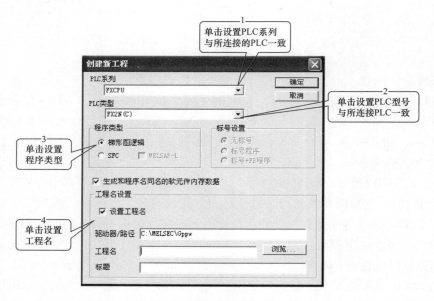

图 2-27 建立新工程画面图解

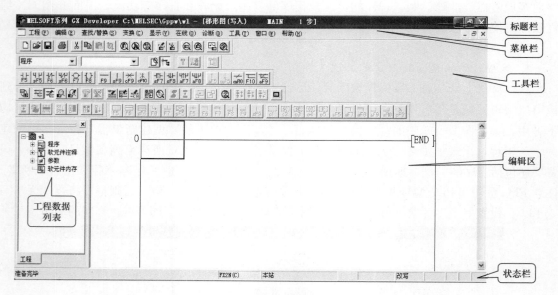

图 2-28 程序的编辑窗口图解

（1）菜单栏。菜单栏说明见图 2-29。

图 2-29 菜单栏说明

"工程"菜单项可执行工程的创建、打开、关闭、删除、打印等；

"编辑"菜单项提供图形程序（或指令）编辑的工具，如复制、粘贴、插入行（列）、删除行（列）、画连线、删除连线等；

"查找/替换"主要用于查找/替换设备、指令等;

"变换"只在梯形图编程方式可见,程序编好后,需要将图形程序转化为系统可以识别的指令,因此需要进行变换才可存盘、传送等;

"显示"用于梯形图与指令之间切换,注释、申明和注解的显示或关闭等;

"在线"主要用于实现计算机与PLC之间的程序的传送、监视、调试及检测等;

"诊断"主要用于PLC诊断、网络诊断及CC-link诊断;

"工具"主要用于程序检查、参数检查、数据合并、清除注释或参数等;

"窗口"主要用于程序的显示,如重叠显示、左右并列显示、上下并列显示等;

"帮助"主要用于查阅各种出错代码等。

(2)工具栏,工具栏说明见图2-30。工具栏分为主工具、图形编辑工具、视图工具等,它们在工具栏的位置是可以拖动改变的。主工具栏提供文件新建、打开、保存、复制、粘贴等功能,图形工具栏只在图形编程时才可见,提供各类触点、线圈、连接线等图形,视图工具可实现屏幕显示切换,如可在主程序、注释、参数等内容之间实现切换,也可实现屏幕放大/缩小和打印预览等功能。此外工具栏还提供程序的读/写、监视、查找和程序检查等快捷执行按钮。

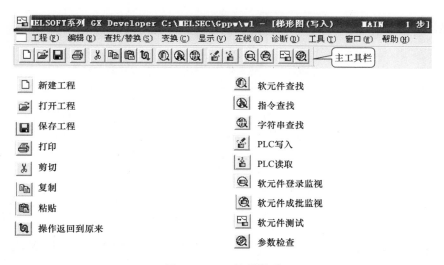

图2-30 工具栏说明

(3)编辑区。是程序、注解、注释、参数等编辑的区域。

(4)工程数据列表。以树状结构显示工程的各项内容,如程序、软元件注释、参数等。

(5)状态栏。显示当前的状态如鼠标所指按钮功能提示、读写状态、PLC的型号等内容。

2. 梯形图程序的编制

通过一个具体实例来讲解,用GX编程软件在计算机上编制如图2-31所示的梯形图程序。

程序编制画面图解如图2-32所示,在用计算机编制梯形图程序之前,首先单击图2-32程序编制画面中的(1)位置处按钮或按F2键,使其为写模式(查看状态栏),然后单击图2-32中的(2)位置处按钮,选择梯形图显示,即程序在编写区中以梯形图的形式显示。

下一步是选择当前编辑的区域如图2-32中的(3),当前编辑区为蓝色方框。梯形图的

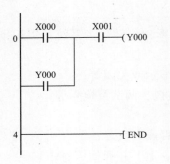

图 2-31 梯形图

绘制有两种方法，一种方法是用键盘操作，即通过键盘输入完整的指令，如在图 2-32 中（4）的位置输入 L→D→空格→X→0→按Enter 键（或单击"确定"按钮），则 X0 的动合触点就在编写区域中显示出来，然后再输入 OR Y0、AND X1、OUT　Y0，即绘制出如图 2-33 所示图形。梯形图程序编制完后，在写入 PLC 之前，必须进行变换，单击图 2-33 中"变换"菜单下的"变换"命令，或直接按 F4 键完成变换，此时编辑区不再是灰色状态，可以存盘或传送，如图 2-34 所示。

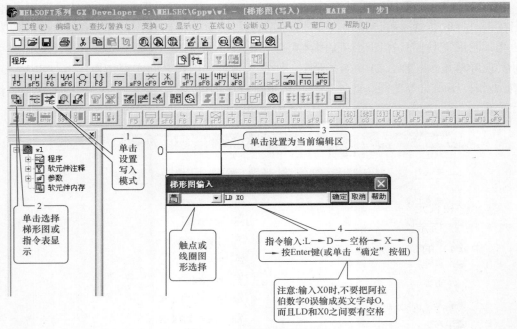

图 2-32　程序编制画面图解

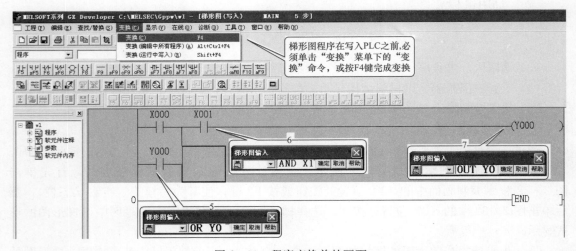

图 2-33　程序变换前的画面

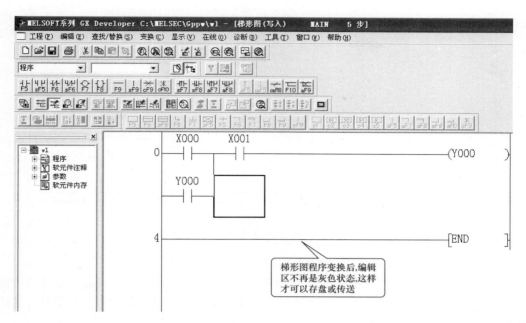

图 2-34 程序变换后的画面

注意：在输入的时候要注意阿拉伯数字 0 和英文字母 O 的区别以及空格的问题。

梯形图绘制的另一种方法是用鼠标和键盘操作，即用鼠标选择工具栏中的图形符号，再键入其软元件和软元件号，输入完毕按 Enter 键即可。

如图 2-35 所示的有定时器、计数器线圈及功能指令的梯形图。如用键盘操作，则在图 2-32 中（4）的位置输入 L→D→空格→ X→1→按 Enter 键；输入 OUT→空格→ T0→空格→K60→按 Enter 键；输入 OUT→空格→C1→空格→K3→按 Enter 键；然后输入 MOV→空格→K100→空格→D20→按 Enter 键。如用鼠标和键盘操作，则选择所对应的图形符号，再键入软元件及其软元件号（以及定时器、计数器参数），再按 Enter 键，依此完成所有指令的输入。

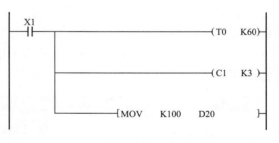

图 2-35 梯形图 2

3. 指令方式编制程序

指令方式编制程序即直接输入指令的编程方式，并以指令的形式显示。对于图 2-31 所示的梯形图，其指令表程序在屏幕上的显示如图 2-36 所示。输入指令的操作与上述介绍的用键盘输入指令的方法完全相同，只是显示不同，且指令表程序不需变换。并可在梯形图显示与指令表显示之间切换（Alt＋F1 键）。

4. 程序的传送

要将在计算机上用 GX 编好的程序写入到 PLC 中的 CPU，或将 PLC 中 CPU 的程序读到计算机中，一般需要以下几步：

（1）PLC 与计算机的连接。正确连接计算机（已安装 GX 编程软件）和 PLC 的编程电

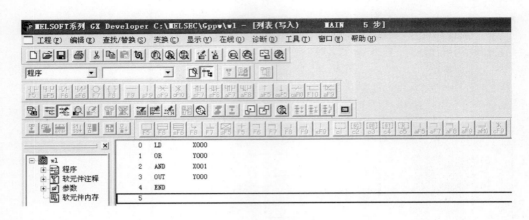

图 2-36 指令方式编制程序的画面

缆（专用电缆），特别是 PLC 接口方向不要弄错，否则容易造成损坏。

（2）进行通信设置。程序编制完后，如图 2-37 所示，单击"在线"菜单中的"传输设置"命令后，出现如图 2-38 所示的对话框，设置 PC I/F 和 PLC I/F 的各项设置，其他项保持默认，单击"确定"按钮。

（3）程序写入、读出。若要将计算机中编制好的程序写入到 PLC，如图 2-39 所示，单击"在线"菜单中的"PLC 写入"命令，则出现如图 2-40 所示对话框，根据出现的对话窗进行操作。选中主程序，再单击"开始执行"即可。若要将 PLC 中的程序读出到计算机中，其操作与程序写入操作相似。

5. 编辑操作

（1）删除、插入。删除、插入操作可以是一个图形符号，也可以是一行，还可以是一列（END 指令不能被删除），其操作有如下几种方法。

1）将当前编辑区定位到要删除、插入的图形处，右键单击鼠标，再在快捷菜单中选择需要的操作，如图 2-41 所示。

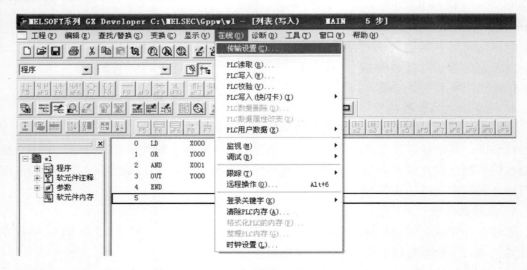

图 2-37 传输设置画面

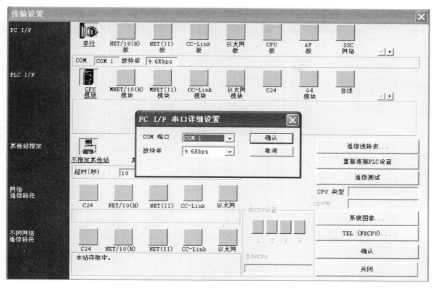

图 2-38 "通信设置"对话框

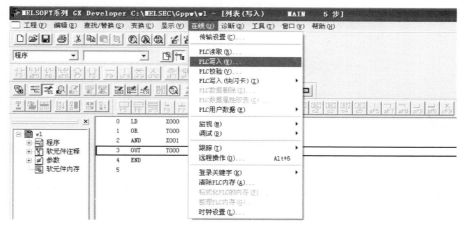

图 2-39 程序写入画面 1

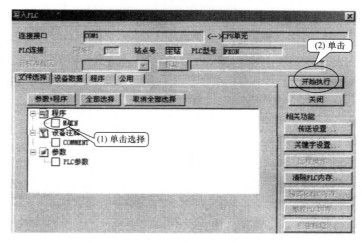

图 2-40 程序写入画面 2

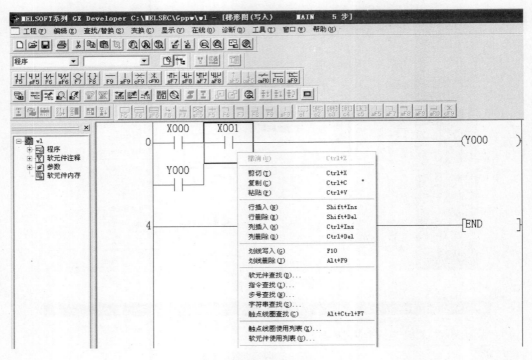

图 2-41　删除、插入方法 1

2）将当前编辑区定位到要删除、插入的图形处，在"编辑"菜单中执行相应的命令，如图 2-42 所示。

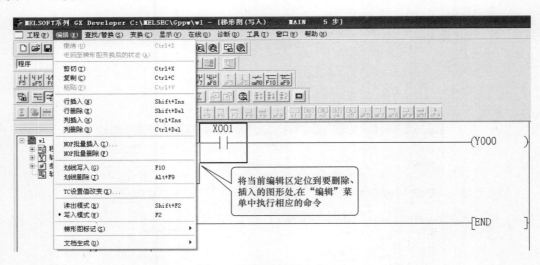

图 2-42　删除、插入方法 2

3）将当前编辑区定位到要删除的图形处，然后按键盘上的 Del 键即可，如图 2-43 所示。

4）若要删除某一段程序时，可拖动鼠标选中该段程序，然后按键盘上的 Del 键，或执行"编辑"菜单中的"删除行"，或"删除列"命令，如图 2-44 所示。

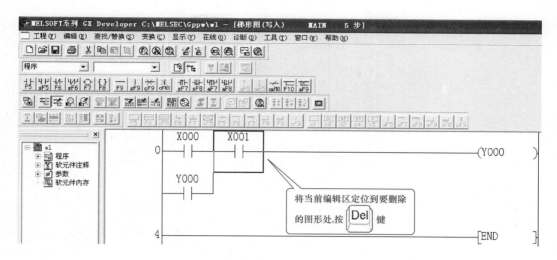

图 2-43　删除方法 3

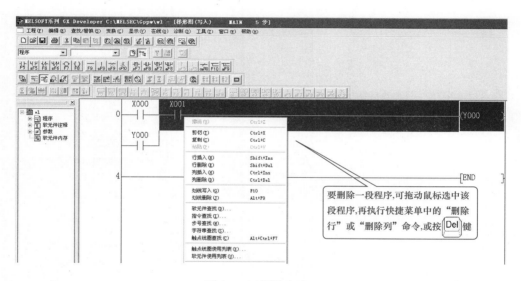

图 2-44　删除方法 4

5）按键盘上的 Ins 键，使窗口右下角显示"插入"，然后将光标移到要插入的图形处，输入要插入的指令即可，如图 2-45 所示，插入指令后的画面如图 2-46 所示。

（2）修改。若发现梯形图有错误，可进行修改操作，如将图 2-31 中的 X001 动合改为动断。首先按键盘上的 Ins 键，使窗口右下角显示"写入"，然后将当前编辑区定位到要修改的图形处，输入正确的指令即可。

（3）删除、绘制连线。若将图 2-31 中 X000 右边的竖线去掉，在 X001 左边加一竖线，其操作如下：

1）将当前编辑区置于要删除的竖线右上侧，即选择删除连线。然后单击按钮，再按 Enter 键即删除竖线，删除竖线图解如图 2-47 所示。

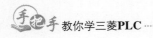

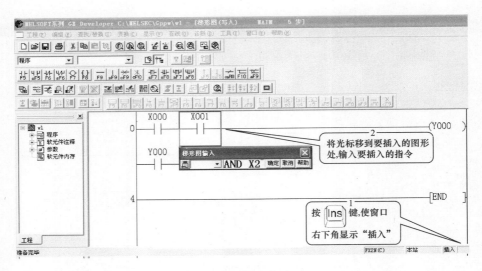

图 2-45　插入方法 3

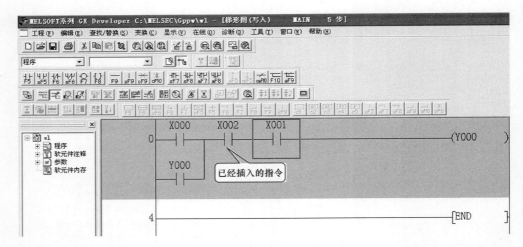

图 2-46　插入指令后的画面

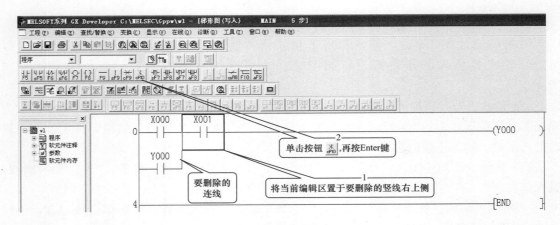

图 2-47　删除竖线图解

2）将当前编辑区定位到要添加的竖线右上侧，然后单击按钮，再按 Enter 键即在 X1 左侧添加一条竖线，添加竖线图解如图 2-48 所示。

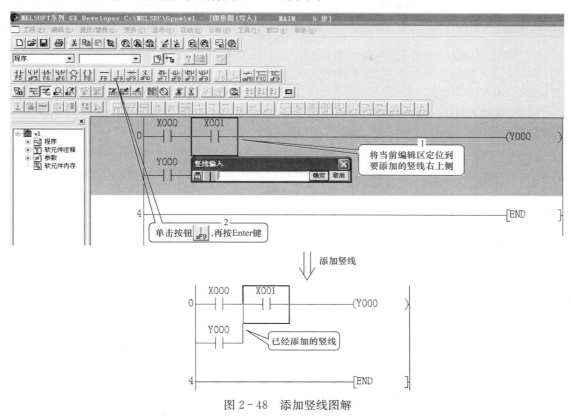

图 2-48　添加竖线图解

3）将当前编辑区定位到要添加的横线处，然后单击按钮，再按 Enter 键即添加一条横线，添加横线图解如图 2-49 所示。

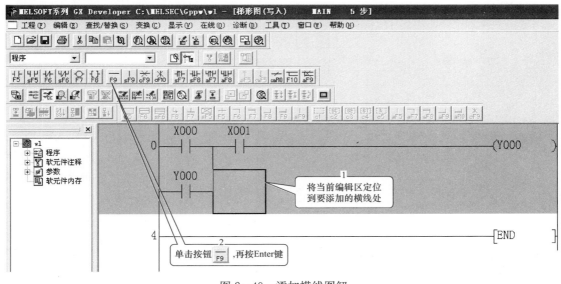

图 2-49　添加横线图解

（4）复制、粘贴。首先拖动鼠标选中需要复制的区域，右击鼠标执行复制命令（或"编辑"菜单中"复制"命令），再将当前编辑区定位到要粘贴的区域，执行粘贴命令即可。

（5）打印。如果要将编制好的程序打印出来，可按以下几步进行。

1）单击"工程"菜单中的"打印机设置"，根据对话框设置打印机；

2）执行"工程"菜单中的"打印"命令；

3）在选项卡中选择梯形图或指令列表；

4）设置要打印的内容，如主程序、注释、申明等；

5）设置好后，可以进行打印预览，如符合打印要求，则执行"打印"。

（6）保存、打开工程。当程序编制完毕后，必须先进行变换（即单击"变换"菜单中的"变换"命令），然后单击按钮🖫或执行"工程"菜单中的"保存"或"另存为"命令。系统会提示（如果新建时未设置）保存的路径和工程的名称，设置好路径和键入工程名称再单击"保存"即可。当需要打开保存在计算机中的程序时，单击按钮🗁，在弹出的窗口中选择保存的驱动器和工程名称再单击"打开"即可。

（7）其他功能。如要执行单步执行功能，即单击"在线"→"调试"→"单步执行"，可以使 PLC 一步一步依程序向前执行，从而判断程序是否正确。又如在线修改功能，即单击"工具"→"选项"→"运行时写入"，然后根据对话框进行操作，可在线修改程序的任何部分。

6. 软元件注释

注释分为共用注释和各程序注释，下面对共用注释进行详细说明。

如图 2-50 所示，单击工程数据列表中［软元件注释］前"＋"标记，双击"COMMENT"，右边显示注释创建屏幕，如图 2-51 所示，输入软元件名称 X0，单击"显示"按钮，软元件名从 X0 显示，双击邻近创建注释软元件名的注释列，再输入注释"启动"，然后按 Enter 键。接着单击工程数据列表中程序前"＋"标记，双击"MAIN"键，右边的"编辑区"显示之前编辑好的程序，单击"显示"菜单中的"注释显示"，即在编辑区显示创建的软元件注释，如图 2-52、图 2-53 所示。

7. 在线监控与仿真

GX Developer 编程软件提供了在线监控与仿真的功能。通过在线监控，可以在 GX Developer 上显示各编程元件的当前运行状态。利用 GX Developer 的仿真功能可以进行 PLC 程序的离线调试，实现在无 PLC 情况下的 PLC 程序模拟运行，进行程序的在线监控和时序图显示。

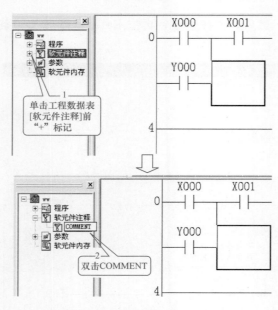

图 2-50　软元件注释图解 1

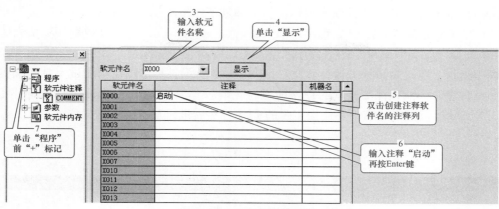

图 2-51　软元件注释图解 2

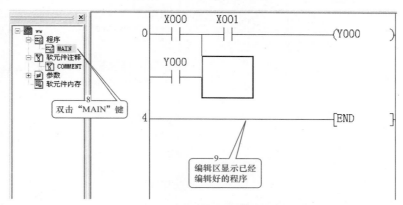

图 2-52　软元件注释图解 3

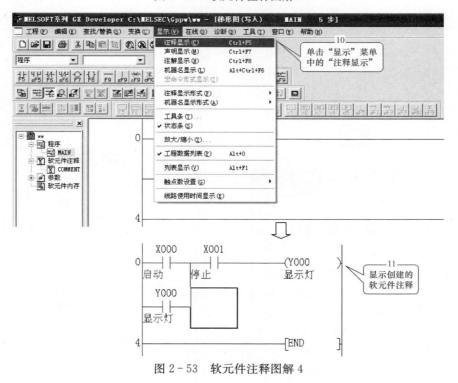

图 2-53　软元件注释图解 4

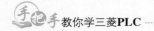

GX Developer 编程软件的仿真操作步骤具体如下：

（1）打开要仿真调试的 PLC 程序。

（2）选择"工具"菜单中的"梯形图逻辑测试启动"功能选项，如图 2-54 所示，启动 PLC 模拟运行，自动显示模拟运行界面，如图 2-55 所示。梯形图逻辑测试工具模拟实际的 PLC 调试程序，不能确保被调试的程序能进行正确操作。因此用梯形图逻辑测试工具调试过后，在实际运行程序之前，要连接实际的 PLC，然后进行正常的调试操作。

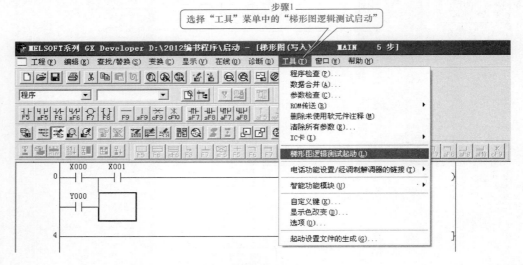

图 2-54　在线监控与仿真图解 1

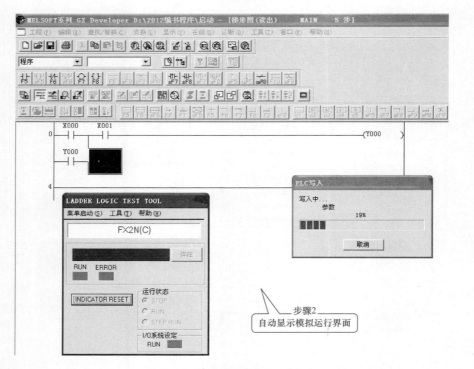

图 2-55　在线监控与仿真图解 2

（3）如图 2 - 56 所示，单击"菜单启动"中的"继电器内存监视"选项，出现如图 2-57 所示界面，单击"时序图"菜单中的"启动"键，自动显示时序图界面。单击时序图界面"监控停止"按钮，即可转变为"正在进行监控"按钮，显示需要进行时序图监控的编程元件（X0、X1、Y0），如图 2-58 所示。

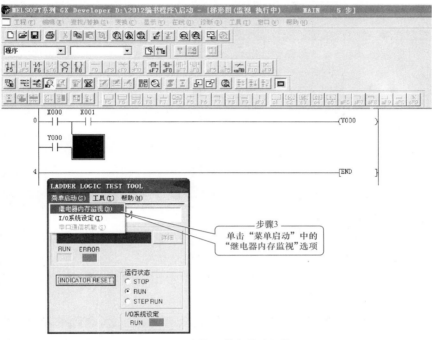

图 2 - 56　在线监控与仿真图解 3

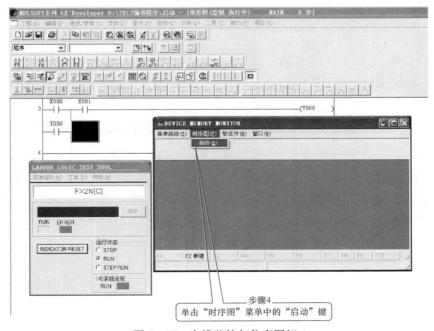

图 2 - 57　在线监控与仿真图解 4

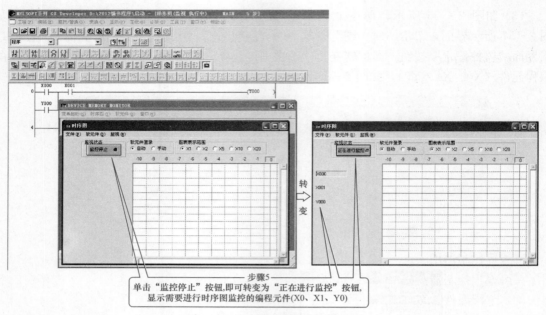

步骤5
单击"监控停止"按钮,即可转变为"正在进行监控"按钮,
显示需要进行时序图监控的编程元件(X0、X1、Y0)

图 2-58　在线监控与仿真图解 5

（4）分别双击编程元件 X0、X1，X0、X1 显示为黄色，表明 X0、X1 的当前状态为
"1"，此时梯形图中的 X0、X1 的动合触点闭合，梯形图中的 Y0 得电，对应的时序图中的
Y0 显示为黄色，如图 2-59 所示。

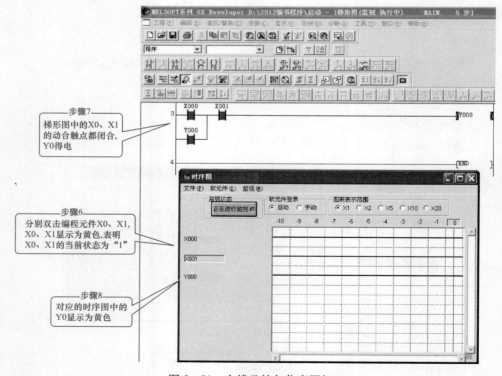

步骤7
梯形图中的X0、X1
的动合触点都闭合,
Y0得电

步骤6
分别双击编程元件X0、X1,
X0、X1显示为黄色,表明
X0、X1的当前状态为"1"

步骤8
对应的时序图中的
Y0显示为黄色

图 2-59　在线监控与仿真图解 6

第三章

图解FX₂N系列PLC编程入门

🖰 **第一节** 图解 FX₂N 系列 PLC 的编程元件

可编程控制器用于工业控制，其实质是用程序表达控制过程中事物间的逻辑或控制关系。在可编程控制器内部设置具有各种各样功能的，能方便地代表控制过程中各种事物的元器件就是编程元件。可编程控制器的编程元件从物理实质上讲是电子电路及存储器，考虑到工程技术人员的习惯，常用继电器电路中类似器件名称命名，称为输入继电器、输出继电器、辅助继电器、定时器、计数器、状态继电器等。为了和通常的硬器件相区别，通常把上面的器件称为"软继电器"，是等效概念的模拟器件，并非实际的物理器件。从编程的角度出发，可以不管这些"软继电器"的物理实现，只注重它们的功能，在编程中可以像在继电器电路中一样使用它们。

在可编程控制器中这种编程元件的数量往往是巨大的。为了区分它们的功能，通常给编程元件编上号码。这些号码就是计算机存储单元的地址。

一、PLC 编程元件的分类、名称、编号和基本特征

FX₂N 系列 PLC 编程元件的编号分为两部分：第一部分是代表功能的字母，如输入继电器用"X"表示，输出继电器用"Y"表示；第二部分是数字，即该类器件的序号，FX₂N 系列 PLC 输入继电器和输出继电器的序号为八进制，其余器件的序号为十进制。如 X0～X7、X10～X17、X20～X27、Y0～Y7、Y10～Y17 等。从元件的最大序号可计算出可能具有的某类器件的最大数量。如输入继电器的编号范围为 X0～X267（八进制编号），则可计算出 PLC 可能接入的最大输入信号数为 184 点。

编程元件的使用主要体现在程序中，一般可认为编程元件和继电接触器元件类似，具有线圈和动合、动断触点。而且触点的状态随着线圈的状态而变化，即当线圈被选中（通电）时，动合触点闭合，动断触点断开，当线圈失去选中条件时，动断接通，动合断开。

编程元件与继电接触器元件的不同点：

1）编程元件作为计算机的存储单元，从本质上来说，某个编程元件被选中，只是这个编程元件的存储单元置 1，失去选中条件只是这个元件的存储单元置 0，由于元件只不过是存储单元，可以无限次地访问，可编程控制器的编程元件可以有无数个动合、动断触点。

2）编程元件作为计算机的存储单元，在存储器中只占一位，其状态只有置 1 置 0 两种情况，称为位元件。可编程控制器的位元件还可以组合使用。

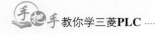

二、PLC 主要编程元件及其使用

1. 输入继电器 X

FX_{2N} 系列可编程控制器输入继电器编号范围为 X0～X267（184 点）。

输入继电器是 PLC 接收外部输入的开关量信号的电路的一种等效表示。如图 3-1 所示，可编程控制器输入接口的一个接线点对应一个输入继电器，输入继电器是接收机外信号的窗口。从使用者来说，输入继电器的线圈只能由机外信号驱动，在反映机内器件逻辑关系的梯形图中并不出现，它可提供任意个动合和动断触点，供 PLC 内部控制电路编程使用。从图 3-1 中所示的等效电路可见，当按下启动按钮 SB1，X0 输入端子外接的输入电路接通，输入继电器 X0 线圈接通，程序中 X0 的动合触点闭合。

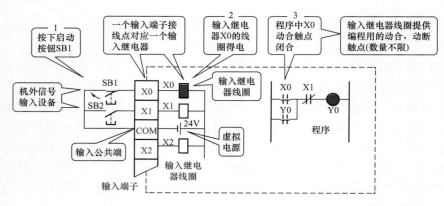

图 3-1　输入继电器

2. 输出继电器 Y

FX_{2N} 系列可编程控制器输出继电器编号范围为 Y0～Y267（184 点）。

输出继电器是 PLC 内部输出信号控制被控对象的电路的一种等效表示。如图 3-2 所示，输出继电器的线圈只能由程序驱动，每个输出继电器除了有为内部控制电路提供编程用的动合、动断触点外，还为输出电路提供一个动合触点与输出接线端连接。输出继电器是 PLC 中唯一具有外部触点的继电器，输出继电器可通过外部接点接通该输出口上连接的输出负载或执行器件，驱动外部负载的电源由用户提供。从图 3-2 中所示的等效电路可见，当程序中 X0 的动合触点闭合，输出继电器 Y0 的线圈得电，程序中 Y0 动合触点闭合自锁，同时与输出端子相连的输出继电器 Y0 动合触点（硬触点）闭合，使外部电路中接触器 KM 的线圈通电。

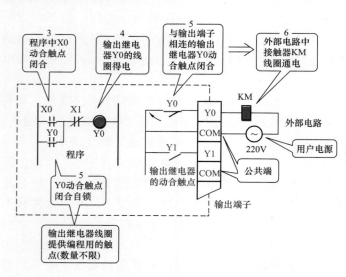

图 3-2　输出继电器

3. 辅助继电器 M

可编程控制器中配有大量的通用辅助继电器，其主要的用途和继电器电路中的中间继电器类似，常用于逻辑运算的中间状态存储及信号类型的变换。如图 3－3 所示，辅助继电器的线圈只能由程序驱动。辅助继电器的触点（包括动合触点和动断触点）在 PLC 内部自由使用，而且使用次数不限，但这些触点不能直接驱动外部负载。辅助继电器由 PLC 内各元件的触点驱动，故在输出端子上找不到它们，但可以通过它们的触点驱动输出继电器，再通过输出继电器驱动外部负载。

辅助继电器分以下三种类型：

（1）普通用途的辅助继电器 M0～M499，共 500 个点。

（2）具有掉电保持功能的辅助继电器。具有掉电保持功能的辅助继电器有 M500～M1023（524 点）及 M1024～M3071（2048 点）。这些掉电保持辅助继电器具有记忆功能，在系统断电时，可保持断电前的状态。当系统重新上电后，即可重现断电前的状态。它们在某些需停电保持的场合很有用。如图 3－4 所示是台车运行的例子，按下启动按钮 SB1，X0 动合触点闭合，掉电保持辅助继电器 M500 接通并保持，Y0 线圈通电，驱动台车前进，具体分析见图 3－5。当 PLC 外部电源停电后，掉电保持的辅助继电器 M500 可以记忆它在掉电前的状态，如图 3－5（b）所示。停电后再通电，Y0 仍然有输出，驱动台车继续前进，如图 3－5（c）所示。

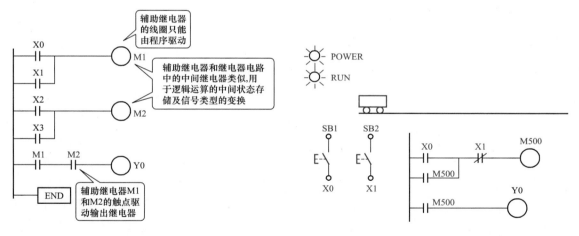

图 3－3　普通用途的辅助继电器的应用　　　图 3－4　掉电保持辅助继电器的应用

（3）特殊功能辅助继电器。特殊功能辅助继电器有 M8000～M8255，共 256 个点，分为触点利用型和线圈驱动型两种。

触点利用型特殊辅助继电器的线圈由 PLC 自行驱动，用户只能利用其触点，在用户程序中不能出现它们的线圈。下面是几个例子：

M8000（运行监视）：当 PLC 执行用户程序时，M8000 为 ON；停止执行时，M8000 为 OFF（见图 3－6）。M8000 可以用作"PLC 正常运行"的标志上传给上位计算机。

M8002（初始化脉冲）：M8002 仅在 M8000 由 OFF 变为 ON 状态时的一个扫描周期内为 ON（见图 3－6），可以用 M8002 的动合触点来使有断电保持功能的元件初始化复位，或给某些元件置初始值。

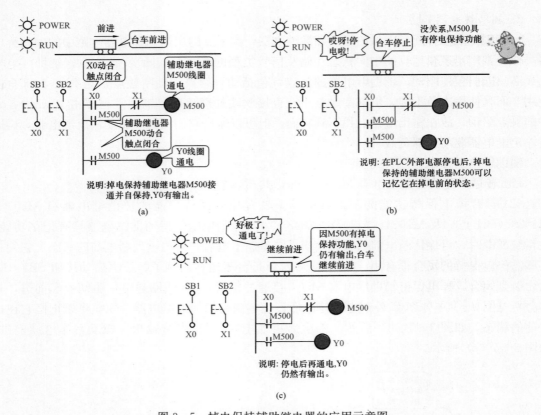

图 3-5　掉电保持辅助继电器的应用示意图

(a) 台车前进；(b) 停电台车停止（M500 停电保持）；(c) 复电台车继续前进

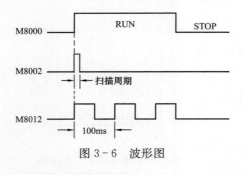

图 3-6　波形图

M8011～M8014 分别是 10ms、100ms、1s 和 1min 时钟脉冲。

M8005（锂电池电压降低）：电池电压下降至规定值时变为 ON，可以用它的触点驱动输出继电器和外部指示灯，提醒工作人员更换锂电池。

线圈驱动型特殊辅助继电器是由用户程序驱动其线圈，使 PLC 执行特定的操作，用户并不使用它们的触点。例如：

M8030 的线圈"通电"后，"电池电压降低"发光二极管熄灭；

M8034 的线圈"通电"时，禁止所有的输出；但是程序仍然正常执行。

4.定时器

定时器作为时间元件相当于时间继电器，由设定值寄存器、当前值寄存器和定时器触点组成。在其当前值寄存器的值等于设定值寄存器的值时，定时器触点动作。故设定值、当前值和定时器触点是定时器的三要素。

（1）定时器的类型。PLC 内的定时器是根据时钟脉冲累积计时的，时钟脉冲有 1、10、100ms，定时器有以下四种类型。

100ms 定时器：T0～T199，共 200 个点，计时范围为 0.1～3276.7s；

10ms 定时器：T200～T245，共 46 点，计时范围为 0.01～327.67s；

1ms 积算型定时器（停电记忆）：T246～T249，共 4 个点，计时范围为 0.001～32.767s；

100ms 积算型定时器（停电记忆）：T250～T255，共 6 个点，计时范围为 0.1～3276.7s。

（2）定时器的工作原理。可编程控制器中的定时器是对机内 1、10、100ms 等不同规格时钟脉冲累加计时的。定时器除了占有自己编号的存储器位外，还占有一个设定值寄存器和一个当前值寄存器。设定值寄存器存放程序赋予的定时设定值。当前值寄存器记录计时当前值。这些寄存器为 16 位二进制存储器。其最大值乘以定时器的计时单位值即是定时器的最大计时范围值。定时器满足计时条件时开始计时，当前值寄存器则开始计数，当它的当前值与设定值寄存器存放的设定值相等时定时器动作，其动合触点接通，动断触点断开，并通过程序作用于控制对象，达到时间控制的目的。

（3）普通定时器的使用。图 3-7 为普通的非积算型定时器的工作梯形图，其中 X0 为计时条件，当 X0 接通时定时器 T1 计时开始，K10 为设定值。十进制数 "10" 为该定时器计时单位值的倍数，T1 为 100ms 定时器，当设定值为 "K10" 时，其计时时间为 10×100ms＝1s。如图 3-8（a）所示，通过按下按钮 SB1 使其动合触点闭合，接通输入继电器 X0，梯形图中 X0 动合触点闭合，定时器 T1 计时开始。如图 3-8（b）所示，当

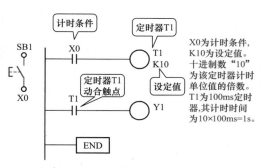

图 3-7 普通定时器图解

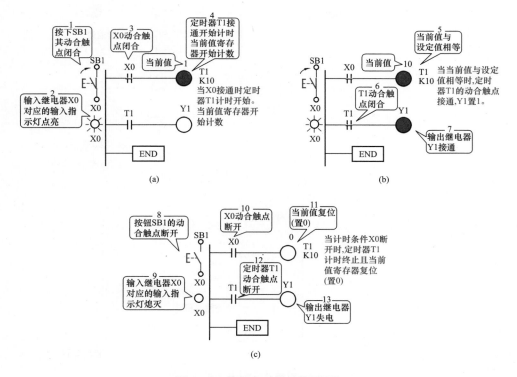

（a）　　　　　　　　　　　　　　　　（b）

　　　　　　　　　　　　　（c）

图 3-8 普通定时器的使用图解

（a）定时器 T1 开始计时；（b）定时器 T1 当前值与设定值相等；（c）定时器 T1 当前值复位

计时时间到，即定时器 T1 的当前值与设定值寄存器存放的设定值相等时，定时器 T1 的动合触点接通，Y1 置"1"。如图 3-8（c）所示，在计时中，计时条件 X0 动合触点断开或 PLC 电源停电，计时过程终止且当前值寄存器复位（置"0"）。若 X0 动合触点断开或 PLC 电源停电发生在计时过程完成且定时器的触点已动作时，触点的动作也不能保持。

（4）积算式定时器的使用。如图 3-9 所示为积算式定时器 T250 的工作梯形图，与普通的非积算型定时器的情况不同。如图 3-10（a）所示，积算式定时器在计时条件失去或

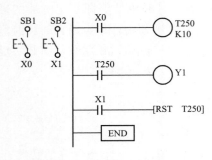

图 3-9　积算式定时器

PLC 失电时，积算式定时器停止计时，但其当前值寄存器的内容及触点状态均可保持；如图 3-10（b）所示，当输入 X0 再接通或复电时，积算式定时器在原有值基础上可"累计"计时时间，故称为"积算"。积算式定时器的当前值寄存器及触点都有记忆功能，其复位时必须在程序中加入专门的复位指令。如图 3-10（c）所示，X1 为复位条件。当 X1 接通执行"RST　T250"指令时，T250 的当前值寄存器置 0，T250 的动合触点复位断开。积算式定时器的应用波形图如图 3-11 所示。

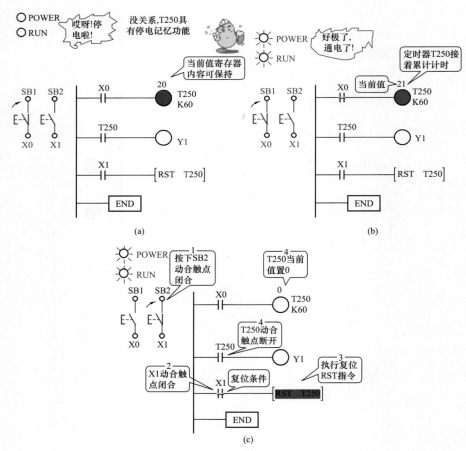

图 3-10　积算式定时器的使用图解

（a）停电时当前值保持不变；（b）复电时累计计时；（c）定时器 T250 当前值复位

70

5. 计数器 C

计数器在程序中用作计数控制。FX2N系列可编程控制器计数器可分为内部计数器及外部计数器。内部计数器是对机内元件（X、Y、M、S、T 和 C）的信号计数的计数器。由于机内信号的频率低于扫描频率，内部计数器是低速计数器，也称普通计数器。对高于机器扫描频率的信号进行计数，需用高速计数器。下面将普通计数器介绍如下：

（1）16 位加计数器。16 位加计数器有 200 个，地址编号为 C0-C199。其中 C0～C99 为通用型，C100～C199 为掉电保持型。设定值为 1～32 767。

图 3-12 所示为 16 位加计数器的工作梯形图，图 3-13 为 16 位加计数器的工作过程。图 3-12 中计数输入 X0 是计数器的工作条件。如图 3-13（a）、（b）、（c）所示，X0 每次由断开变为接通（即计数脉冲的上升沿）驱动计数器 C0 的线圈时，计数器的当前值加 1。"K3"为计数器的设定值。如图 3-13（c）所示，当第 3 次执行线圈指令时，计数器的当前值和设定值相等，计数器的触点就动作，计数器 C0 的工作对象 Y0 接通；在 C0 的动合触点置"1"后，即使计数器输入 X0 再动作，计数器的当前值状态保持不变。

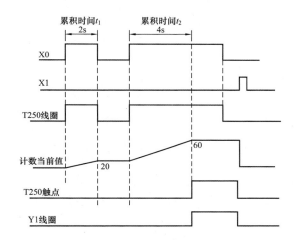

图 3-11　积算式定时器的应用波形图

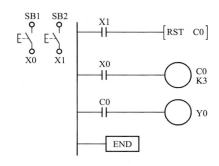

图 3-12　计数器的工作梯形图

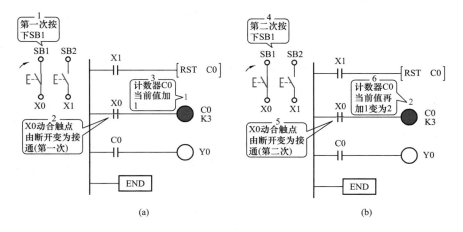

图 3-13　16 位加计数器的图解（一）

（a）、（b）计数器 C0 的当前值加 1

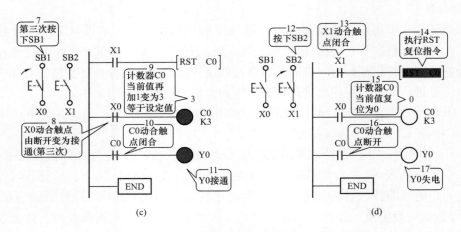

图 3-13 16 位加计数器的图解（二）
(c) 计数器 C0 的当前值加 1；(d) 计数器 C0 的当前值复位

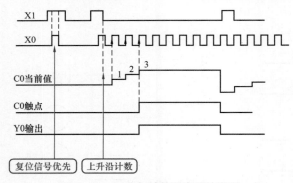

图 3-14 16 位加计数器应用波形图

由于计数器的工作条件 X0 本身就是断续工作的，外电源正常时，其当前值寄存器具有记忆功能，因而即使是非掉电保持型的计数器也需复位指令才能复位。图 3-12 中 X1 为复位条件。当复位输入 X1 接通时，执行 RST 指令，计数器的当前值复位为"0"，输出触点也复位，如图 3-13（d）所示。16 位加计数器应用波形图如图 3-14 所示。

计数器的设定值，除了常数设定外，还可以通过指定数据寄存器 D 来设定，这时设定值等于指定的数据寄存器中的数据。

（2）32 位加/减计数器。32 位加/减计数器共有 35 个，编号为 C200～C234，其中 C200～C219 为通用型，C220～C234 为断电保持型。它们的设定值为 -2147483648～+2147483647，可由常数 K 设定，也可以通过指定数据寄存器来设定。32 位设定值存放在元件号相连的两个数据寄存器中。如果指定的寄存器为 D0，则设定值存放在 D1 和 D0 中。

图 3-15 所示为 32 位加/减计数器的工作过程。32 位加/减计数器 C200～C234 的加/减计数方式由特殊辅助继电器 M8200～M8234 设定。特殊辅助继电器为 ON 时，对应的计数器为减计数；反之为加计数。图 3-15 中 C210 的设定值为 5，当 X12 输入断开，M8210 线圈断开时，对应的计数器 C210 进行加计数。当前值大于或等于 5 时，计数器的输出触点为 ON。当 X12 输入接通时，M8210 线圈得电，对应的计数器 C210 进行减计数。当当前值小于 5 时，计数器的输出触点为 OFF。复位输入 X13 的动合触点接通时，C210 被复位，其动合触点断开，动断触点接通。

如果使用断电保持计数器，在电源中断时，计数器停止计数，并保持计数当前值不变。电源再次接通后，计数器在当前值的基础上继续计数。因此断电保持计数器可累计计数。在复位信号到来时，断电保持计数器当前值被置"0"。

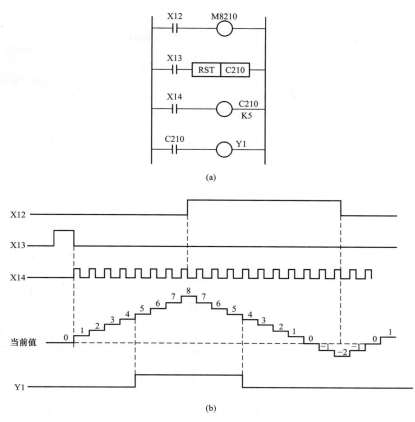

图 3-15 32 位加/减计数器的工作过程

（a）工作梯形图；（b）应用波形图

第二节 图解 FX₂N 系列 PLC 的基本指令

一、逻辑取及输出线圈指令（LD、LDI、OUT）

1. 指令用法

LD：取指令，用于动合触点与母线连接。

LDI：取反指令，用于动断触点与母线连接。

OUT：线圈驱动指令，用于将逻辑运算的结果驱动一个指定线圈。

2. 指令用法说明

（1）LD、LDI 指令用于将触点接到母线上，操作目标元件为 X、Y、M、T、C、S。LD、LDI 指令，还可与 AND、ORB 指令配合，用于分支回路的起点。

（2）OUT 指令的目标元件为 Y、M、T、C、S 和功能指令线圈。

（3）OUT 指令可以连续使用若干次，相当于线圈并联，如图 3-16 中的 "OUT M100" 和 "OUT T0 K60"，但不可以串联使用。在对定时器、计数器使用 OUT 指令后，必须设置常数 K。

LD、LDI、OUT 指令用法如图 3-16 所示。

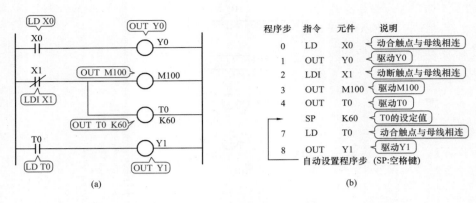

图 3-16 LD、LDI、OUT 指令应用图解

(a) 梯形图；(b) 指令表

二、单个触点串联指令（AND、ANI）

1. 指令用法

AND：与指令。用于单个触点的串联，完成逻辑"与"运算，助记符号为 AND＊＊，＊＊为触点地址。

ANI：与反指令。用于动断触点的串联，完成逻辑"与非"运算，助记符号为 ANI＊＊，＊＊为触点地址。

2. 指令用法说明

（1）AND、ANI 指令均用于单个触点的串联，串联触点数目没有限制。该指令可以重复多次使用。指令的目标元件为 X、Y、M、T、C、S。

（2）OUT 指令后，通过触点对其他线圈使用 OUT 指令称为纵接输出，如图 3-17 中 OUT Y2 指令后，再通过 X2 触点去驱动 Y3。这种纵接输出，在顺序正确的前提下，可以多次使用。

（3）串联触点的数目和纵接的次数虽然没有限制，但由于图形编程器和打印机功能有限制，因此尽量做到一行不超过 10 个触点和 1 个线圈，连续输出总共不超过 24 行。

（4）串联和并联指令是用来描述单个触点与其他触点或触点组成的电路连接关系的。虽然图 3-17 中 X2 的触点与 Y3 的线圈组成的串联电路与 Y2 的线圈是并联关系，但是 X2 的动合触点与左边的电路是串联关系，因此对 X2 的触点使用串联指令。

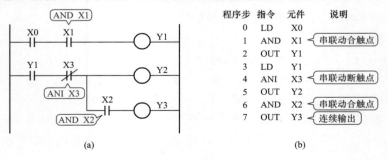

图 3-17 AND、ANI 指令应用图解

(a) 梯形图；(b) 指令表

（5）图 3-17 可以在驱动 Y2 之后通过触点 X2 驱动 Y3。但是，如果驱动顺序换成图 3-18 所示梯形图形式，则必须用多重输出 MPS、MRD、MPP 指令。

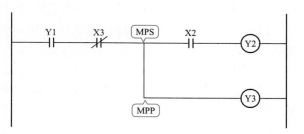

图 3-18　不能使用连续输出的例子

三、触点并联指令（OR、ORI）

1. 指令用法

OR：或指令。用于单个动合触点的并联，助记符号为 OR＊＊，＊＊ 为触点地址。

ORI：或反指令。用于单个动断触点的并联，助记符号为 ORI＊＊，＊＊ 为触点地址。

2. 指令用法说明

（1）OR、ORI 指令用于一个触点的并联连接指令。若将两个以上的触点串联连接的电路块并联连接时，要用后面提到的 ORB 指令。

（2）OR、ORI 指令并联触点时，是从该指令的当前步开始，对前面的 LD、LDI 指令并联连接。该指令并联连接的次数不限，但由于编程器和打印机的功能对此有限制，因此并联连接的次数实际上是有限制的（24 行以下）。

OR、ORI 指令用法如图 3-19 所示。

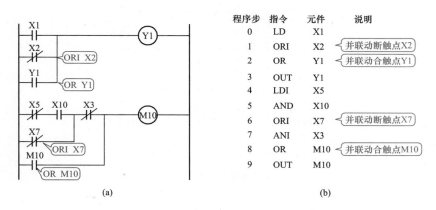

图 3-19　OR、ORI 指令应用图解
（a）梯形图；（b）指令表

四、边沿检测脉冲指令（LDP、ANDP、ORP、LDF、ANDF、ORF）

1. 指令用法

LDP：从母线直接取用上升沿脉冲触点指令。

LDF：从母线直接取用下降沿脉冲触点指令。

ANDP：串联上升沿触点指令。

ANDF：串联下降沿触点指令。

ORP：并联上升沿触点指令。

ORF：并联下降沿触点指令。

2. 指令用法说明

LDP、ANDP、ORP 指令是用来检测触点状态变化的上升沿（由 OFF→ON 变化时）

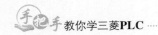

的指令，当上升沿到来时，使其操作对象接通一个扫描周期，又称上升沿微分指令。

LDF、ANDF、ORF 指令是用来检测触点状态变化的下降沿（由 ON→OFF 变化时）的指令，当下降沿到来时，使其操作对象接通一个扫描周期，又称下降沿微分指令。

上述指令操作数全为位元件，即 X、Y、M、S、T、C。

边沿检测脉冲指令用法如图 3-20 所示。图 3-20 所示在 X1 的上升沿或 X2 的下降沿，Y1 有输出，且接通一个扫描周期。对于 Y3，仅当 X3 接通时，T2 的上升沿出现时，Y3 输出一个扫描周期。工作波形图如图 3-20（c）所示。

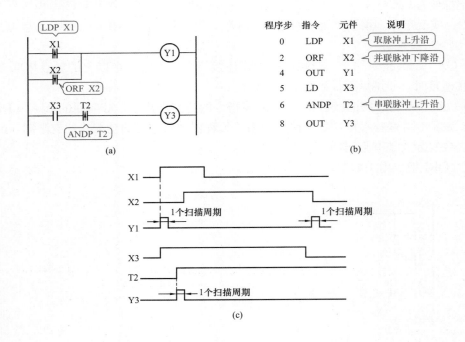

图 3-20　边沿检测脉冲指令的应用图解
（a）梯形图；（b）指令表；（c）波形图

五、串联电路块的并联指令（ORB）

1. 指令用法

当一个梯形图的控制线路由若干个先串联、后并联的触点组成时，可将每组串联的触点看作一个块。与左母线相连的最上面的块按照触点串联的方式编写语句，下面依次并联的块称作子块，每个子块左边第一个触点用 LD 或 LDI 指令，其余串联的触点用 AND 或 ANI 指令。每个子块的语句编写完后，加一条 ORB 指令作为该指令的结尾。ORB 是将串联块相并联，是块或指令。

2. 指令用法说明

（1）2 个以上的触点串联连接的电路称为串联电路块。串联电路块并联时，各电路块分支的开始用 LD 或 LDI 指令，分支结尾用 ORB 指令。

（2）若需将多个串联电路块并联，则在每个电路块后面加上一条 ORB 指令。

（3）ORB 指令为无操作元件号的独立指令。ORB 指令用法如图 3-21 所示。

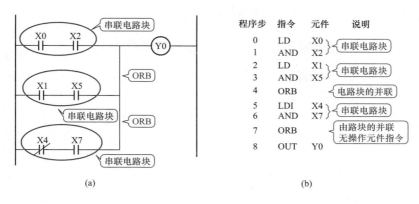

图 3-21 ORB指令应用

(a) 梯形图；(b) 指令表

六、并联电路块的串联指令（ANB）

1. 指令用法

当一个梯形图的控制线路由若干个先并联、后串联的触点组成时，可将每组并联看成一个块。与左母线相连的块按照触点并联的方式编写语句，其后依次相连的块称作子块。每个子块最上面的触点用 LD 或 LDI 指令，其余与其并联的触点用 OR 或 ORI 指令。每个子块的语句编写完后，加一条 ANB 指令，表示各并联电路块的串联。ANB 是将并联块相串联，是块与指令。

2. 指令用法说明

（1）在使用 ANB 指令之前，应先完成并联电路块的内部连接。并联电路块中各分支的开始用 LD 或 LDI 指令，在并联好电路块后，使用 ANB 指令与前面电路串联。

（2）若需将多个并联电路块顺次用 ANB 指令与前面电路串联连接，ANB 的使用次数不限。

（3）ANB 指令为无操作元件号的独立指令。ANB 指令用法如图 3-22 所示。

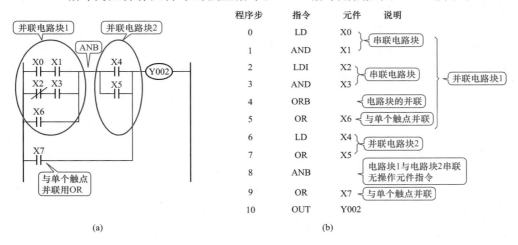

图 3-22 ANB指令应用

(a) 梯形图；(b) 指令表

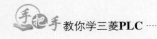

七、多重输出电路指令（MPS、MRD、MPP）

1. 指令用法

MPS、MRD、MPP 这组指令的功能是将连接点的结果存储起来，以方便连接点后面电路的编程。PLC 中有 11 个存储运算中间结果的存储器，称为堆栈存储器，如图 3-23 所示。堆栈采用先进后出的数据存储方式。

MPS：进栈指令，把中间运算结果送入堆栈的第一个堆栈单元（栈顶），同时让堆栈中原有的数据顺序下移一个堆栈单元。再次使用 MPS 指令时，当时的运算结果送入堆栈的第

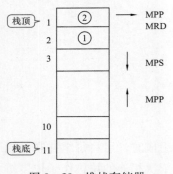

图 3-23 堆栈存储器

一个堆栈单元（栈顶），先送入的数据依次向下移一个堆栈单元。图 3-23 中栈存储器中的①是第一次入栈的数据，②是第二次入栈的数据。

MRD：读栈指令，仅仅读出栈顶的数据，该指令操作完成后，堆栈中的数据维持原状。MRD 指令可多次连续重复使用，但不能超过 24 次。

MPP：出栈指令，弹出堆栈中第一个堆栈单元的数据（该数据在堆栈中消失），同时使堆栈中第二个堆栈单元至栈底的所有数据顺序上移一个单元，原第二个堆栈单元的数据进入栈顶。

2. 指令使用说明

无论何时连续使用 MPS 和 MPP 必须少于 11 次，并且 MPS 和 MPP 必须配对使用。

MPS、MRD、MPP 指令用法如图 3-24 所示。

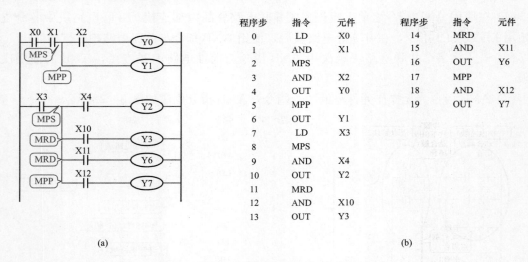

图 3-24 MPS、MRD、MPP 指令应用

(a) 梯形图；(b) 指令表

八、主控触点指令（MC/MCR）

1. 指令用法

MC：主控触点指令，在主控电路块起点使用。又名公共触点串联的连接指令，用于表示主控区的开始，该指令操作元件为 Y、M（不包括特殊辅助继电器）。

MCR：主控复位指令，在主控电路块终点使用。又名公共触点串联的清除指令，用于表示主控区的结束，该指令的操作元件为主控指令的使用次数 N（N0～N7）。

在编程时，经常遇到许多线圈同时受一个或一组触点控制的情况，如图 3-25 所示。如果在每个线圈电路中都串联同样的触点，将占用很多存储单元，使用主控指令可解决这一问题，用主控指令实现图 3-25 电路的方法如图 3-26 所示。

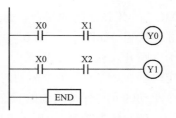

图 3-25　两个线圈同时
受一个触点控制

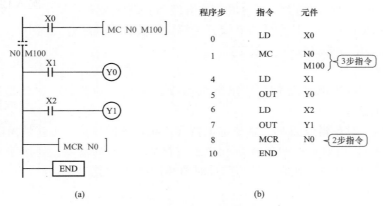

图 3-26　MC 与 MCR 指令应用
(a) 梯形图；(b) 指令表

2. 指令用法说明

（1）输入接通时，执行 MC 与 MCR 之间的指令。如图 3-27（a）所示，当输入 X0 接通时，执行 MC 与 MCR 之间的指令，图中主控指令借助辅助继电器 M100，M100 为主控触点，该触点是"能流"到达触点后梯形图区域的"关卡"，因而称为"主控"。只有执行了

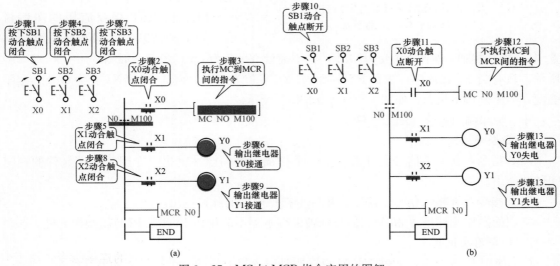

图 3-27　MC 与 MCR 指令应用的图解
(a) 执行 MC 与 MCR 之间的指令；(b) 不执行 MC 与 MCR 之间的指令

MC 与 MCR 之间的指令，通过了该"关卡"，当 X1、X2 分别接通时，输出继电器 Y0、Y1 才能接通。如图 3-27 (b) 所示，当输入 X0 断开时，不执行 MC 与 MCR 之间的指令，"关卡"断开，这时，虽然 X1、X2 都处于接通状态，但输出继电器 Y0、Y1 已失电，即非积算定时器、用 OUT 指令驱动的编程元件均复位，但计数器和积算式定时器、用 SET/RST 指令驱动的元件保持当前的状态。

（2）与主控触点相连的触点必须用 LD 或 LDI 指令，MC、MCR 指令必须成对使用。

（3）使用不同的 Y、M 元件号，可多次使用 MC 指令。

（4）在 MC 指令内再使用 MC 指令时，嵌套级 N 的编号就顺次增大（按程序顺序由小到大），返回时用 MCR 指令，从大的嵌套级开始解除（按程序顺序有大到小）。

九、置位与复位指令（SET、RST）

1. 指令用法

SET 指令用于对逻辑线圈 M、输出继电器 Y、状态 S 的置位，也就是使操作对象置"1"，并维持接通状态。

RST 指令用于对逻辑线圈 M、输出继电器 Y、状态 S 的复位，也就是操作对象置"0"，并维持复位状态；也可对数据寄存器 D 和变址寄存器 V、S 的清零。还用于对计时器 T 和计数器 C 逻辑线圈的复位，使它们的当前计时值和计数值清零。

2. 指令用法说明

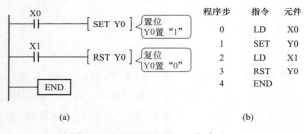

程序步	指令	元件
0	LD	X0
1	SET	Y0
2	LD	X1
3	RST	Y0
4	END	

图 3-28 SET 和 RST 指令应用
(a) 梯形图；(b) 指令表

（1）SET 和 RST 指令具有自保持功能，X0 一接通，即使再断开，Y0 也保持接通。当用 RST 指令时，Y0 断开。工作梯形图如图 3-28 所示。

（2）SET 和 RST 指令的使用没有顺序限制，SET 和 RST 之间可以插入别的程序。

SET 和 RST 指令应用的图解说明，如图 3-29 所示，X0 接通后，Y0 置"1"保持接通，即使 X0 变为 OFF，也不能使 Y0 变为 OFF 状态，如图 3-29 (a)、(b) 所示；只有当 X1 接通后，执行 RST 指令，Y0 复位为 OFF 状态，即使 X1 变为 OFF，也不能使 Y0 变为 ON 状态，如图 3-29 (c)、(d) 所示。

十、脉冲输出指令（PLS、PLF）

1. 指令用法

PLS 指令：在输入信号上升沿产生一个扫描周期的脉冲输出，专用于操作元件的短时间脉冲输出。

PLF 指令：在输入信号下降沿产生一个扫描周期的脉冲输出。

它们的操作元件是 Y 和 M，但特殊辅助继电器不能用作 PLS 或 PLF 的操作元件。

2. 指令用法说明

（1）使用 PLS 指令，元件 Y、M 仅在驱动输入接通后的一个扫描周期内动作；

使用 PLF 指令，元件 Y、M 仅在驱动输入断开后的一个扫描周期内动作，如图 3-30

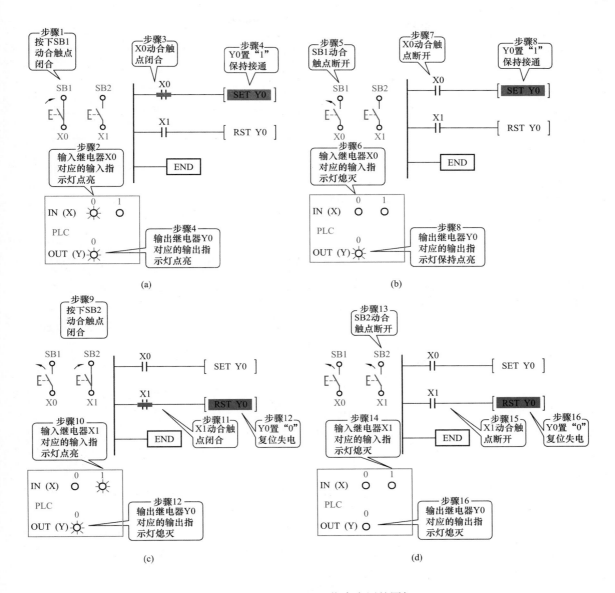

图 3-29 SET 和 RST 指令应用的图解

（a）X0 接通，Y0 置 "1" 保持接通；（b）X0 断开，Y0 置 "1" 仍保持接通；（c）X1 接通，Y0 置 "0"
复位失电；（d）X1 断开，Y0 置 "0" 仍失电

所示。

（2）特殊继电器不能用作 PLS 或 PLF 的操作元件。

（3）在驱动输入接通时，PLC 由运行（RUN）→停机（STOP）→运行（RUN），此时 PLS M0 动作，但 PLS M600（断电时有电池后备的辅助继电器）不动作。这是因为 M600 是保持继电器，即使在断电停机时其动作也能保持。

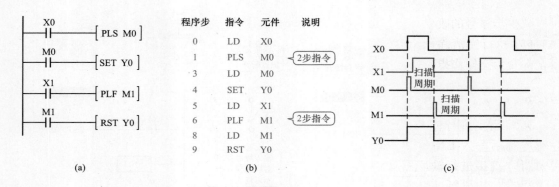

图 3-30　PLS、PLF 指令的应用
(a) 梯形图；(b) 指令表；(c) 时序图

十一、取反指令（INV）

INV 指令是在梯形图中用一条 45 度短斜线表示，它将使用 INV 指令之前的运算结果取反，无操作元件。INV 指令不能单独占用一条电路支路，也不能直接与左母线相连。

INV 指令的应用说明如图 3-31 所示，图 3-31（a）为 INV 指令的应用梯形图，图 3-31（b）为 INV 指令的编程，图 3-31（c）为该程序的功能时序图。

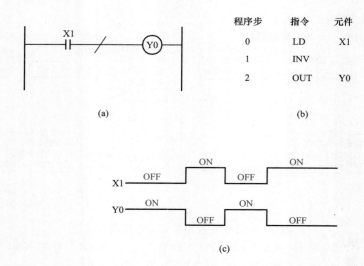

图 3-31　INV 指令的应用
(a) 梯形图；(b) 指令表；(c) 时序图

十二、空操作指令（NOP）

NOP 为空操作指令，该指令是一条无动作、无目标元件，占一个程序步的指令。空操作指令使该步序作空操作。

（1）用 NOP 指令代替已写入的指令，可以改变电路。

（2）在程序中加入 NOP 指令，在改变或追加程序时，可以减少步序号的改变。

（3）执行完清除用户存储器操作后，用户存储器的内容全部变为空操作指令。

十三、结束指令（END）

END 指令用来标记用户程序存储区最后一个存储单元。PLC 反复进行输入处理、程序运算、输出处理。若在程序最后写入 END 指令，则 END 以后的程序步就不再执行，直接进行输出处理。如图 3 - 32 所示在程序调试过程中，按段插入 END 指令，可以顺序对各程序段动作进行检查。采用 END 指令将程序划分为若干段，在确认处于前面电路块的动作正确无误后，依次删去 END 指令。

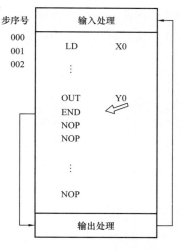

图 3 - 32　END 指令的应用

第三节　图解梯形图的编程规则

梯形图作为一种编程语言，绘制时应当有一定的规则。另一方面，可编程控制器的基本指令具有有限的数量，也就是说，只有有限种的编程元件的符号组合可以为指令表达。不能为指令表达的梯形图从编程语法上来说就是不正确的，尽管这些"不正确的"梯形图有时能正确地表达某些正确的逻辑关系。为此，在编辑梯形图时，要注意梯形图的格式和编程技巧。

一、梯形图的格式

（1）梯形图中左、右边垂直线分别称为起始母线（左母线）、终止母线（右母线）。每一逻辑行必须从左母线开始画起，右母线可以省略。

（2）梯形图按行从上至下编写，每一行从左至右顺序编写。即梯形图的各种符号，要以左母线为起点，右母线为终点（可允许省略右母线），从左向右分行绘出。每一行的开始是触群组成的"工作条件"，最右边是线圈表达的"工作结果"。一行写完，自上而下依次再写下一行。

（3）每个梯形图由多个梯级组成，每个输出元素可构成一个梯级，每个梯级可由多个支路组成。每个梯级必须有一个输出元件。

（4）梯形图的触点有两种，即动合触点和动断触点，触点应画在水平线上，不能画在垂直分支线上。这些触点可以是 PLC 的输入/输出继电器触点或内部继电器、定时器、计数器的触点，每一触点都有自己的特殊标记，以示区别。同一标记的触点可以反复使用，次数不限。这是由于每一触点的状态存入 PLC 内的存储单元，可以反复读写。

（5）梯形图的触点可以任意串、并联，而输出线圈只能并联，不能串联。

（6）一个完整的梯形图程序必须用"END"结束。

二、编程注意事项及编程技巧

（1）程序应按自上而下，从左至右的顺序编制。

（2）同一编号的输出元件在一个程序中使用两次，即形成双线圈输出，双线圈输出容易

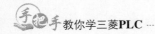

引起误操作，应尽量避免。但不同编号的输出元件可以并行输出，如图3-33所示。本事件的特例是：同一程序的两个绝不会同时执行的程序段中可以有相同的输出线圈。

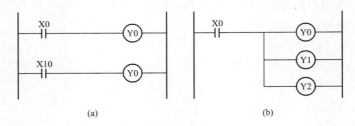

图3-33　双线圈和并行输出

（a）双线圈输出；（b）并行输出

（3）线圈不能直接与左母线相连。如果需要，可以通过一个没有使用元件的动断触点或特殊辅助继电器M8000（常ON）来连接，如图3-34所示。

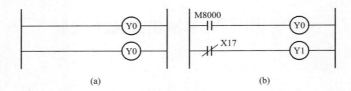

图3-34　线圈与母线的连接
（a）不正确；（b）正确

（4）适当安排编程顺序，以减少程序步数。

1）串联多的电路应尽量放在上部，如图3-35所示。

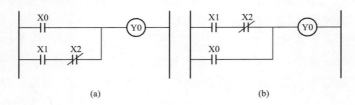

图3-35　串联多的电路应放在上部
（a）电路安排不当；（b）电路安排得当

2）并联多的电路应靠近左母线，如图3-36所示。

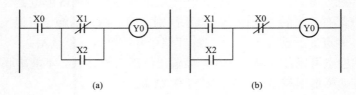

图3-36　并联多的电路应靠近左母线
（a）电路安排不当；（b）电路安排得当

（5）不能编程的电路应进行等效变换后再编程。

1）桥式电路应进行变换后才能编程，如图 3-37 所示。

图 3-37（a）所示桥式电路应变换成图 3-37（b）所示的电路才能编程。

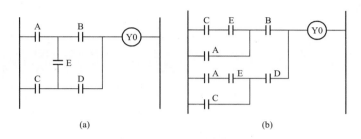

图 3-37　桥式电路的变换方法

（a）桥式电路；（b）等效电路

2）线圈右边的触点应放在线圈的左边才能编程，如图 3-38 所示。

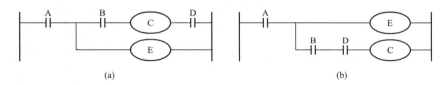

图 3-38　线圈右边的触点应放其左边

（a）电路不正确；（b）电路正确

3）对复杂电路，用 ANB、ORB 等指令难以编程，可重复使用一些触点画出其等效电路，然后再进行编程，如图 3-39 所示。

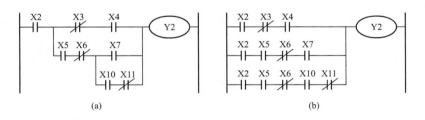

图 3-39　复杂电路的编程

（a）复杂电路；（b）等效电路

第四章

图解FX₂N系列PLC的基本编程实例

第一节 图解常用基本环节的编程

一、三相异步电动机单向运转控制即启—保—停

三相异步电动机单向运转控制的启动、保持和停止电路在梯形图中的应用很广泛，在第一章中已经接触过。表 4 - 1 是 PLC 的 I/O 分配表，图 4 - 1 （c）是三相异步电动机单向运转控制梯形图，即称为启—保—停。当按下启动按钮 SB1 时，X0 接通，Y0 置 "1"，电动机连续运行；按下停车按钮 SB2 时，串联在 Y0 线圈回路中的 X1 的动合触点断开，Y0 置 "0"，电动机失电停车。并联在 X0 动合触点上的 Y0 动合触点的作用是当 SB1 松开，输入继电器 X0 断开，线圈 Y0 仍保持接通状态，此触点称为自保持触点。

表 4 - 1　　　　　　　　　　　　　**I/O 设备及 I/O 点分配**

输入口分配		输出口分配	
输入设备	PLC 输入继电器	输出设备	PLC 输出继电器
SB1（正转启动按钮）	X0	KM（接触器）	Y0
SB2（停止按钮）	X1		

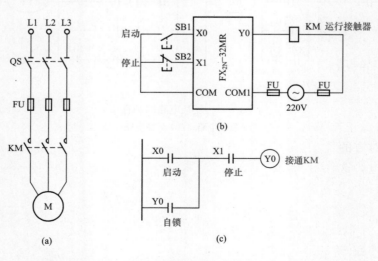

图 4 - 1　三相异步电动机单向运转控制（启—保—停）
(a) 主电路；(b) PLC 接线图；(c) 梯形图

二、三相异步电动机可逆运转

三相异步电动机可逆运转方案1：

如果热继电器属于手动复位型热继电器，该如何处理过载保护呢？如图 4-2 所示，热继电器动断触点可以接在 PLC 的输出电路中与控制电动机的交流接触器的线圈串联。

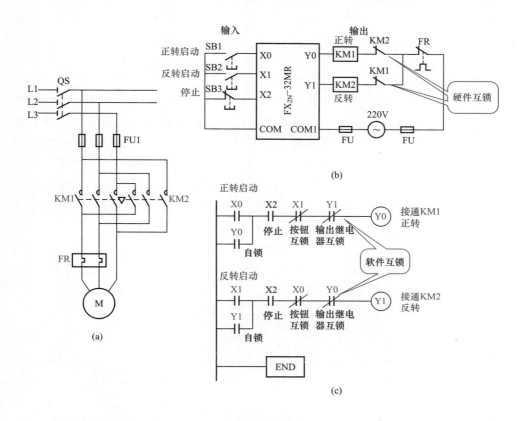

图 4-2 三相异步电动机可逆运转方案 1
(a) 三相异步电动机正反转控制主电路；(b) PLC 的接线图；(c) 梯形图

要实现三相异步电动机可逆运转，图 4-2 (a) 为三相异步电动机正反转控制主电路，PLC 的 I/O 端子分配如表 4-2 所示，PLC 的接线图如图 4-2 (b) 所示，梯形图如图 4-2 (c) 所示。一个用于正转（通过 Y0 驱动正转接触器 KM1），一个用于反转（通过 Y1 驱动反转接触器 KM2）。考虑正转、反转两个接触器不能同时接通，在梯形图中，将 Y0 和 Y1 的动断触点分别与对方的线圈串联，可以保证它们不会同时为 ON，因此 KM1 和 KM2 的线圈不会同时得电，这种安全措施称为"互锁"。除此之外，为了方便操作和保证 Y0 和 Y1 不会同时为 ON，在梯形图中还设置了"按钮互锁"，即将与反转启动按钮连接的 X1 的动断触点与控制正转的 Y0 的线圈串联，将与正转启动按钮连接的 X0 的动断触点与控制反转的 Y1 的线圈串联。设 Y0 为 ON，电动机正转，这时如果想改为反转运行，可以不按停止按钮 SB3，直接按反转启动按钮 SB2，X1 变为 ON，它的动断触点断开，使 Y0 线圈"失电"，同时 X1 的动合触点接通，使 Y1 的线圈"得电"，电动机由正转变为反转。这样既方便了操作又保证 Y0 和 Y1 不会同时接通。但梯形图中的输出继电器互锁和输入继电器按钮互锁电路只能保证输出模块中与 Y0 和 Y1 对应的硬件的动合触点不会同时接通。

表 4－2   I/O 设备及 I/O 点分配

输入口分配		输出口分配	
输入设备	PLC 输入继电器	输出设备	PLC 输出继电器
SB1（正转启动按钮）	X0	KM1（正转接触器）	Y0
SB2（反转启动按钮）	X1	KM2（反转接触器）	Y1
SB3（停止按钮）	X2		

应注意的是：虽然在梯形图中已经有了软继电器的互锁触点，但在外部硬件输出电路中还必须使用 KM1、KM2 的动断触点进行互锁。因为 PLC 内部软继电器互锁只相差一个扫描周期，而外部硬件接触器触点的断开时间往往大于一个扫描周期，来不及响应。例如 Y0 虽然失电，可能 KM1 的主触点还未断开，在没有外部硬件互锁的情况下，KM2 的主触点可能已接通，引起主电路短路。因此必须采用软硬件双重互锁，如图 4－3 所示。

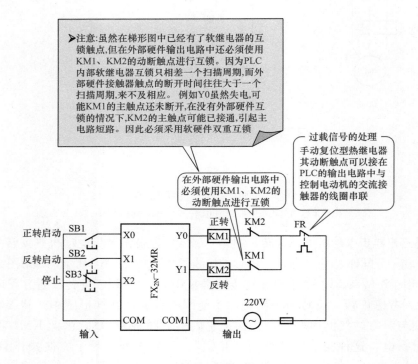

图 4－3　PLC 的接线图图解

采用双重互锁，同时也避免了由于切换过程中电感的延时作用，可能会出现一个接触器还未熄弧，另一个却已合上的现象，从而造成瞬间短路故障，或者由于接触器 KM1 和 KM2 的主触点熔焊引起电动机主电路短路。

三相异步电动机可逆运转方案 1 控制程序图解如图 4－4～图 4－6 所示。

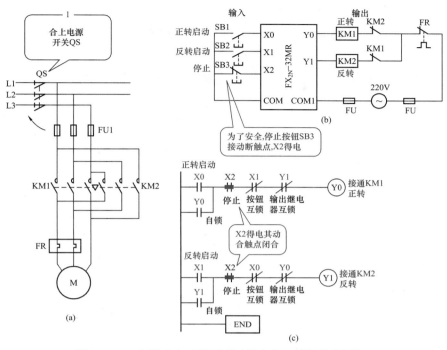

图 4-4 三相异步电动机可逆运转方案 1 控制程序图解 1

（a）控制电路图；（b）PLC 接线图；（c）梯形图

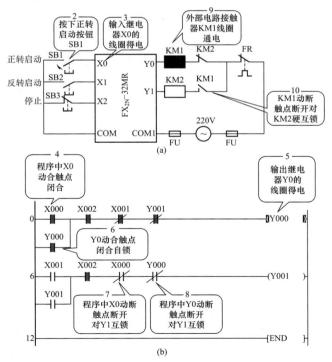

图 4-5 三相异步电动机可逆运转方案 1 控制程序图解 2

（a）PLC 接线图；（b）梯形图

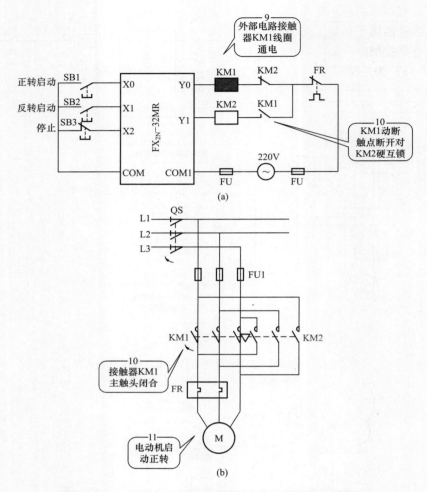

图4-6 三相异步电动机可逆运转方案1控制程序图解3

(a) PLC接线图；(b) 主电路

正转控制过程：

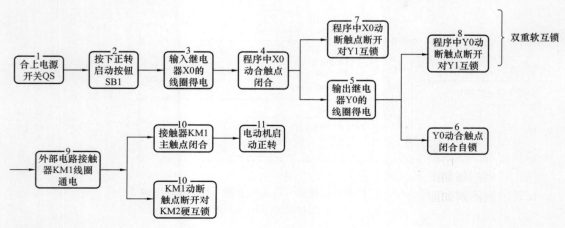

三相异步电动机可逆运转方案 2：

如果热继电器属于自动复位型，则过载保护又该如何处理呢？如图 4-7 所示，过载信号通过输入电路提供给 PLC，用梯形图实现过载保护。PLC 的 I/O 端子分配如表 4-3 所示，图 4-7 (a) 为三相异步电动机正反转控制主电路，PLC 的接线图如图 4-7 (b) 所示，梯形图如图 4-7 (c) 所示。

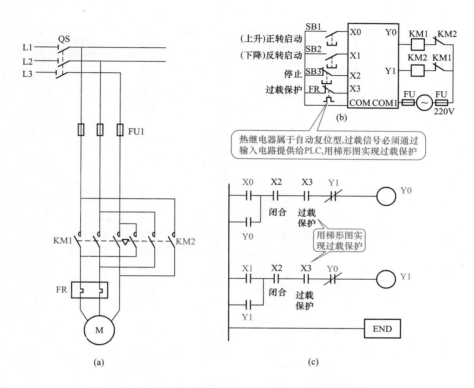

图 4-7　三相异步电动机可逆运转方案 2 控制程序图解 1

(a) 主电路；(b) PLC 接线图；(c) 梯形图

表 4-3　　　　　　　　　　　　　I/O 设备及 I/O 点分配

输入口分配		输出口分配	
输入设备	PLC 输入继电器	输出设备	PLC 输出继电器
SB1（正转启动按钮）	X0	KM1（正转接触器）	Y0
SB2（反转启动按钮）	X1	KM2（反转接触器）	Y1
SB3（停止按钮）	X2		
FR（热继电器）	X3		

正转控制图解如图 4-9、图 4-10 所示。

停止控制图解如图 4-11、图 4-12 所示。

反转控制图解如图 4-13 所示。

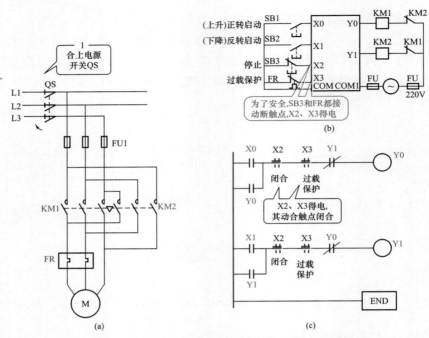

图 4-8　三相异步电动机可逆运转方案 2 控制程序图解 2

（a）主电路；（b）PLC 接线图；（c）梯形图

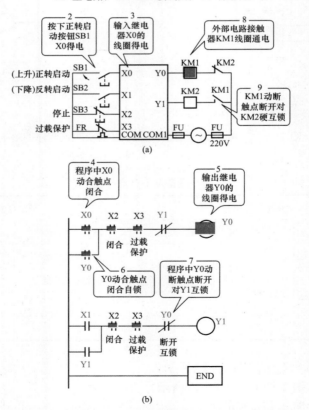

图 4-9　三相异步电动机可逆运转方案 2 控制程序图解 3

（a）PLC 接线图；（b）梯形图

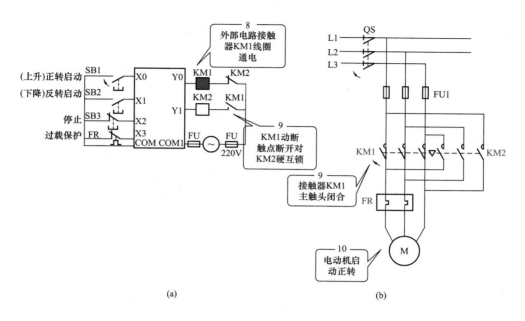

图 4-10　三相异步电动机可逆运转方案 2 控制程序图解 4

（a）接线图；（b）主电路

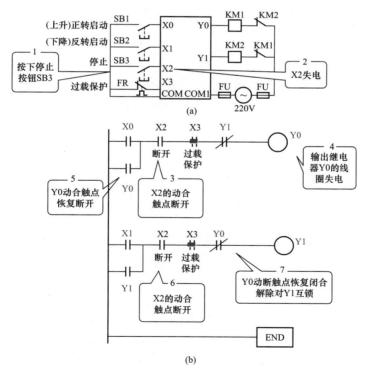

图 4-11　三相异步电动机可逆运转方案 2 控制程序图解 5

（a）接线图；（b）梯形图

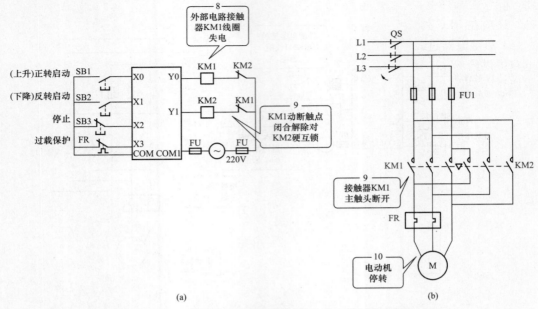

图4-12 三相异步电动机可逆运转方案2控制程序图解6

(a) 接线图；(b) 主电路

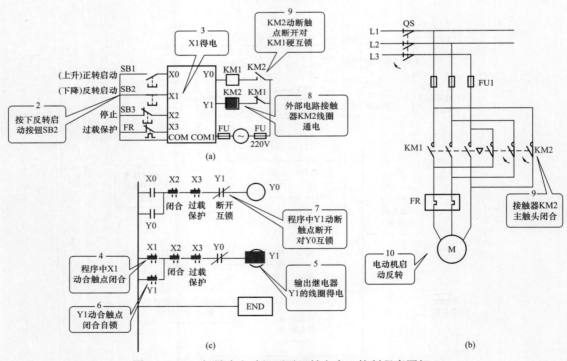

图4-13 三相异步电动机可逆运转方案2控制程序图解7

(a) 接线图；(b) 主电路；(c) 梯形图

总结：

（1）外部连锁电路的设立。为了防止控制正反转的两个接触器同时动作，造成三相电源短路，除了在梯形图中设置与它们对应的输出继电器的线圈串联的动断触点组成的软互锁电路外，还应在 PLC 外部设置硬互锁电路。

（2）热继电器过载信号的处理。如果热继电器属于自动复位型，则过载信号必须通过输入电路提供给 PLC，用梯形图实现过载保护。如果属于手动复位型热继电器，则其动断触点可以接在 PLC 的输出电路中与控制电动机的交流接触器的线圈串联。

三、多继电器线圈控制

如图 4-14 所示是通过 1 个启动按钮和 1 个停止按钮同时控制 4 个指示灯的 PLC 接线图和梯形图。其中启动按钮 SB1 接于 X1，停车按钮 SB2 接于 X2。

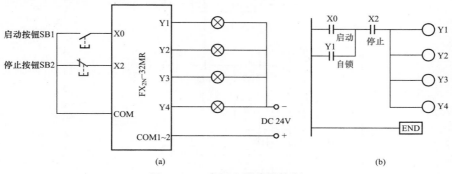

图 4-14　多继电器线圈控制
（a）PLC 接线图；（b）梯形图

多继电器线圈控制程序图解如图 4-15 所示。

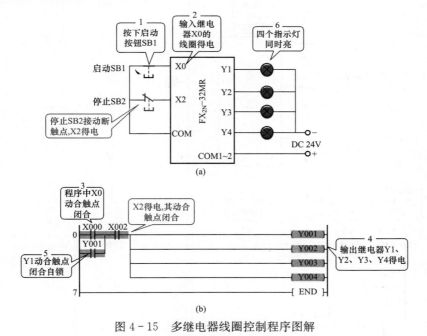

图 4-15　多继电器线圈控制程序图解
（a）接线图；（b）梯形图

四、多地点控制

如图 4-16 所示是两个地方控制一个信号灯的程序。其中甲地的启动按钮 SB1 接于 X1，停车按钮 SB2 接于 X2，乙地的启动按钮 SB3 接于 X3，停车按钮 SB4 接于 X4。

多地点控制程序图解如图 4-17 所示。

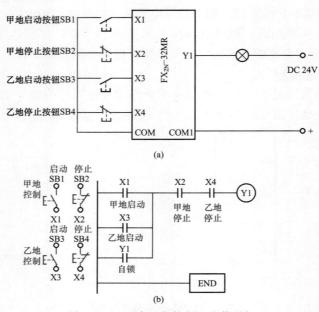

图 4-16　两个地方控制一个信号灯

（a）PLC 接线图；（b）梯形图

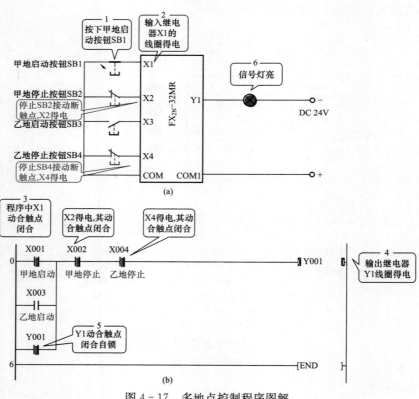

图 4-17　多地点控制程序图解

（a）PLC 接线图；（b）梯形图

五、定时控制

1. 两电动机分时启动控制即基本延时环节

控制要求：两台交流异步电动机 M1、M2，按下启动按钮 SB1，M1 启动，M1 启动 6s 后 M2 启动，共同运行后，按下停止按钮 SB2，两台电动机一同停止。PLC 的 I/O 端子分配如表 4-4 所示。启动按钮 SB1 接于 X1，停车按钮 SB2 接于 X2，控制 M1 的交流接触器 KM1 接于 Y1，控制 M2 的交流接触器 KM2 接于 Y2。PLC 接线图和梯形图如图 4-18 所示，梯形图的设计可以按以下顺序：先绘两台电动机独立的启—保—停电路，M1 使用启动按钮启动，M2 使用定时器的动合触点启动，两台电动机均使用同一停止按钮，然后再解决定时器的工作问题。由于 M1 启动 6s 后，M2 启动。M1 运转是 6s 的计时起点，因而将定时器的线圈与控制 M1 的输出继电器并联。

两电动机分时启动控制程序图解如图 4-19、图 4-20 所示。

表 4-4 　　　　　　　　　　I/O 设备及 I/O 点分配

输入口分配		输出口分配	
输入设备	PLC 输入继电器	输出设备	PLC 输出继电器
SB1（启动按钮）	X1	KM1（控制电动机 M1）	Y1
SB2（停止按钮）	X2	KM2（控制电动机 M2）	Y2

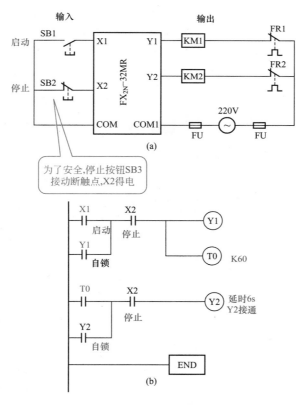

图 4-18　两电动机分时启动控制
（a）PLC 的接线图；（b）梯形图

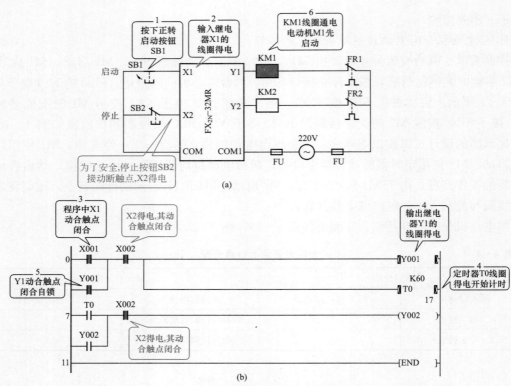

图 4-19　两电动机分时启动控制程序图解 1
（a）PLC 接线图；（b）梯形图

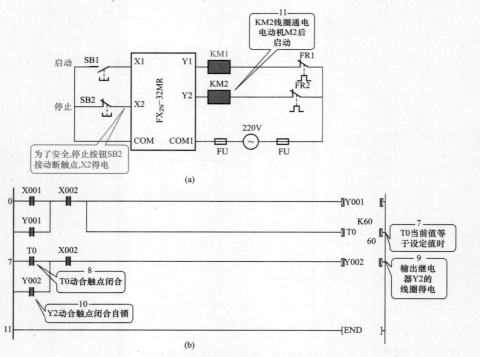

图 4-20　两电动机分时启动控制程序图解 2
（a）PLC 接线图；（b）梯形图

2. 延时断开控制

如图 4-21 所示为延时断开控制的梯形图。按下启动按钮,给 X1 一个输入信号,输出继电器 Y0 接通并自锁,同时 T0 接通开始计时,经 6s 延时后,Y0 失电。延时断开控制程序图解如图 4-22、图 4-23 所示。

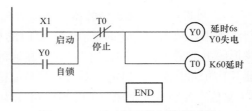

图 4-21 延时断开控制的梯形图

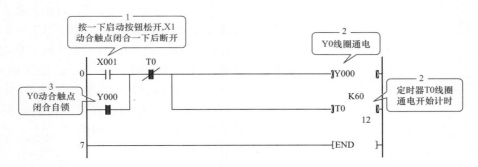

图 4-22 延时断开控制程序图解 1

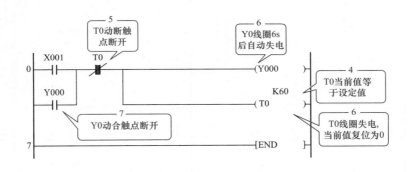

图 4-23 延时断开控制程序图解 2

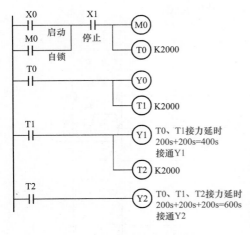

图 4-24 使用多个定时器接力组合的扩展定时控制

3. 使用多个定时器接力组合的扩展定时控制

定时器的计时时间都有一个最大值,如 100ms 的定时器最大计时时间为 3276.7s。如果工程中所需的延时时间大于定时器的最大计时时间时,一个最简单的方法是采用定时器接力计时方式。即先启动一个定时器计时,计时时间到时,用第一只定时器的动合触点启动第二只定时器,再使用第二只定时器启动第三只……如图 4-24 所示的梯形图,启动按钮 SB 接于 X0,按下启动按钮 SB,X0 接通,辅助继电器 M0 接通并自锁,同时 T0 接通并开始计时,T0、T1 接力延时 200s+200s=400s 后接通 Y1,T0、T1、T2 接力延时 200s+200s+200s=600s 后接通 Y2。

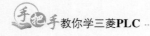

4. 利用计数器配合定时器扩展定时范围

利用计数器配合定时器获得长延时的梯形图如图 4-25 所示，图中动合触点 X1 闭合是梯形图电路的工作条件。当 X1 保持接通时电路工作，在定时器 T1 的线圈回路中接有定时器 T1 的动断触点，当定时器 T1 的当前值等于设定值时，T1 的动断触点断开，使定时器 T1 复位，复位后定时器 T1 的当前值变为 0，同时定时器 T1 的动断触点恢复闭合，使 T1 重新"得电"，又开始定时，如图 4-26 所示的动作示意图，定时器 T1 就这样周而复始地工作，直到 X1 变为 OFF。T1 的动合触点每 10s 接通一个扫描周期，使计数器 C1 计一个数，当计到 C1 的设定值时，将控制工作对象 Y0 接通。对于 100ms 定时器，总的定时时间 $=$ 0.1×定时器的时间设定值×计数器的设定值。X2 为计数器 C1 的复位条件。计数器配合定时器扩展定时程序图解如图 4-27~图 4-30 所示。

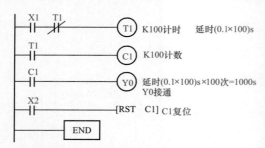

图 4-25 计数器配合定时器延时 1000s

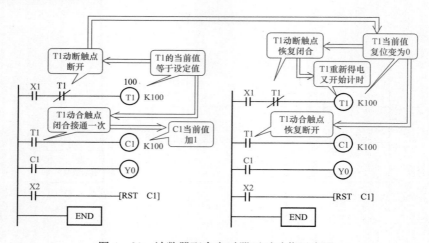

图 4-26 计数器配合定时器延时动作示意图

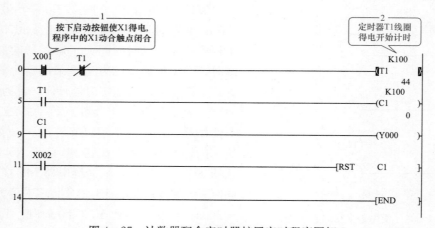

图 4-27 计数器配合定时器扩展定时程序图解 1

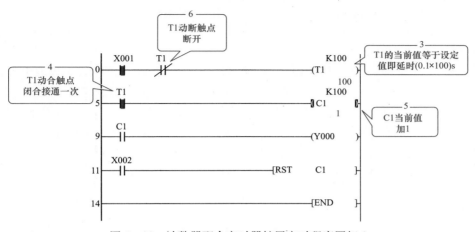

图4-28　计数器配合定时器扩展定时程序图解2

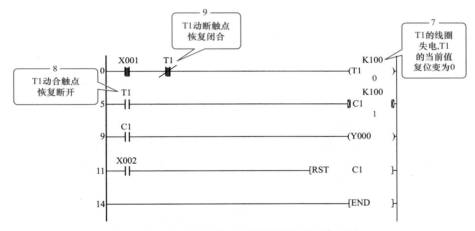

图4-29　计数器配合定时器扩展定时程序图解3

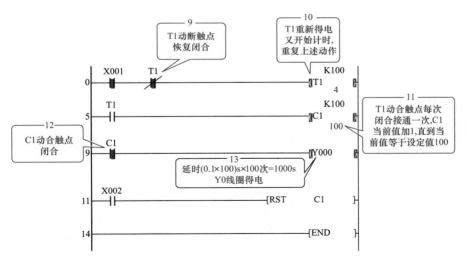

图4-30　计数器配合定时器扩展定时程序图解4

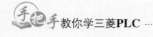

六、闪烁控制

闪烁控制的梯形图如图4-31(a)所示，其波形图如图4-31(b)所示。假设开始时定时器T0和T1均为OFF。当X0为ON后，X0动合触点闭合接通，定时器T0得电开始计时，2s后T0定时的时间到，T0的动合触点闭合接通，使Y0得电，同时使T1也通电开始计时，1s后T1定时的时间到，T1的动断触点断开，使T0失电，T0动合触点恢复断开，使Y0变为OFF，同时使T1也断电，T1的动断触点复位闭合，T0又开始定时，如图4-32所示动作示意图，Y0就这样周期性地得电和失电，直到X0变为OFF。Y0得电和失电的时间分别等于T1和T0的设定值。

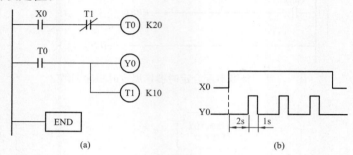

图4-31 闪烁控制
(a)梯形图；(b)波形图

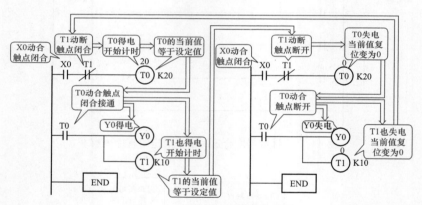

图4-32 闪烁控制动作示意图

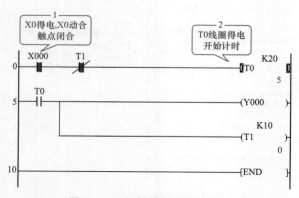

图4-33 闪烁控制程序图解1

闪烁控制的梯形图实际上是一个具有正反馈的振荡程序，T0和T1的输出信号通过触点分别控制对方的线圈，形成了正反馈。闪烁控制程序图解如图4-33~图4-36所示。

七、脉宽可控的脉冲触发控制

脉宽可控的脉冲触发控制程序如图4-37所示，在输入信号宽度不规范的情况下，产生一个脉冲宽度固定的脉冲序列，通过改变定时器设定值来调节脉冲宽度，这种控制又称为单稳态控制。

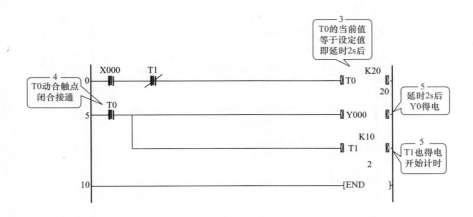

图 4-34　闪烁控制程序图解 2

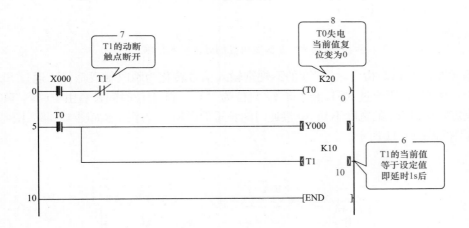

图 4-35　闪烁控制程序图解 3

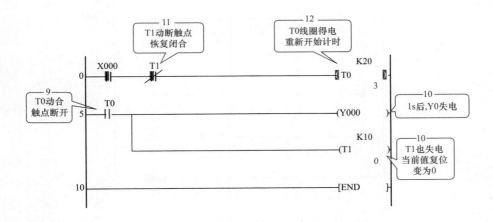

图 4-36　闪烁控制程序图解 4

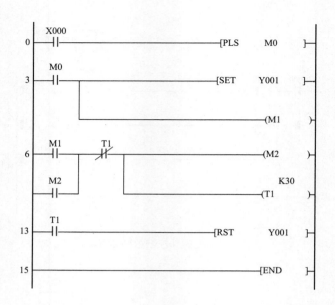

图 4 - 37 脉宽可控的脉冲触发控制

应用脉冲输出 PLS 指令，将 X0 的不规则输入信号转化为瞬时触发信号，通过 SET 指令将 Y1 置位为"1"，再通过 RST 指令将 Y1 复位为"0"，Y1 置位时间长短由定时器 T1 设定值的大小决定，所以 Y1 的宽度不受 X0 接通时间长短的影响。程序图解如图 4 - 38～图 4 - 40 所示，时序图如图 4 - 41 所示。

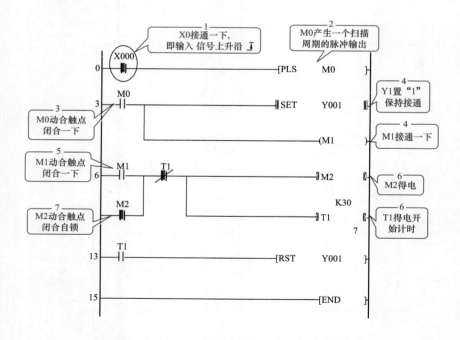

图 4 - 38 脉宽可控的脉冲触发控制程序图解 1

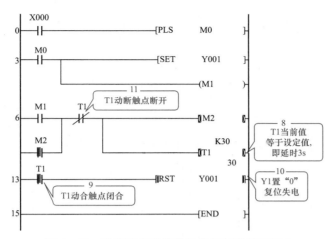

图 4-39 脉宽可控的脉冲触发控制程序图解 2

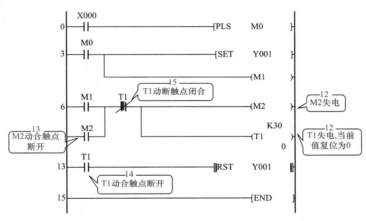

图 4-40 脉宽可控的脉冲触发控制程序图解 3

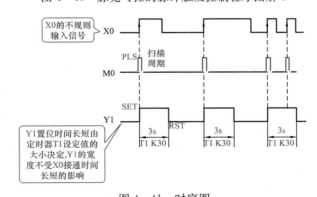

图 4-41 时序图

第二节 图解经验法编程实例

一、三相异步电动机循环正反转

控制要求：按下启动按钮，电动机正转 3s，停 2s，反转 3s，停 2s，如此循环 5 个周期，然后自动停止。按下停止按钮，电动机停转；电动机过载停转，热继电器属于自动复位型。

（1）确定 I/O 信号、画 PLC 的外部接线图。

PLC 的输入信号：启动按钮 SB1、停止按钮 SB3、热继电器 FR。

PLC 的输出信号：正转接触器 KM1、反转接触器 KM2。

PLC 的 I/O 点分配见表 4-5。根据 I/O 信号的对应关系，可画出 PLC 的外部接线图。图 4-42（a）为三相异步电动机循环正反转控制主电路，PLC 的接线图如图 4-42（b）所示，图 4-43 为三相异步电动机循环正反转时序图。

表 4-5   **I/O 设备及 I/O 点分配**

输入口分配		输出口分配	
输入设备	PLC 输入继电器	输出设备	PLC 输出继电器
SB1（启动按钮）	X0	KM1（正转接触器）	Y1
SB3（停止按钮）	X1	KM2（反转接触器）	Y2
FR（热继电器）	X2		

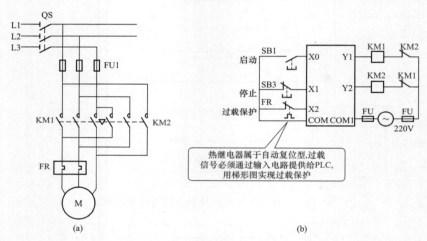

图 4-42 三相异步电动机循环正反转

（a）主电路；（b）PLC 接线图

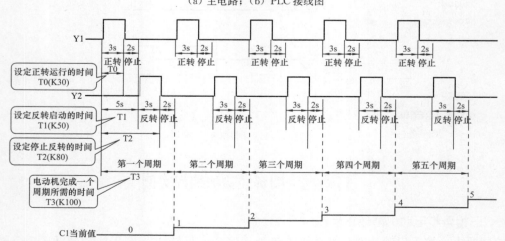

图 4-43 三相异步电动机循环正反转时序图

106

（2）设计三相异步电动机循环正反转的梯形图。

三相异步电动机循环正反转的梯形图如图4-44所示。其梯形图程序图解如图4-45～图4-51所示。

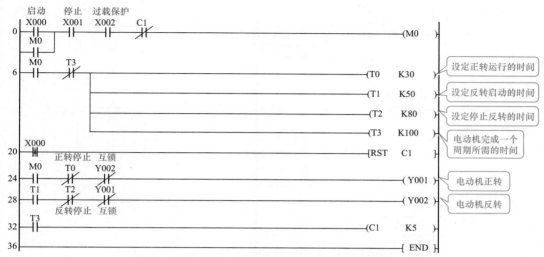

图4-44 三相异步电动机循环正反转控制的梯形图

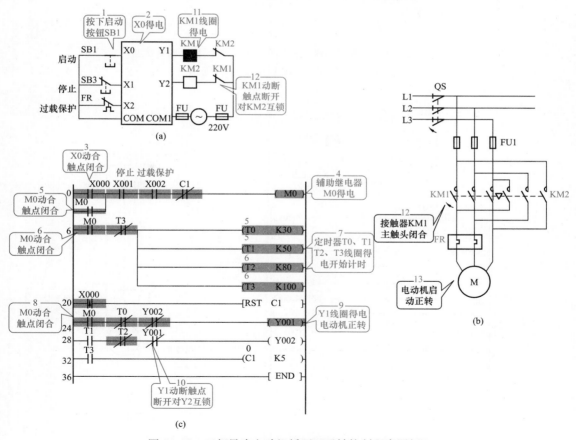

图4-45 三相异步电动机循环正反转控制程序图解1

（a）PLC接线图；（b）主电路；（c）梯形图

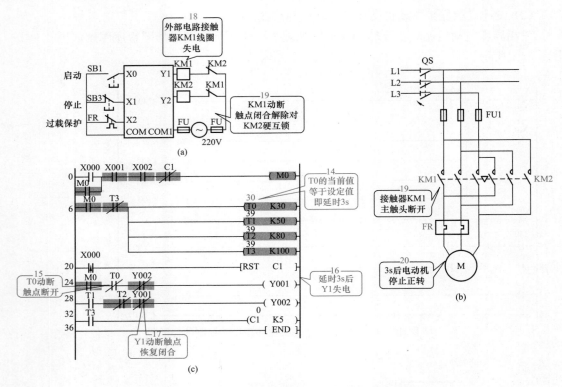

图 4-46　三相异步电动机循环正反转控制程序图解 2

(a) PLC 接线图；(b) 主电路；(c) 梯形图

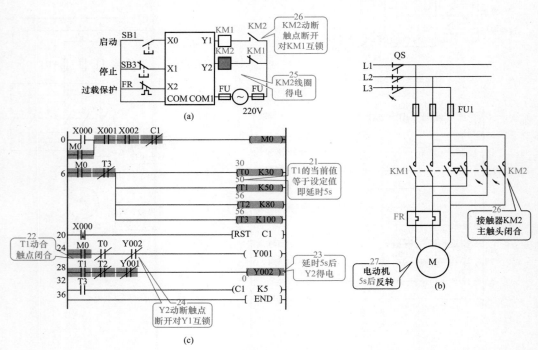

图 4-47　三相异步电动机循环正反转控制程序图解 3

(a) PLC 接线图；(b) 主电路；(c) 梯形图

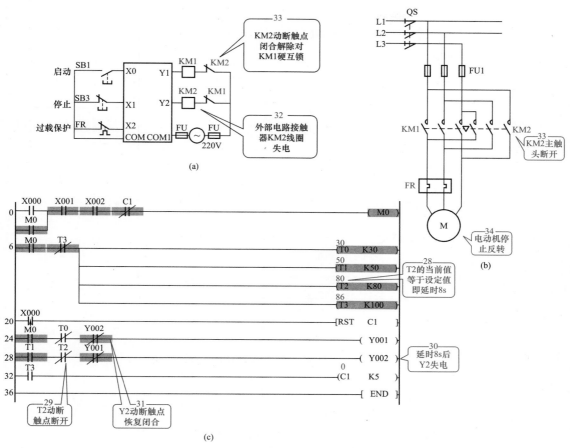

图 4-48 三相异步电动机循环正反转控制程序图解 4

（a）PLC 接线图；（b）主电路；（c）梯形图

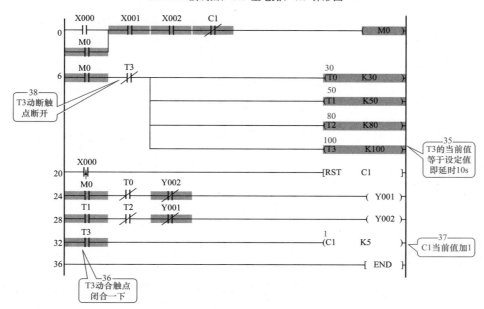

图 4-49 三相异步电动机循环正反转控制程序图解 5

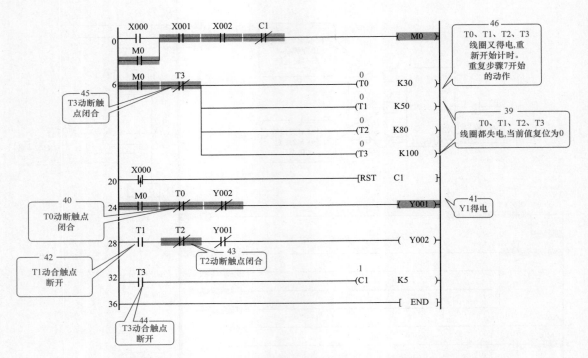

图 4－50　三相异步电动机循环正反转控制程序图解 6

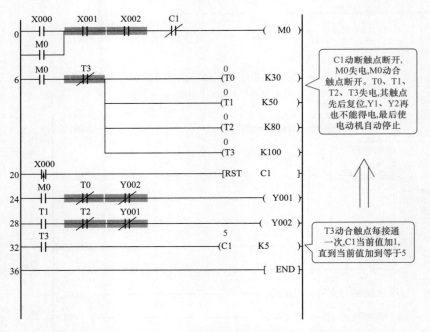

图 4－51　三相异步电动机循环正反转控制程序图解 7

二、三相异步电动机的Ｙ—△降压启动控制

将如图 4－52 所示Ｙ—△降压启动的继电接触器控制线路改造为功能相同的 PLC 控制系统，具体步骤如下：

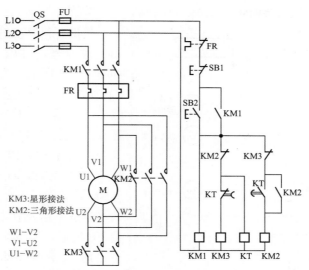

图4-52 三相异步电动机的丫—△降压启动控制线路

（1）确定 I/O 信号、画 PLC 的外部接线图。

PLC 的输入信号：启动按钮 SB1、停止按钮 SB2、热继电器 FR。

PLC 的输出信号：电源接触器 KM1、丫连接接触器 KM3、△连接接触器 KM2。

I/O 点分配见表4-6。图4-53（a）是三相异步电动机的丫—△降压启动控制的主电路，根据 I/O 信号的对应关系，可画出 PLC 的外部接线图，如图4-53（b）所示。

表4-6   **I/O 设备及 I/O 点分配**

输入口分配		输出口分配	
输入设备	PLC 输入继电器	输出设备	PLC 输出继电器
SB1（启动按钮）	X0	KM1（电源接触器）	Y0
SB2（停止按钮）	X1	KM2（△连接接触器）	Y2
FR（热继电器）	X2	KM3（丫连接接触器）	Y1

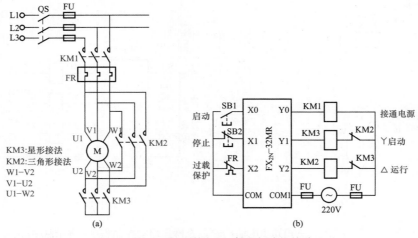

图4-53 电动机的丫-△降压启动的接线图

（a）主电路；（b）PLC 的 I/O 接线图

（2）设计三相异步电动机的丫—△降压启动梯形图。

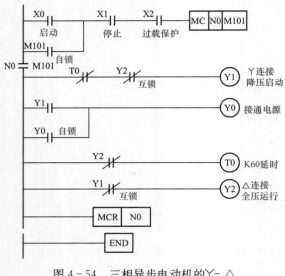

图4-54 三相异步电动机的丫-△
降压启动控制的梯形图

根据三相异步电动机的丫—△降压启动工作原理，可以画出对应的梯形图，如图4-54所示。为了防止电动机由星形丫转换为三角形△接法时发生相间短路，输出继电器Y1（丫形连接）和输出继电器Y2（△形连接）的动断触点实现软件互锁，而且还在PLC输出电路使用接触器KM2、KM3的动断触点进行硬件互锁。

当按下启动按钮SB1时，输入继电器X0接通，X0的动合触点闭合，执行主控触点指令MC，并通过主控触点（M101动合触点）自锁，输出继电器Y1接通，使接触器KM3（丫连接接触器）得电动作，接着Y1的动合触点闭合，使输出继电器Y0接通并自锁，接触器KM1（电源接触器）得电动作，电动机接成丫形降压启动；同时定时器T0开始计时，6s后T0的动断触点断开使Y1失电，故接触器KM3（丫连接接触器）也失电复位，Y1的动断触点（互锁作用）恢复闭合解除互锁使Y2接通，接触器KM2（△连接接触器）得电动作，电动机接成△全压运行。

三相异步电动机的丫—△降压启动梯形图程序图解如图4-55～图4-57所示。

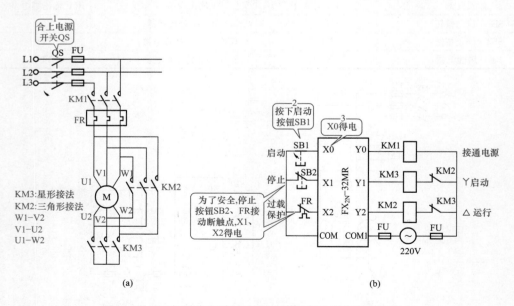

(a)   (b)

图4-55 三相异步电动机的丫-△降压启动控制程序图解1

（a）主电路；（b）PLC的I/O接线图

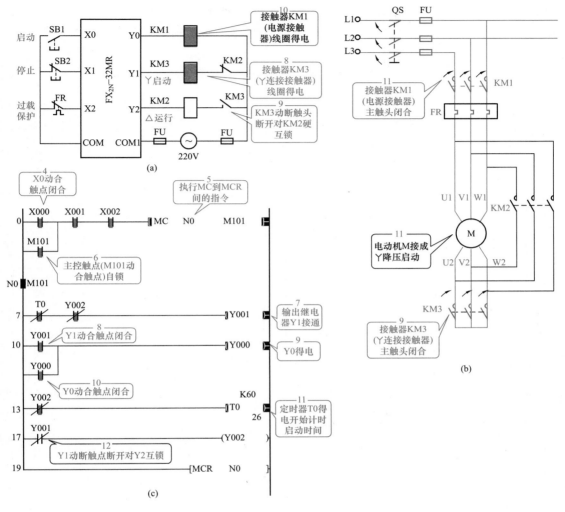

图4-56 三相异步电动机的丫-△降压启动控制程序图解2

(a) PLC接线图；(b) 主电路；(c) 梯形图

三、建筑消防排烟系统 PLC 控制

控制要求：在火灾发生前期，建筑中的感烟火灾探测器检测到烟雾，会发出报警声同时自动启动排烟系统进行排烟。具体排烟的过程如下：PLC 接收到感烟火灾探测器发出的火灾信号，自动启动排风机 M1，同时排风机运行指示灯点亮；延时 1s 后，送风机 M2 启动，同时送风机运行指示灯点亮，并接通报警铃报警。当火灾烟雾排尽后，系统手动停机；排风机、送风机也可以手动控制启动停止。

（1）确定 I/O 信号、画 PLC 的外部接线图。

PLC 的输入信号：感烟火灾探测器、排风机启动按钮 SB1、排风机停止按钮 SB2、送风机启动按钮 SB3、送风机停止按钮 SB4。

PLC 的输出信号：启动排风机 KM1、启动送风机 KM2、排风机运行指示灯、送风机运行指示灯、报警铃。

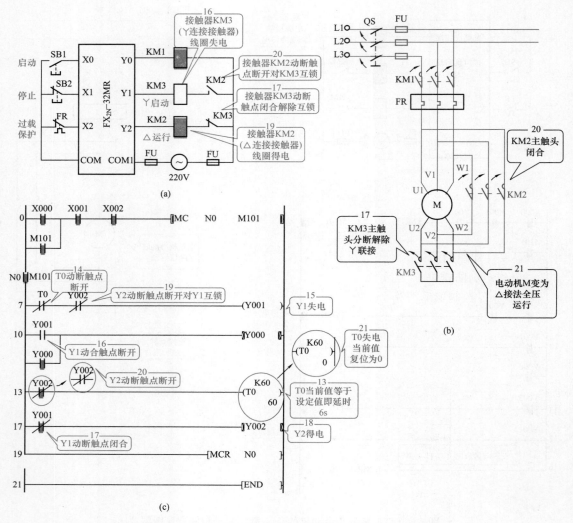

图 4-57　三相异步电动机的丫-△降压启动控制程序图解 3
(a) PLC 接线图；(b) 主电路；(c) 梯形图

I/O 点分配见表 4-7。根据 I/O 信号的对应关系，可画出 PLC 的 I/O 接线图，如图 4-58 所示。

表 4-7　　　　　　　　　　　I/O 设备及 I/O 点分配

输入口分配		输出口分配	
输入设备	PLC 输入继电器	输出设备	PLC 输出继电器
JTY（感烟火灾探测器）	X0	KM1（启动排风机）	Y1
SB1（排风机启动按钮）	X1	KM2（启动送风机）	Y2
SB2（排风机停止按钮）	X2	排风机运行指示	Y3
SB3（送风机启动按钮）	X3	送风机运行指示	Y4
SB4（送风机停止按钮）	X4	报警铃报警	Y5

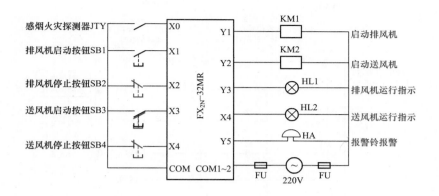

图 4-58 建筑消防排烟系统 PLC 的 I/O 接线图

（2）设计建筑消防排烟系统 PLC 控制梯形图。

根据建筑消防排烟系统控制要求，可以画出对应的梯形图，如图 4-59 所示。建筑消防排烟系统 PLC 控制梯形图程序图解如图 4-60、图 4-61 所示。

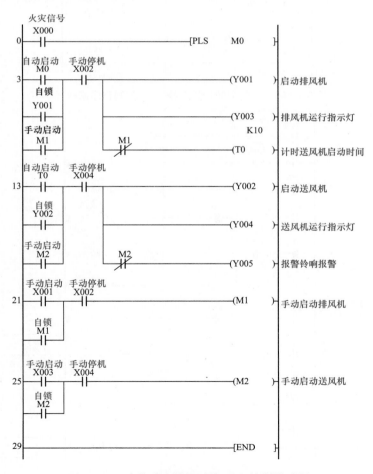

图 4-59 建筑消防排烟系统 PLC 控制梯形图

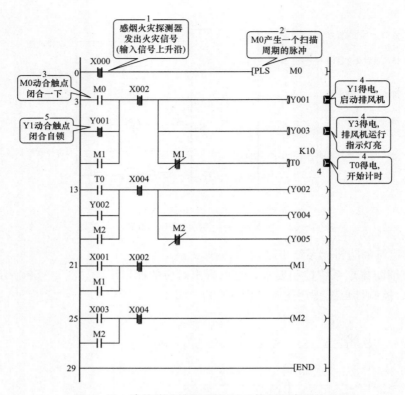

图 4-60 建筑消防排烟系统 PLC 控制程序图解 1

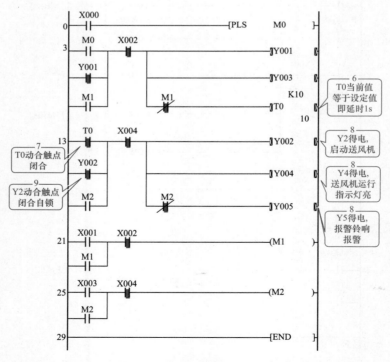

图 4-61 建筑消防排烟系统 PLC 控制程序图解 2

四、彩灯闪亮循环控制

控制要求：现有黄、绿、红三盏彩灯，当将转换开关旋转到启动位置时，黄灯亮，间隔5s，绿灯亮，再间隔5s，黄灯灭，同时红灯亮；间隔5s后，绿灯灭；间隔5s后，红灯灭，同时黄灯亮。彩灯按黄灯—绿灯—红灯顺序循环往复。当将转换开关旋转到停止位置时，三盏彩灯都会熄灭。

（1）确定I/O信号、画PLC的外部接线图。

PLC的输入信号：转换开关SA1。

PLC的输出信号：黄灯、绿灯、红灯。

I/O点分配见表4-8。根据I/O信号的对应关系，可画出PLC的I/O接线图，如图4-62所示。

表 4-8   I/O 设备及 I/O 点分配

输入口分配		输出口分配	
输入设备	PLC输入继电器	输出设备	PLC输出继电器
SA1（转换开关）	X1	黄灯	Y0
		绿灯	Y1
		红灯	Y2

（2）设计彩灯闪亮循环控制梯形图。

根据彩灯闪亮循环控制要求，可以画出对应的梯形图，如图4-63所示。彩灯闪亮循环控制程序图解如图4-64～图4-68所示。

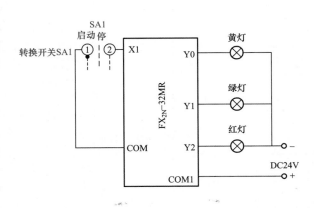

图 4-62 彩灯闪亮循环控制 PLC 的 I/O 接线图

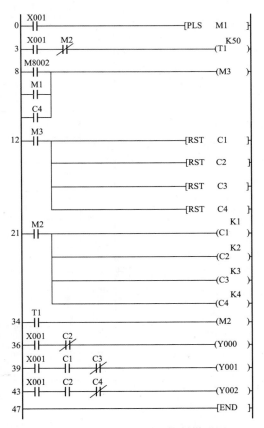

图 4-63 彩灯闪亮循环控制梯形图

117

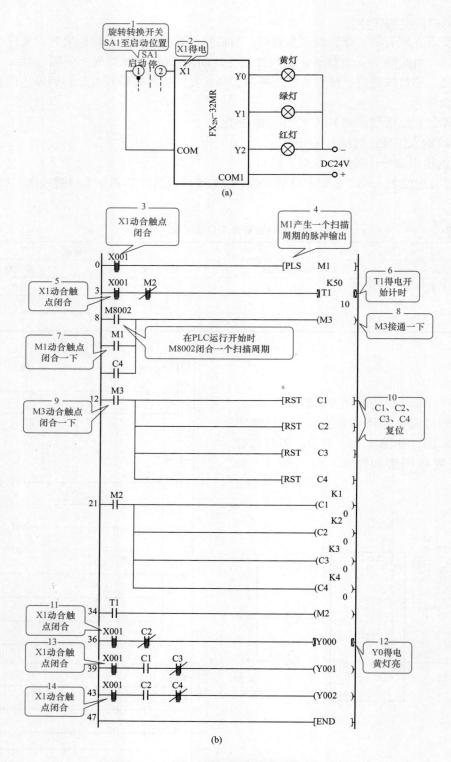

图 4-64 彩灯闪亮循环控制程序图解 1

(a) PLC 接线图；(b) 梯形图

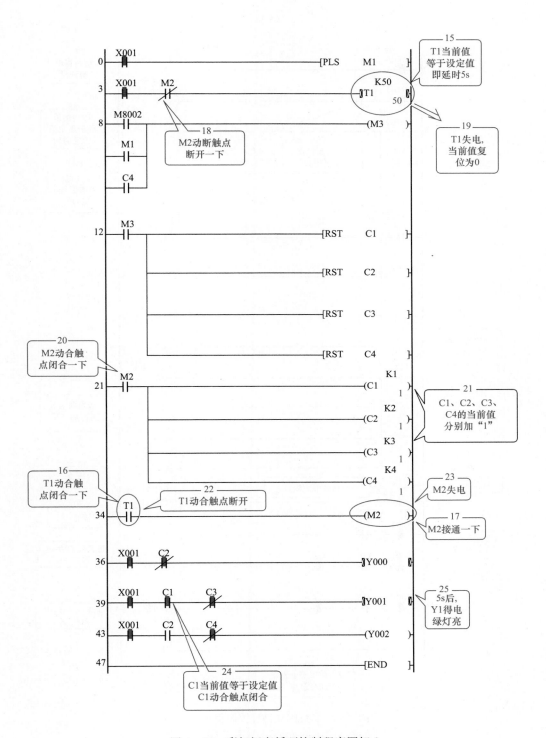

图 4-65 彩灯闪亮循环控制程序图解 2

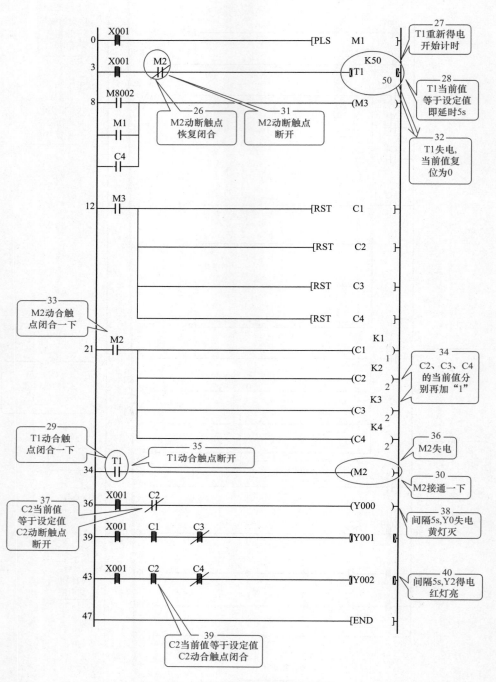

图 4-66　彩灯闪亮循环控制程序图解 3

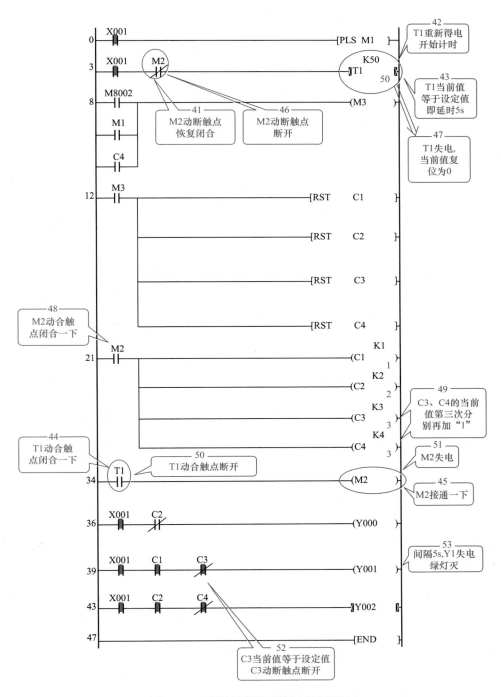

图 4-67 彩灯闪亮循环控制程序图解 4

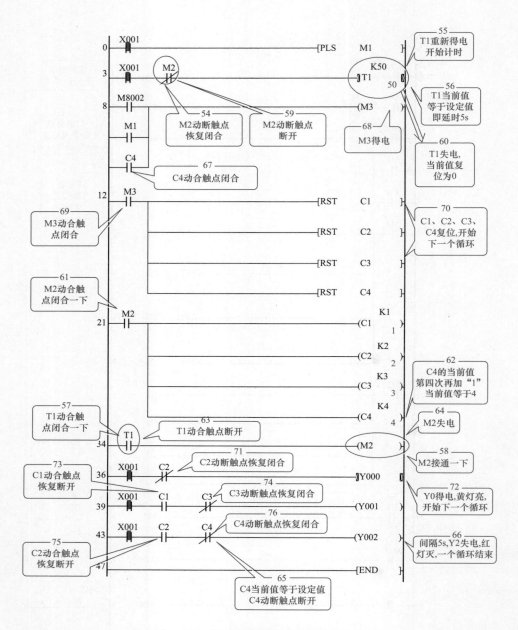

图4-68 彩灯闪亮循环控制程序图解5

五、自动往返控制

将如图4-69所示自动往返控制的继电接触器控制线路改造为功能相同的PLC控制系统，自动往返控制的示意图如图4-70所示，具体步骤如下：

（1）确定I/O信号、画PLC的外部接线图。

PLC的输入信号：正转启动按钮SB1、反转启动按钮SB2、停止按钮SB3、热继电器FR、正向前进限位开关SQ1、反向后退限位开关SQ2、前进极限限位开关SQ3、后退极限限位开关SQ4。

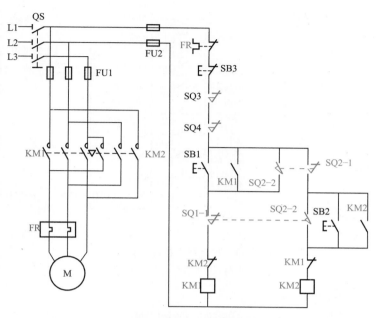

图 4-69　自动往返控制线路

图 4-70　自动往返控制的示意图

PLC 的输出信号：正向运行接触器 KM1、反向运行接触器 KM2。

I/O 点分配见表 4-9。自动往返控制的主电路如图 4-71（a）所示，根据 I/O 信号的对应关系，可画出 PLC 的外部接线图，如图 4-71（b）所示。

表 4-9　　　　　　　　　　　　　　I/O 设备及 I/O 点分配

输入口分配		输出口分配	
输入设备	PLC 输入继电器	输出设备	PLC 输出继电器
SB1（正转启动按钮）	X0	KM1（正向运行接触器）	Y1
SB2（反转启动按钮）	X1	KM2（反向运行接触器）	Y2
SB3（停止按钮）	X2		
FR（热继电器）	X3		
SQ1（正向前进限位开关）	X4		
SQ2（反向后退限位开关）	X5		
SQ3（前进极限限位开关）	X6		
SQ4（后退极限限位开关）	X7		

123

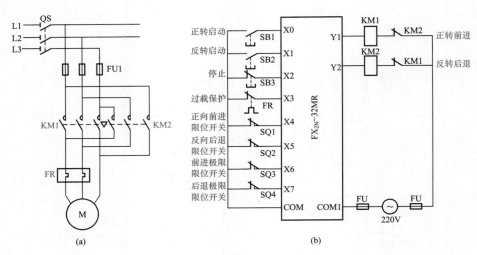

图 4-71　自动往返控制的接线图

(a) 主电路；(b) PLC 的 I/O 接线图

（2）设计自动往返控制的梯形图。

自动往返控制的梯形图如图 4-72 所示。该梯形图的基本模式为启—保—停环节和互锁控制环节。

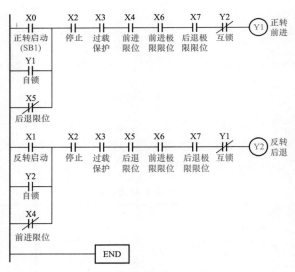

图 4-72　自动往返控制的梯形图

按下正转启动按钮 SB1，X0 接通，其动合触点闭合，输出继电器 Y1 接通并自锁，使接触器 KM1 线圈得电，其主触点闭合，电动机正转驱动台车前进，当台车前进碰到限位开关 SQ1 时，X4 接通，X4 动合触点断开，输出继电器 Y1 失电，电动机断电台车停止前进，此时 X4 动断触点闭合，输出继电器 Y2 得电，接触器 KM2 得电，电动机反转驱动台车后退，当台车后退碰到限位开关 SQ2 时，X5 失电，X5 动合触点断开，输出继电器 Y2 失电，电动机断电台车停止后退，此时 X5 动断触点闭合，输出继电器 Y1 又得电，电动机正转又驱动台车前进……这样往返循环直到按下停止按钮为止。

当 SQ1 或 SQ2 失效时，台车碰撞到 SQ3 或 SQ4，X6 或 X7 动合触点断开，Y1 或 Y2 失电，接触器 KM1 或 KM2 失电，电动机断电台车停止，达到终端保护的目的。

六、自动台车的控制实例

某自动台车在启动前位于导轨的中部，如图 4-73 所示。

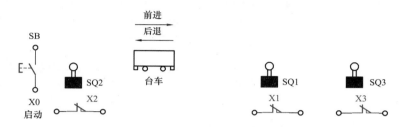

图 4-73 自动台车的控制示意图

其一个工作周期的控制工艺要求是：按下启动按钮 SB，台车电机 M 正转，台车前进，碰到限位开关 SQ1 后，台车电机 M 反转，台车后退。台车后退碰到限位开关 SQ2 后，台车电机 M 停转，台车停车，停 6s，第二次前进，碰到限位开关 SQ3 后，再次后退。当后退再次碰到限位开关 SQ2 时，台车停止。

1. 确定 I/O 信号、画 PLC 的外部接线图

PLC 的输入信号：启动按钮 SB、限位开关 SQ1、限位开关 SQ2、限位开关 SQ3。

PLC 的输出信号：正向运行接触器 KM1、反向运行接触器 KM2。

I/O 点分配见表 4-10。根据 I/O 信号的对应关系，可画出 PLC 的外部接线图，如图 4-74 所示。

表 4-10　　　　　　　　　　　　I/O 设备及 I/O 点分配

输入口分配		输出口分配	
输入设备	PLC 输入继电器	输出设备	PLC 输出继电器
SB（启动按钮）	X0	KM1（正向运行接触器）	Y1
SQ1（限位开关）	X1	KM2（反向运行接触器）	Y2
SQ2（限位开关）	X2		
SQ3（限位开关）	X3		

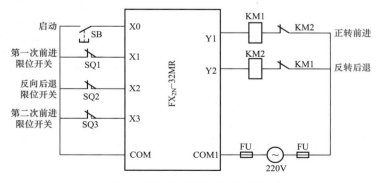

图 4-74　PLC 的 I/O 接线图

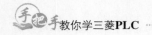

2. 设计梯形图

程序设计步骤如下。

（1）分析。本例的输出较少，但控制工况比较复杂。分为第一次前进、第一次后退、第二次前进、第二次后退。根据对启—保—停电路的分析，梯形图设计的根本目标是找出符合控制要求的以输出为对象的工作条件。本例的输出是代表电机前进及后退的两个接触器。分析电机前进和后退的条件，如图4-75所示，得出以下几点：

第一次前进：从启动按钮SB（X0）按下开始至碰到SQ1（X1）为止。

第二次前进：由碰到SQ2引起的定时器延时时间到开始至碰到SQ3为止，定时器选用T0。

第一次后退：从碰到SQ1时起至碰到SQ2为止。

第二次后退：从碰到SQ3时起至碰到SQ2为止。

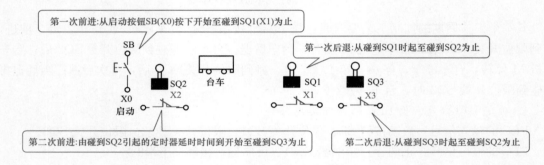

图4-75　控制要求分析图解

（2）绘制梯形图。绘第一次前进的支路。依启—保—停电路的基本模式，以启动按钮X0为启动条件，限位开关X1的动合触点为停止条件，选用辅助继电器M100为代表第一次前进的中间变量。

绘第二次前进的支路。依旧是启—保—停电路模式，启动信号是定时器T0计时时间到，停止条件为限位开关X3的动合触点，选M101为代表第二次前进的中间变量，为了得到T0的计时时间到的条件，还要将定时器工作条件相关的梯形图绘出。

绘总的前进梯形图支路。综合中间继电器M100及M101，得总的前进梯形图。

绘后退梯形图支路。由绘二次前进梯形图的经验，后退梯形图中没有使用辅助继电器，而是将二次后退的启动条件并联置于启—保—停电路的启动条件位置，它们分别是X1及X3，停止条件为X2。

最后对前边绘出的各个支路补充完善。如在后退支路的启动条件X1后串入M101的动断触点，以表示X1条件在第二次前进时无效，针对Y1、Y2不能同时工作，在它们的支路中设有互锁触点等。

依以上步骤设计出的梯形图草图如图4-76所示。

以上梯形图虽然能使台车在启动后经历二次前进二次后退并停在SQ2位置，但延时6s后台车将在未按启动按钮情况下又一次启动，且执行第二次前进相关动作。这显然是程序存在着缺陷。这程序还要做哪些修改呢？

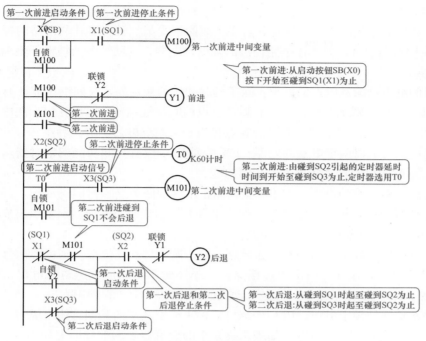

图 4-76 未完善的自动台车控制梯形图

（3）完善梯形图。以上提及的不符合控制要求的情况发生在第二次前进之后，那么可以设法让 PLC "记住" 第二次前进发生的事件，对定时器 T0 加以限制，在本例中选择了辅助继电器 M102 以实现对第二次前进的记忆，将 M102 的动断触点串在定时器 T0 线圈的前面，保证第二次后退碰到 SQ2 时不能启动定时器 T0，从而实现真正的停车。完善后的梯形图如图 4-77 所示。

七、梯形图经验设计法

（一）PLC 控制系统梯形图的特点

（1）PLC 控制系统的输入信号和输出负载。继电器电路图中的交流接触器和电磁阀等执行机构用 PLC 的输出继电器来控制，它们的线圈接在 PLC 的输出端。按钮、控制开关、限位开关、接近开关等用来给 PLC 提供控制命令和反馈信号，它们的触点接在 PLC 的输入端。

（2）继电器电路图中的中间继电器和时间继电器的功能用 PLC 内部的辅助继电器和定时器来完成，它们与 PLC 的输入继电器和

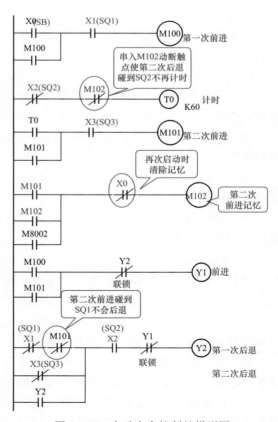

图 4-77 自动台车控制的梯形图

127

输出继电器无关。

（3）设置中间单元。在梯形图中，若多个线圈都受某一触点串并联电路的控制，为了简化电路，在梯形图中可设置用该电路控制的辅助继电器，辅助继电器类似于继电器电路中的中间继电器。

（4）时间继电器瞬动触点的处理。除了延时动作的触点外，时间继电器还有在线圈得电或失电时马上动作的瞬动触点。对于有瞬动触点的时间继电器，可以在梯形图中对应的定时器的线圈两端并联辅助继电器，后者的触点相当于时间继电器的瞬动触点。

（5）断电延时的时间继电器的处理。FX 系列 PLC 没有相同功能的定时器，但是可以用线圈通电后延时的定时器来实现断电延时功能。

（6）外部联锁电路的设立。为了防止控制正反转的两个接触器同时动作，造成三相电源短路，除了在梯形图中设置与它们对应的输出继电器的线圈串联的动断触点组成的软互锁电路外，还应在 PLC 外部设置硬互锁电路。

（7）热继电器过载信号的处理。如果热继电器属于自动复位型，则过载信号必须通过输入电路提供给 PLC，用梯形图实现过载保护。如果属于手动复位型热继电器，则其动断触点可以接在 PLC 的输出电路中与控制电动机的交流接触器的线圈串联。

（8）外部负载的额定电压。PLC 的继电器输出模块和双向晶闸管输出模块，一般只能驱动额定电压 220V（AC）的负载，如果系统原来的交流接触器的线圈电压为 380V 时，应将线圈换成 220V 的，或在 PLC 外部设置中间继电器。

（二）经验设计法

以上实例编程使用的方法为经验设计法。顾名思义，经验法是依据设计者的经验进行设计的方法。

1. 经验设计法的要点

（1）PLC 的编程，从梯形图来看，其根本点是找出符合控制要求的系统各个输出的工作条件，这些条件又总是用机内各种器件按一定的逻辑关系组合实现的。

（2）最好从工程安全的角度考虑 PLC 输入信号。从安全的角度出发，采用停止按钮 SB2 的动断触头作为 PLC 的输入信号。

（3）梯形图的基本模式为启—保—停电路。每个启—保—停电路一般只针对一个输出，这个输出可以是系统的实际输出，也可以是中间变量。

（4）梯形图编程中有一些约定俗成的基本环节，它们都有一定的功能，可以像摆积木一样在许多地方应用。

2. 经验法编程步骤

（1）在准确了解控制要求后，合理地为控制系统中的事件分配输入输出口。选择必要的机内器件，如定时器、计数器、辅助继电器。

（2）对于一些控制要求较简单的输出，可直接写出它们的工作条件，依据启—保—停模式完成相关的梯形图支路，工作条件稍复杂的可借助辅助继电器。

（3）对于较复杂的控制要求，为了能用启—保—停模式绘出各输出口的梯形图，要正确分析控制要求，并确定组成总的控制要求的关键点。

（4）将关键点用梯形图表达出来。关键点总是用机内器件来表达的，在安排机内器件时需要合理安排。绘关键点的梯形图时，可以使用常见的基本环节，如定时器计时环节、振荡环节等。

（5）在完成关键点梯形图的基础上，针对系统最终的输出进行梯形图的编绘。使用关键点综合出最终输出的控制要求。

（6）审查以上草绘图纸，在此基础上，补充遗漏的功能，更正错误，进行最后的完善。

最后需要说明的是经验设计法并无一定的章法可循。在设计过程中如果发现初步的设计构想不能实现控制要求时，可换个角度试一试。

第五章
图解FX₂ₙ系列PLC步进指令及状态编程法

第一节　图解状态编程思想及步进顺控指令

一、状态编程思想引入

在介绍状态编程思想之前，先回顾一下前一章应用经验法讨论过的例子：台车自动往返控制系统，如图4-77所示的梯形图，可以发现使用经验法及基本指令编制的程序存在以下一些问题：

(1) 工艺动作表达繁琐。

(2) 梯形图涉及的联锁关系较复杂，处理起来较麻烦。

(3) 梯形图可读性差，很难从梯形图看出具体控制工艺过程。

为此，人们一直寻求一种易于构思，易于理解的图形程序设计工具。它应有流程图的直观，又有利于复杂控制逻辑关系的分解与综合，这种图就是状态转移图。为了说明状态转移图，现将小车的各个工作步骤用工序表示，并依工作顺序将工序连接成图5-1，这就是状态转移图的雏形。

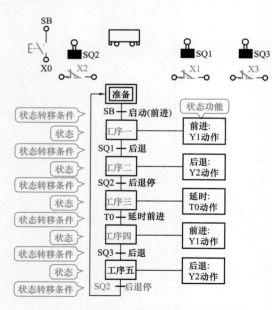

图5-1　台车自动往返控制的流程图

从图5-1可以看出，该图有以下特点。

(1) 复杂的控制任务或工作过程分解成了若干个工序。

(2) 各工序的任务明确而具体。

(3) 各工序间的联系清楚，工序间的转换条件直观。

(4) 这种图很容易理解，可读性很强，能清晰地反映整个控制过程，能带给编程人员清晰的编程思路。

其实，将图5-1中的"工序"更换为"状态"，就得到了台车自动往返控制的状态转移图如图5-2所示。

状态编程思想即将一个复杂的控制过程分解为若干个工作状态，弄清各个状态的工作细节（状态的功能、转移条件和转移方向），再依据总的控制顺序要求，将这些状态

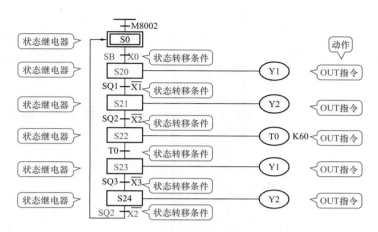

图 5-2　台车自动往返控制的状态转移图图解

联系起来，形成状态转移图，进而编绘梯形程序。状态转移图是状态编程的重要工具，图中以"S□□"标志的方框表示"状态"，方框间的连线表示状态间的联系，方框间连线上的短横线表示状态转移的条件，方框上横向引出的类似于梯形图支路的符号组合表示该状态的任务。而"S□□"是状态继电器，它是 FX$_{2N}$ 系列 PLC 为状态编程特地安排的专用软元件的编号（存储单元的地址）。

二、FX$_{2N}$系列 PLC 的状态元件

FX$_{2N}$ 系列 PLC 的状态元件即状态继电器，它是构成状态转移图的重要元件。FX$_{2N}$ 系列 PLC 的状态元件分类及编号如表 5-1 所示。

表 5-1　　　　　　　　　　　　　　　　FX$_{2N}$ 系列 PLC 的状态元件

类别	元件编号	点数	用途及特点
初始状态	S0～S9	10	用于状态转移图（SFC）的初始状态
返回原点	S10～S19	10	多运行模式控制当中，用作返回原点的状态
一般状态	S20～S499	480	用于状态转移图（SFC）的中间状态
停电保持状态	S500～S899	400	具有停电保持功能，用于停电恢复后需继续执行停电前状态的场合
信号报警状态	S900～S999	100	用作报警元件使用

三、FX$_{2N}$系列 PLC 的步进顺控指令

PLC 的步进顺控指令有两条：步进接点指令 STL 和步进返回指令 RET。

1. 步进接点指令 STL

台车自动往返控制的状态转移图与状态法梯形图，如图 5-3 所示。图 5-3（b）中的一个状态在梯形图中用一条步进接点指令表示。STL 指令的意义为"激活"某个状态，在梯形图上体现为从主母线上引出的状态接点，有建立子母线的功能，使该状态的所有操作均在子母线上进行。其梯形图符号也可用空心粗线绘出—┤├—，以与普通动合触点区别。"激活"的第二层意思是采用 STL 指令编程的梯形图区间，只有被激活的程序段才被扫描执行，而且在状态转移图的一个单流程中，一次只有一个状态被激活，被激活的状态有自动关闭激活它的前个状态的能力。这样就形成了状态间的隔离，使编程者在考虑某个状态的工作任务

131

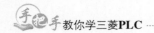

时，不必考虑状态间的联锁。而且当某个状态被关闭时，该状态中以 OUT 指令驱动的输出全部停止，这也使在状态编程区域的不同的状态中使用同一个线圈输出成为可能（并不是所有的 PLC 厂商的产品都是这样的）。

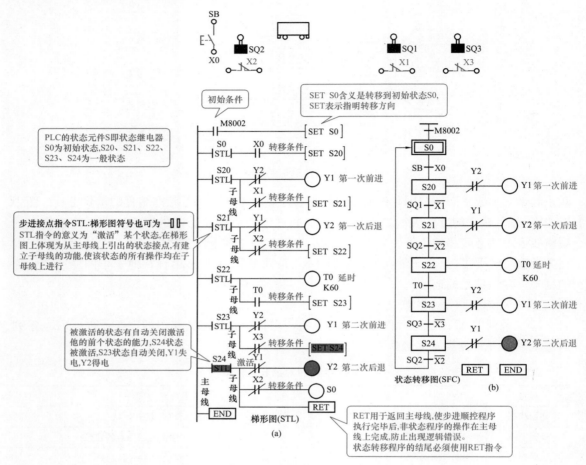

图 5-3　状态转移图与状态梯形图对照图解

（a）梯形图；（b）状态转移图

2. 步进返回指令 RET

RET 用于返回主母线，梯形图符号为—「RET」，使步进顺控程序执行完毕后，非状态程序的操作在主母线上完成，防止出现逻辑错误。状态转移程序的结尾必须使用 RET 指令。

四、运用状态编程思想解决顺控问题的方法步骤

下面仍以台车自动往返控制为例，说明运用状态编程思想设计状态转移图的方法和步骤。

步骤 1：状态分解和分配状态元件。即将整个过程按任务要求分解，其中的每个工序均对应一个状态，并分配状态元件。

如图 5-4 所示，每个工序（或称步）用一矩形方框表示，方框中用文字表示该工序的动作内容或用数字表示该工序的标号。与控制过程的初始状态相对应的步称为初始步，初始步用双线框表示。方框之间用线段连接表示状态间的联系。

132

步骤2：弄清每个状态的功能、作用。

如图5-5所示，在状态转移图中标明状态功能，例如，在台车自动往返控制实例中：

S0，PLC上电做好工作准备；

S20，第一次前进（输出Y1，驱动电动机正转）；

S21，第一次后退（输出Y2，驱动电动机反转）；

S22，延时（定时器T0延时到T0动作）；

S23，第二次前进（输出Y1，驱动电动机正转）；

S24，第二次后退（输出Y2，驱动电动机反转）。

各状态的功能是通过PLC驱动其各种负载来完成的。负载可由状态元件直接驱动，也可由其他软元件触点的逻辑组合驱动。

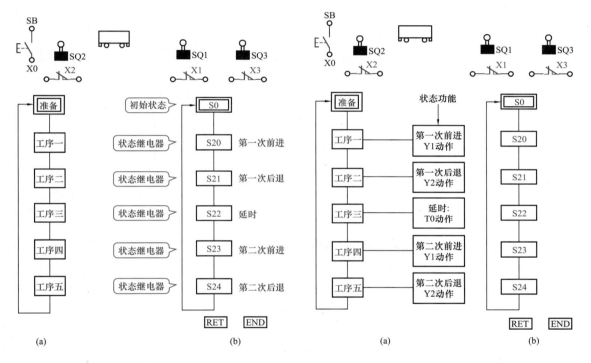

图5-4 状态分解和分配状态元件
（a）状态转移流程图；（b）状态转移图

图5-5 标明状态功能
（a）状态转移流程图；（b）状态转移图

步骤3：找出每个状态的转移条件。

如图5-6所示，在状态转移图中标明每个状态的转移条件，方框之间线段上的短横线表示状态转移条件。例如，台车自动往返控制实例中：

S0转移到S20，转移条件SB；

S20转移到S21，转移条件SQ1；

S21转移到S22，转移条件SQ2；

S22转移到S23，转移条件T0；

S23转移到S24，转移条件SQ3。

状态的转移条件可以是单一的，也可以是多个元件的串、并联组合。

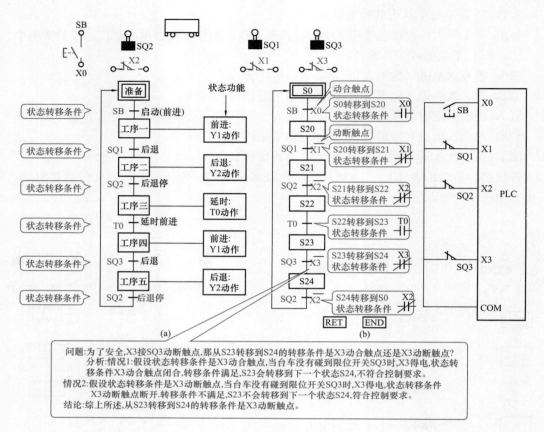

图 5-6　标明转移条件

（a）状态转移流程图；（b）状态转移图

通过以上三步，可得到台车自动往返控制状态转移图如图 5-7 所示，每步所驱动的负载（线圈）用线段与方框连接。

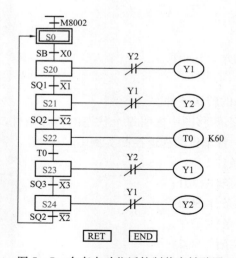

图 5-7　台车自动往返控制状态转移图

第二节 图解 FX₂N 系列 PLC 状态编程方法

运用状态法编程时一般先绘出状态转移图,再由状态转移图转绘出梯形图或编写指令表。

(一)什么是单流程

单流程是指状态转移只可能有一种顺序。例如,台车自动往返的控制过程只有一种顺序:S0→S20→S21→S22→S23→S24→S0,没有其他可能,所以称为单流程。

实际控制当中并非所有的顺序控制都为一种顺序,含多种路径的叫分支流程。分支流程将在下一节介绍。

(二)单流程状态转移图的编程方法

1. 状态的三要素

状态转移图中的状态三要素是指驱动、状态转移条件和状态转移方向。其中指定状态转移条件和状态转移方向是不可缺少的。以台车自动往返控制为例,如图 5 - 8 所示状态转移图中的状态三要素,也可见表 5 - 2。表达本状态的工作任务(负载驱动)时,可以使用 OUT 指令也可以使用 SET 指令。两者的区别是 OUT 指令驱动的输出在本状态关闭后自动关闭,使用 SET 指令驱动的输出可保持到其他状态执行,直到在程序的别的地方使用 RST 指令使其复位。

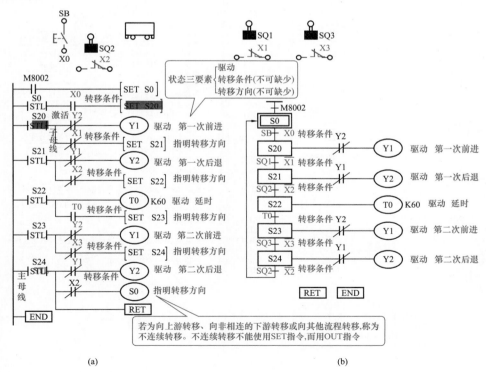

图 5 - 8 状态三要素
(a)梯形图;(b)状态转移图

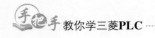

表 5 - 2　　　　　　　　　　　　　　　　**状 态 三 要 素**

状态元件	状态三要素		
	驱动	转移方向	转移条件
S0	—	S20	X0
S20	Y1	S21	X1
S21	Y2	S22	X2
S22	T0	S23	T0
S23	Y1	S24	X3
S24	Y2	S0	X2

2. 状态转移图的编程原则

步进顺控指令的编程原则是先进行驱动处理，然后进行状态转移处理。状态转移处理就是根据转移方向和转移条件实现向下一个状态的转移。

如图 5 - 9 所示，从指令表程序可看出，驱动及转移处理必须要使用 STL 指令，这样

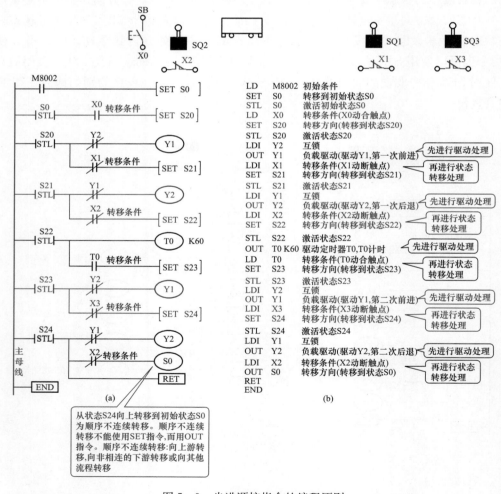

图 5 - 9　步进顺控指令的编程原则

（a）梯形图；（b）指令表

136

才能保证驱动和状态转移都在子母线上进行。状态的转移使用 SET 指令，但若为向上游转移、向非相连的下游转移或向其他流程转移，称为不连续转移。不连续转移不能使用 SET 指令，而用 OUT 指令。

3. 台车自动往返控制状态梯形图图解

台车自动往返控制状态梯形图图解如图 5 - 10～图 5 - 14 所示。

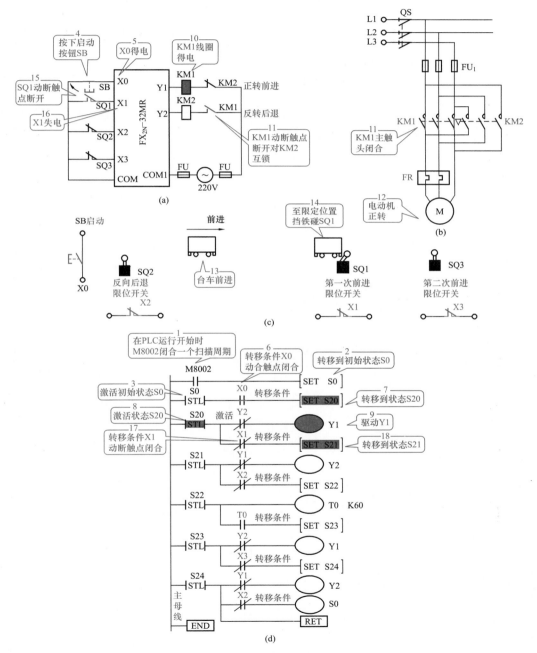

图 5 - 10 台车自动往返控制状态梯形图图解 1

(a) PLC 接线图；(b) 主电路；(c) 小车移动图；(d) 梯形图

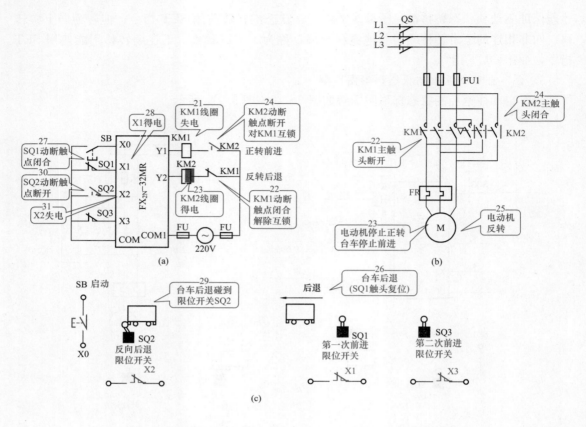

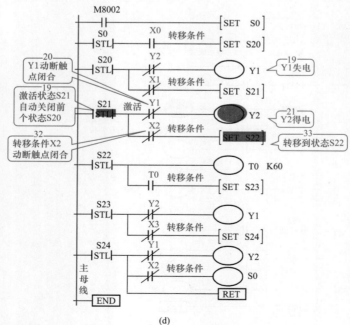

图 5-11　台车自动往返控制状态梯形图图解 2

（a）PLC 接线图；（b）主电路；（c）小车移动图；（d）梯形图

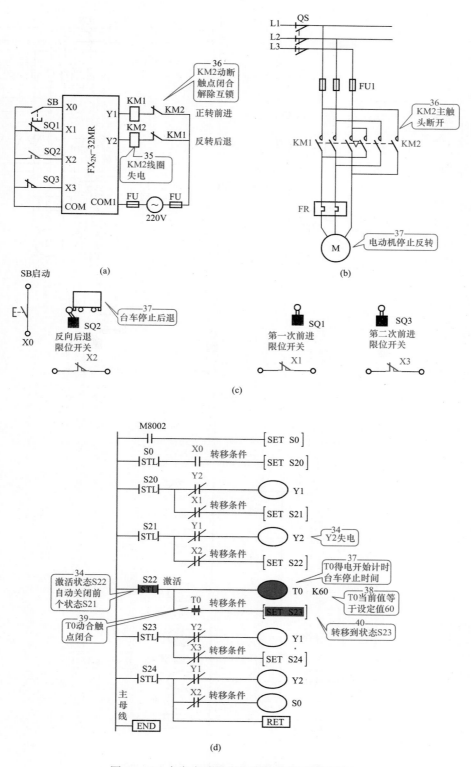

图 5-12 台车自动往返控制状态梯形图图解 3

（a）PLC 接线图；（b）主电路；（c）小车移动图；（d）梯形图

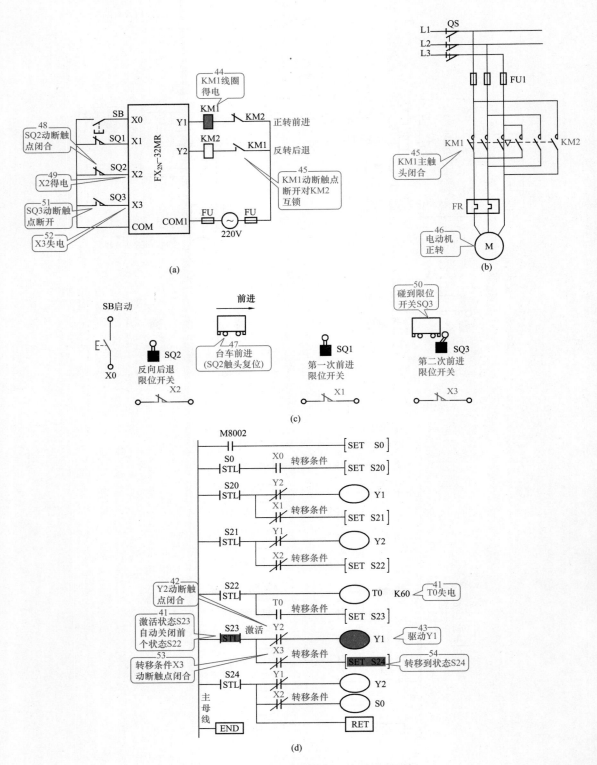

图 5-13　台车自动往返控制状态梯形图图解 4

（a）PLC 接线图；（b）主电路；（c）小车移动图；（d）梯形图

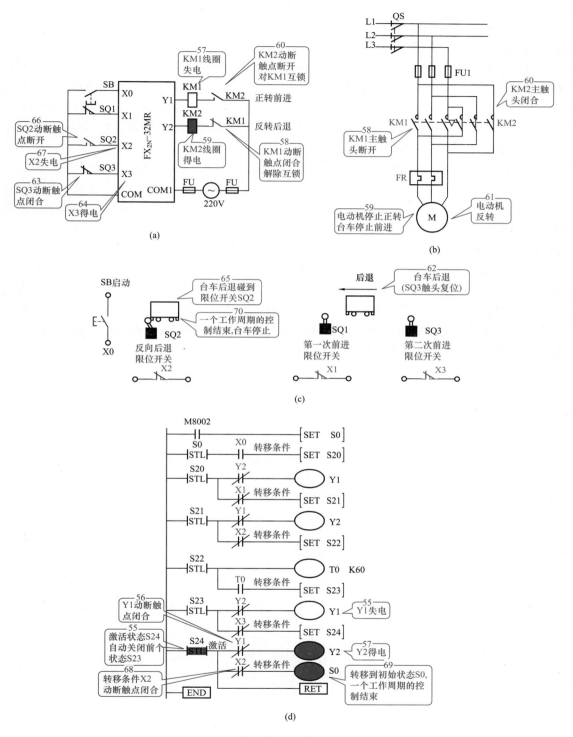

图 5-14　台车自动往返控制状态梯形图图解 5

（a）PLC 接线图；（b）主电路；（c）小车移动图；（d）梯形图

(三) 编程要点和注意事项

（1）对状态进行编程处理，必须使用步进接点指令 STL，它表示这些处理（包括驱动、转移）均在该状态接点形成的子母线上进行。

（2）与 STL 步进接点相连的触点应使用 LD 或 LDI 指令，下一条 STL 指令的出现意味着当前 STL 程序区的结束和新的 STL 程序区的开始。RET 指令意味着整个 STL 程序区的结束，LD 点返回左侧母线。每个 STL 步进接点驱动的电路一般放在一起，最后一个 STL 电路结束时（即步进程序的最后），一定要使用 RET 指令，否则将出现"程序语法错误"信息，PLC 不能执行用户程序。

（3）状态编程顺序是先进行驱动处理，再进行转移处理，不能颠倒。驱动处理就是该状态的输出处理，转移处理就是根据转移方向和转移条件实现下一个状态的转移。

（4）初始状态可由其他状态驱动，但运行开始时，必须用其他方法预先作好驱动，否则状态流程不可能向下进行。一般用控制系统的初始条件，若无初始条件，可用 M8002 或 M8000 进行驱动。

（5）STL 步进接点可以直接驱动或通过别的触点驱动 Y、M、S、T 等元件的线圈和应用指令。驱动负载使用 OUT 指令时，若同一负载需要连续在多个状态下驱动，则可在各个状态下分别输出，也可以使用 SET 指令将负载置位，等到负载不需要驱动时，用 RST 指令将其复位。负载的驱动或状态转移的条件也可能是多个，要视其具体逻辑关系，将其进行串、并联组合，如图 5-15 所示。

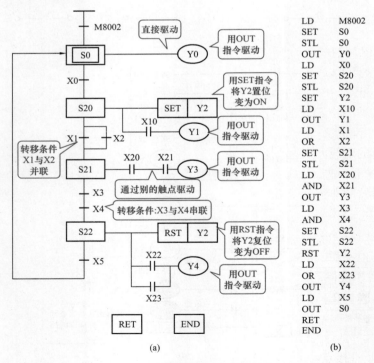

图 5-15 单流程状态转移图及指令表

(a) 状态转移图；(b) 指令表

（6）若为顺序不连续转移（跳转），不能使用 SET 指令进行状态转移，应改用 OUT 指令进行状态转移，如图 5-16 所示。

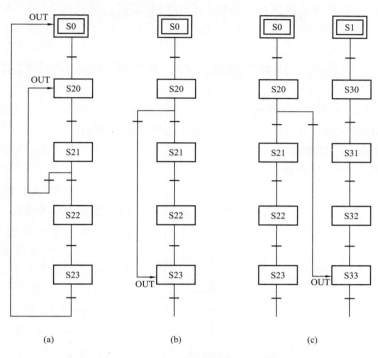

图 5-16 非连续转移状态转移图

（7）由于 CPU 只执行活动步对应的电路块，因此，使用 STL 指令时允许双线圈输出，即不同的 STL 触点可以驱动同一软元件的线圈，但是同一软元件的线圈不能在同时为活动步的 STL 区内出现。在有并行流程的状态转移图中，应特别注意这一问题。另外，状态软元件 S 在状态转移图中不能重复使用，否则会引起程序执行错误。

（8）在步的活动状态的转移过程中，相邻两步的状态继电器会同时工作一个扫描周期，可能会引发瞬时的双线圈问题。所以，要特别注意两个问题：

1）定时器在下一次运行之前，应将它的线圈"断电"复位后才能开始下一次的运行，否则将导致定时器的非正常运行。所以，同一定时器的线圈可以在不同的步使用，但是同一定时器的线圈不可以在相邻的步使用。若同一定时器的线圈用于相邻的两步，在步的活动状态转移时，该定时器的线圈还没有来得及断开，又被下一活动步起动并开始计时，这样，导致定时器的当前值不能复位，从而导致定时器的非正常运行。

2）为了避免不能同时接通的两个输出线圈（如控制异步电动机正反转的交流接触器线圈）同时动作，除了在梯形图中设置软件互锁电路外，还应在 PLC 外部设置由动断触点组成的硬件互锁电路。

（9）并行流程和选择流程中每一分支状态的支路数不能超过 8 条，总的支路数不能超过 16 条。

（10）STL 步进接点右边不能紧跟着使用 MPS 指令。STL 指令不能与 MC、MCR 指令一起使用。在 FOR、NEXT 结构，子程序和中断程序中，不能有 STL 程序块，但 STL 程序块中可允许使用最多 4 级嵌套的 FOR、NEXT 指令。虽然并不禁止在 STL 步进接点驱动的电路块中使用 CJ 指令，但是为了不引起附加的和不必要的程序流程混乱，建议不要在

STL 程序中使用跳转指令。

（11）需要在停电恢复后继续维持停电前的运行状态时，可使用 S500～S899 停电保持状态继电器。

🌀 第三节　图解选择性流程、并行性流程的程序编制

前面介绍了单流程顺序控制的状态流程图，在较复杂的顺序控制中，一般都是多流程的控制，常见的有选择性流程、并行性流程两种，对于这两种流程如何编程？本节将作全面的介绍。

一、选择性流程及其编程

（一）选择性流程程序的特点

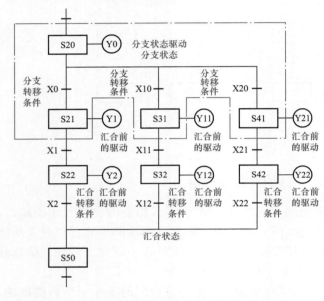

图 5-17　选择性流程程序的结构形式

由两个及以上的分支程序组成的，但只能从中选择一个分支执行的程序，称为选择性流程程序。图 5-17 是具有 3 个支路的选择性流程程序，其特点如下。

（1）从 3 个流程中选择执行哪一个流程由转移条件 X0、X10、X20 决定；

（2）分支转移条件 X0、X10、X20 不能同时接通，哪个接通，就执行哪条分支；

（3）当 S20 已动作，一旦 X0 接通，程序就向 S21 转移，则 S20 就复位。因此，即使以后 X10 或 X20 接通，S31 或 S41 也不会动作；

（4）汇合状态 S50，可由 S22、S32、S42 中任意一个驱动。

（二）选择性流程编程

选择性流程编程原则是先集中处理分支状态，再集中处理汇合状态。

1. 选择性分支的编程

选择性分支的编程与一般状态的编程一样，先进行驱动处理，然后进行转移处理，所有的转移处理按顺序执行，简称先驱动后转移。因此，首先对 S20 进行驱动处理（OUT Y0），然后按 S21、S31、S41 的顺序进行转移处理。选择性分支的程序如下：

```
STL   S20
OUT   Y0    先驱动处理
LD    X0    第一分支的转移条件 ┐
SET   S21   转移到第一分支     │
LD    X10   第二分支的转移条件 │
SET   S31   转移到第二分支     ├ 转移处理
LD    X20   第三分支的转移条件 │
SET   S41   转移到第三分支     ┘
```

2. 选择性汇合的编程

选择性汇合的编程是先进行汇合前状态的驱动处理，然后按顺序向汇合状态进行转移处理。因此，首先对第一分支（S21、S22）、第二分支（S31、S32）、第三分支（S41、S42）进行驱动处理，然后按 S22、S32、S42 的顺序向 S50 转移。选择性汇合的程序如下：

```
STL    S21 ┐
OUT    Y1  │
LD     X1  │  第一分支的驱动处理
SET    S22 │
STL    S22 │
OUT    Y2  ┘

STL    S31 ┐
OUT    Y11 │
LD     X11 │  第二分支的驱动处理
SET    S32 │
STL    S32 │
OUT    Y12 ┘

STL    S41 ┐
OUT    Y21 │
LD     X21 │  第三分支的驱动处理
SET    S42 │
STL    S42 │
OUT    Y22 ┘

STL    S22 ┐
LD     X2  │  由第一分支转移到汇合点
SET    S50 ┘

STL    S32 ┐
LD     X12 │  由第二分支转移到汇合点
SET    S50 ┘

STL    S42 ┐
LD     X22 │  由第三分支转移到汇合点
SET    S50 ┘
```

（三）编程实例

1. 用步进指令设计电动机正反转的控制程序

控制要求为：按正转启动按钮 SB1，电动机正转，按停止按钮 SB3，电动机停止；按反转启动按钮 SB2，电动机反转，按停止按钮 SB3，电动机停止；且热继电器具有保护功能。

（1）I/O 分配。

I/O 点分配见表 5 - 3。

表 5 - 3   **I/O 设备及 I/O 点分配**

输入口分配		输出口分配	
输入设备	PLC 输入继电器	输出设备	PLC 输出继电器
SB1（正转启动按钮）	X1	KM1（正转接触器）	Y1
SB2（反转启动按钮）	X2	KM2（反转接触器）	Y2
SB3（停止按钮）	X0		
FR（热继电器）	X3		

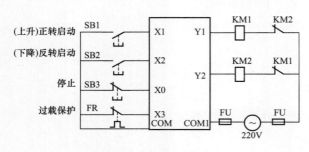

图 5 - 18   PLC 的接线图

X0：停止按钮 SB3（常开），X1：正转启动按钮 SB1，X2：反转启动按钮 SB2，X3：热继电器 FR（常开）；

Y1：正转接触器 KM1，   Y2：反转接触器 KM2。

（2）PLC 的接线图。

根据 I/O 信号的对应关系，可画出 PLC 的外部接线图，如图 5 - 18 所示。

（3）状态转移图。

根据控制要求，电动机的正反转控制是一个具有两个分支的选择性流程，分支转移的条件是正转启动按钮 SB1（X1）和反转启动按钮 SB2（X2），汇合的条件是热继电器 FR（X3）或停止按钮 SB3（X0），而初始状态 S0 可由初始脉冲 M8002 来驱动，其状态转移图如图 5 - 19（a）所示。

（4）指令表。

根据图 5 - 19（a）所示的状态转移图，其指令表如图 5 - 19（b）所示。

2. 用步进指令设计一个将大、小球分类选择传送装置的控制程序。

控制要求如下：如图 7 - 14（a）所示，左上为原点，机械臂下降（当碰铁压着的是大球时，机械臂未达到下限，限位开关 SQ2 不动作，而压着的是小球时，机械臂达到下限，SQ2 动作，这样可判断是大球还是小球），然后机械臂将球吸住，机械臂上升，上升至 SQ3 动作，再右行到 SQ5（若是大球）或 SQ4（若是小球）动作，机械臂下降，下降至 SQ2 动作，将球释放，再上升至 SQ3 动作，然后左移至 SQ1 动作到原点。

（1）I/O 分配。

X0：启动按钮，X1：SQ1（左限位开关），X2：SQ2（下限位开关），X3：SQ3（上限位开关），X4：SQ4（右限位开关），X5：SQ5（右限位开关）；

Y0：下降，Y1：吸球，Y2：上升，Y3：右移，Y4：左移。

（2）状态转移图。

根据工艺要求，该控制流程根据吸住的是大球还是小球有两个分支，且属于选择性分支。分支在机械臂下降之后根据下限开关 SQ2 是否动作可判断是大球还是小球，分别将球吸住、上升、右行到 SQ4（小球位置 X004 动作）或 SQ5（大球位置 X005 动作）处下降，

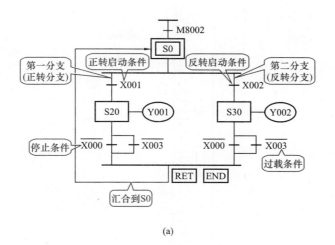

(a)

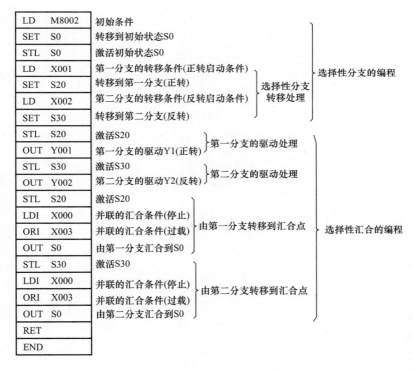

(b)

图 5 - 19　电动机正反转控制的状态转移图和指令表

（a）状态转移图；（b）指令表

然后再释放、上升、左移到原点，其状态转移图如图 5 - 20（b）所示。在图 5 - 20（b）中有两个分支，若吸住的是大球，则 X002 为 OFF，执行右侧流程，详细图解如图 5 - 20～图 5 - 29所示。若为小球，则 X002 为 ON，执行左侧流程，如图 5 - 30所示，其余执行过程请参见右侧流程执行情况，自行分析。

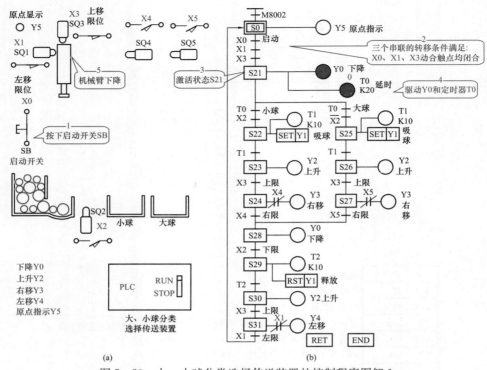

图 5-20 大、小球分类选择传送装置的控制程序图解 1

(a) 大、小球分类传送装置示意图；(b) 大、小球分类传送装置状态转移图

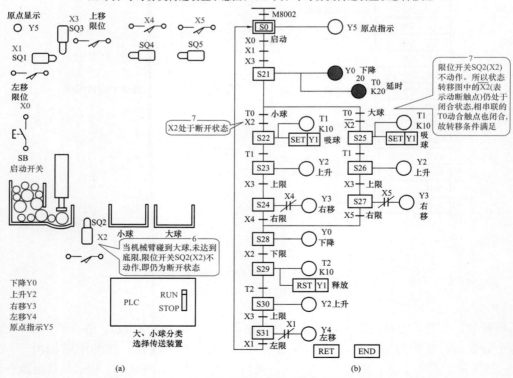

图 5-21 大、小球分类选择传送装置的控制程序图解 2

(a) 大、小球分类传送装置示意图；(b) 大、小球分类传送装置状态转移图

148

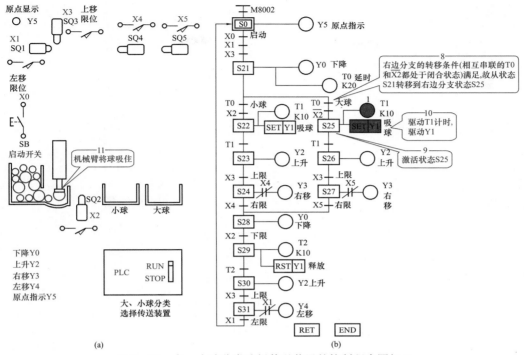

图 5-22 大、小球分类选择传送装置的控制程序图解 3

（a）大、小球分类传送装置示意图；（b）大、小球分类传送装置状态转移图

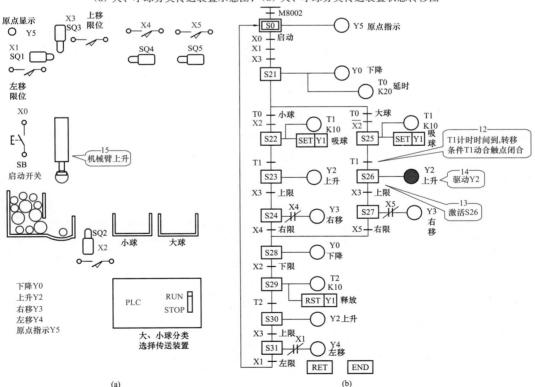

图 5-23 大、小球分类选择传送装置的控制程序图解 4

（a）大、小球分类传送装置示意图；（b）大、小球分类传送装置状态转移图

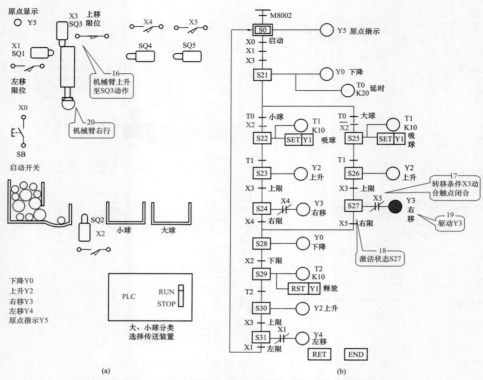

(a)

图 5-24　大、小球分类选择传送装置的控制程序图解 5

(a) 大、小球分类传送装置示意图；(b) 大、小球分类传送装置状态转移图

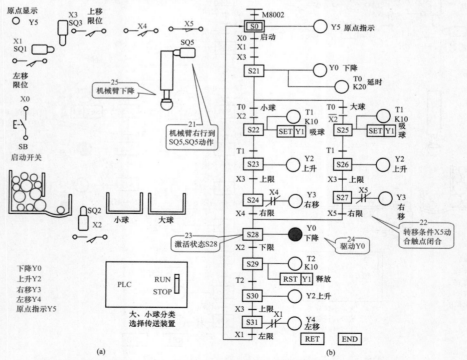

(a)

图 5-25　大、小球分类选择传送装置的控制程序图解 6

(a) 大、小球分类传送装置示意图；(b) 大、小球分类传送装置状态转移图

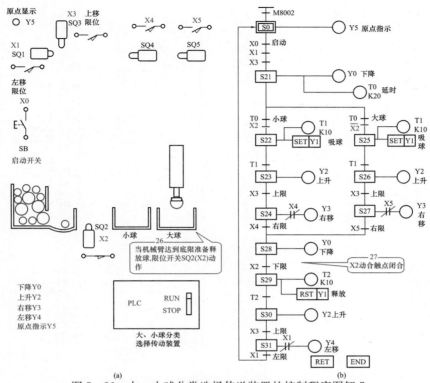

图 5-26 大、小球分类选择传送装置的控制程序图解 7

（a）大、小球分类传送装置示意图；（b）大、小球分类传送装置状态转移图

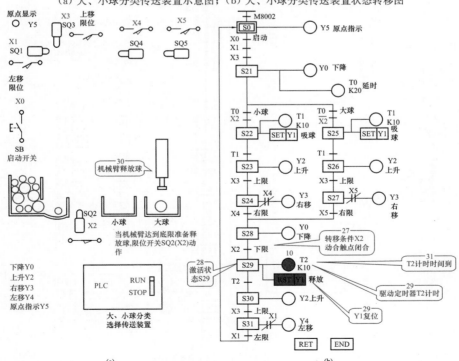

图 5-27 大、小球分类选择传送装置的控制程序图解 8

（a）大、小球分类传送装置示意图；（b）大、小球分类传送装置状态转移图

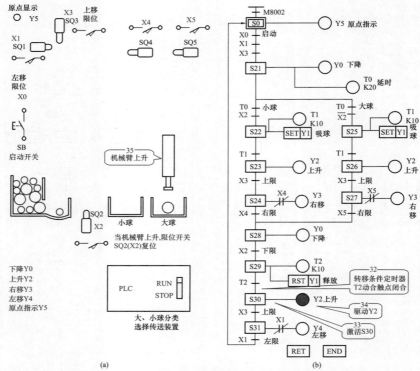

图 5-28　大、小球分类选择传送装置的控制程序图解 9
(a) 大、小球分类传送装置示意图；(b) 大、小球分类传送装置状态转移图

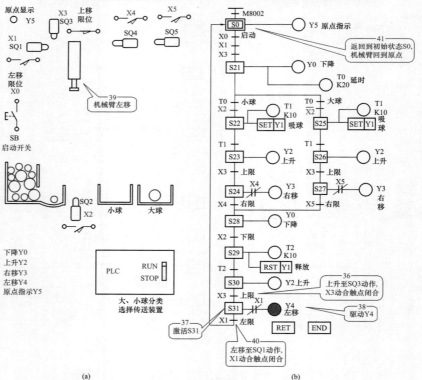

图 5-29　大、小球分类选择传送装置的控制程序图解 10
(a) 大、小球分类传送装置示意图；(b) 大、小球分类传送装置状态转移图

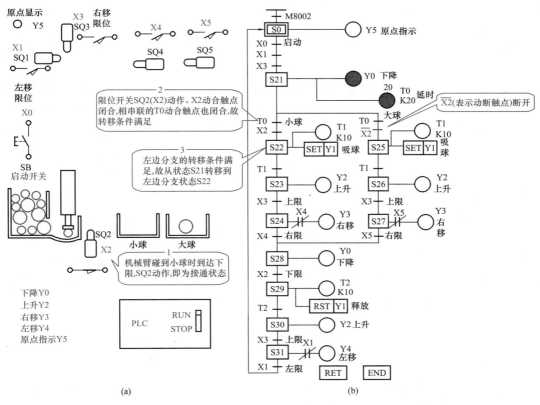

图 5-30 大、小球分类选择传送装置的控制程序图解 11

(a) 大、小球分类传送装置示意图；(b) 大、小球分类传送装置状态转移图

二、并行性流程及其编程

(一) 并行性流程程序的特点

由两个及以上的分支程序组成的，但必须同时执行各分支的程序，称为并行性流程程序。图 5-31 是具有 3 个支路的并行性流程程序，其特点如下：

(1) 当 S20 已动作，则只要分支转移条件 X0 成立，3 个流程（S21、S22，S31、S32，S41、S42）同时并列执行，没有先后之分。

(2) 当各流程的动作全部结束时（先执行完的流程要等待全部流程动作完成），一旦 X2 为 ON 时，则汇合状态 S50 动作，S22、S32、S42 全部复位。若其中一个流程没执行完，S50 就不可能动作，另外，并行性流程程序在同一时间可能有两个及两个

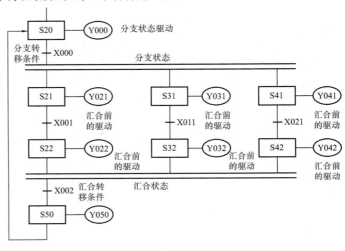

图 5-31 并行性流程程序的结构形式

153

以上的状态处于"激活"状态。

（二）并行性流程编程

编程原则：先集中进行并行分支处理，然后再集中进行汇合处理。

1. 并行性分支的编程

并行性分支的编程与选择性分支的编程一样，先进行驱动处理，然后进行转移处理，所有的转移处理按顺序执行。根据并行性分支的编程方法，首先对 S20 进行驱动处理（OUT Y0），然后按第一分支、第二分支、第三分支的顺序进行转移处理。并行性分支的程序如图 5-32 所示。

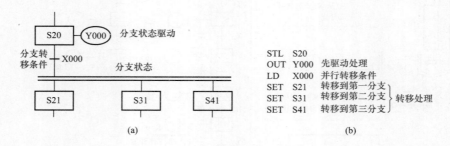

图 5-32　并行性分支的编程
（a）并行性分支状态；（b）并行性分支状态程序

2. 并行性汇合的编程

并行性汇合的编程与选择性汇合的编程一样，也是先进行汇合前状态的驱动处理，然后按顺序向汇合状态进行转移处理。根据并行性汇合的编程方法，首先对 S21、S22、S31、S32、S41、S42 进行驱动处理，然后按 S22、S32、S42 的顺序向 S50 转移。并行性汇合的程序如图 5-33 所示。

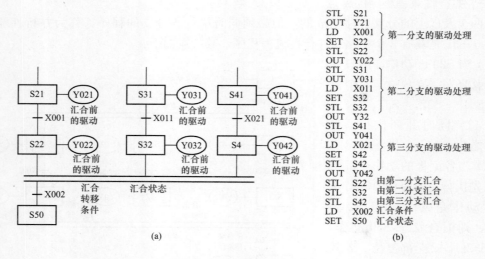

图 5-33　并行汇合的编程
（a）汇合状态；（b）并行汇合状态程序

3. 并行性流程编程注意事项

（1）并行性流程的汇合最多能实现8个流程的汇合。

（2）在并行分支、汇合流程中，不允许有图5-34（a）的转移条件，而必须将其转化为图5-34（b）后，再进行编程。

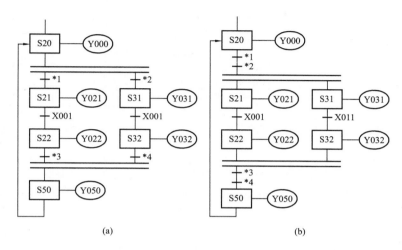

图5-34 并行性分支、汇合流程的转化

（a）不正确的转移条件；（b）正确的转移条件

（三）编程实例

用步进指令设计一个按钮式人行横道交通灯控制的控制程序。

控制要求：如图5-35所示人行横道交通灯控制，按下按钮SB1或SB2，人行道和车道指示灯按如图5-36所示的示意图亮灯。

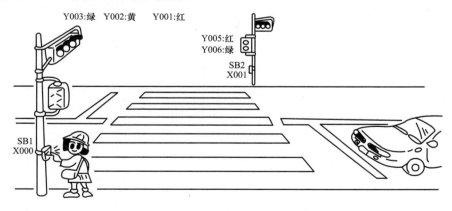

图5-35 人行横道交通灯控制

（1）I/O分配。

X0：SB1（左启动），X1：SB2（右启动）；

Y1：车道红灯，Y2：车道黄灯，Y3：车道绿灯，Y5：人行道红灯，Y6：人行道绿灯。

（2）PLC的外部接线图。

PLC的外部接线图如图5-37所示。

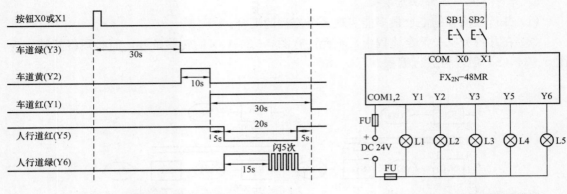

<table>
<tr><td>图 5-36　按钮式人行横道指示灯的示意图</td><td>图 5-37　PLC 的外部接线图</td></tr>
</table>

（3）状态转移图。

根据控制要求，当未按下按钮 SB1 或 SB2 时，人行道红灯和车道绿灯亮；当按下按钮 SB1 或 SB2 时，人行道指示灯和车道指示灯同时开始运行，是具有两个分支的并行流程。其状态转移图如图 5-38 所示。

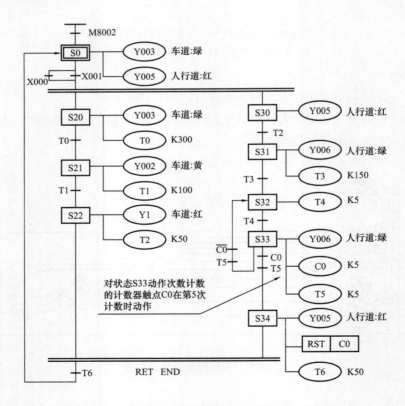

图 5-38　按钮式人行横道交通灯控制的状态转移图

（4）指令表程序。

根据并行分支的编程方法，其指令表程序如下：

```
LD    M8002
SET   S0
STL   S0
OUT   Y003  ⎫
OUT   Y005  ⎬ 先驱动处理
LD    X000  ⎫ 并行转移条件
OR    X001  ⎭
SET   S20     转移到第一分支
SET   S30     转移到第二分支
STL   S20
OUT   Y003
OUT   T0    K300
LD    T0
SET   S21
STL   S21
OUT   Y002
OUT   T1    K100
LD    T1
SET   S22
STL   S22
OUT   Y001
OUT   T2    K50
STL   S30
OUT   Y005
LD    T2
SET   S31
STL   S31
OUT   Y006
OUT   T3    K150
LD    T3
SET   S32
STL   S32
OUT   Y006
OUT   T4    K5
LD    T4
SET   S33
STL   S33
OUT   Y006
OUT   C0    K5
OUT   T5    K5
LD    T5
ANI   C0
OUT   S32
LD    C0
AND   T5
SET   S34
STL   S34
OUT   Y005
RST   C0
OUT   T6    K50
STL   S22     由第一分支汇合
STL   S34     由第二分支汇合
LD    T6        汇合条件
OUT   S0        汇合状态
RET
END
```

分支状态编程

转移处理

第一分支
的驱动处理

并行汇合前的驱动处理

第二分支
的驱动处理

并行分支中
选择性分支
的转移处理

并行汇合的编程

转移处理

说明：

1）PLC 从 STOP→RUN 时，初始状态 S0 动作，车道信号为绿灯，人行道信号为红灯。

2）按人行横道按钮 SB1 或 SB2，则状态转移到 S20 和 S30，车道为绿灯，人行道为红灯。

3）30s 后车道为黄灯，人行道仍为红灯。

4）再过 l0s 后车道变为红灯，人行道仍为红灯，同时定时器 T2 起动，5s 后 T2 触点接通，人行道变为绿灯。

5）15s 后人行道绿灯开始闪烁（S32 人行道绿灯灭，S33 人行道绿灯亮）。

6）闪烁中 S32、S33 反复循环动作，计数器 C0 设定值为 5，当循环达到 5 次时，C0 动合触点就接通，动作状态向 S34 转移，人行道变为红灯，其间车道仍为红灯，5s 后返回初始状态，完成一个周期的动作。

7）在状态转移过程中，即使按动人行横道按钮 SB1 或 SB2 也无效。

三、分支、汇合的组合流程及虚设状态

运用状态编程思想解决工程问题，当状态转移图设计出后，发现有些状态转移图不单单是某一种分支、汇合流程，而是若干个或若干类分支、汇合流程的组合。如按钮式人行横道的状态转移图，并行分支、汇合中，存在选择性分支，只要严格按照分支、汇合的原则和方法，就能对其编程。但有些分支、汇合的组合流程不能直接编程，需要转换后才能进行编程，如图 5-39 所示，应将左图转换为可直接编程的右图形式。

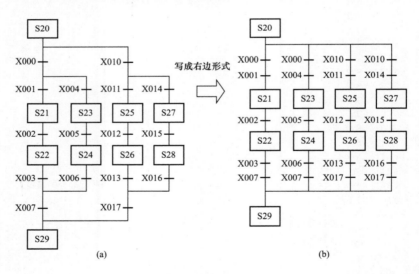

图 5-39　组合流程的转移
（a）不能直接编程的状态转换图；（b）可以直接编程的状态转换图

另外，还有一些分支、汇合组合的状态转移图如图 5-40 所示，它们连续地直接从汇合线转移到下一个分支线，而没有中间状态。这样的流程组合既不能直接编程，又不能采用上述办法先转换后编程。这时需在汇合线到分支线之间插入一个状态，以使状态转移图与前边所提到的标准图形结构相同。但在实际工艺中这个状态并不存在，所以只能虚设，这种状态称为虚设状态。加入虚设状态之后的状态转换图就可以进行编程了。

FX_{2N}系列 PLC 中一条并行分支或选择性分支的电路数限定为 8 条以下；有多条并行分支与选择性分支时，每个初始状态的电路总数应小于等于 16 条。

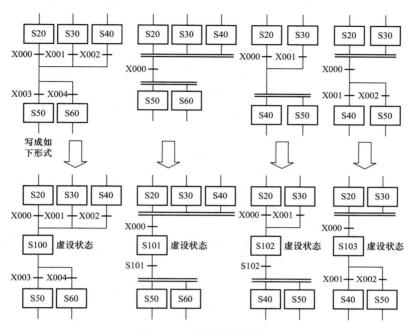

图 5-40　虚设状态的设置

第六章

图解应用指令及其编程实例

第一节　图解应用指令的基本规则

一、字元件和位元件

1. 位元件

如图 6-1 所示，只处理 ON/OFF 信息的元件，例如 X、Y、M 和 S，称为位元件。

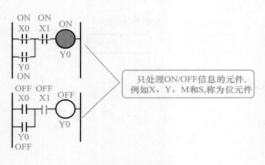

图 6-1　位元件

2. 字元件

T、C、D 等处理数据的元件称为字元件。常用数据寄存器 D 分为通用数据寄存器（D0～D199，共 200 点）、断电保持数据寄存器（D200～D511，共 312 点）、特殊数据寄存器（D8000～D8255，共 256 点）。FX 系列 PLC 的数据寄存器全是 16 位（最高位为正负符号位，0 表示正数，1 表示负数）。地址编号相邻的两个数据寄存器可以组合为 32 位（最高位为正负符号位，0 表示正数，1 表示负数）。如图 6-2 所示。

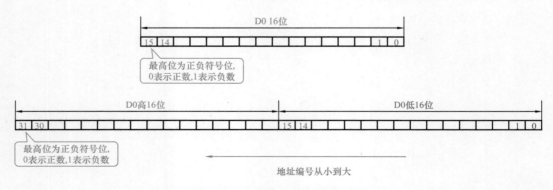

图 6-2　16 位与 32 位数据寄存器

3. 位组件

即使是位元件，通过组合使用也可以处理数据，在这种情况下，用位数 Kn 和起始的元件号的组合来表示，例如 KnY0，n 表示组数。位元件每 4 位为一组合成单元，16 位数据为 K1～K4，32 位数据为 K1～K8。例如，K1X0 表示 X3～X0 的 4 位数据，X0 是最低位；

K2Y0 表示 Y7～Y0 的 8 位数据，Y0 是最低位；K4M10 表示 M25～M10 的 16 位数据，M10 是最低位。如图 6－3 所示。

二、应用指令的表示

与基本指令不同，应用指令不含表达梯形图符号间相互关系的成分，而是直接表达本指令要做什么。FX$_{2N}$ 系列 PLC 在梯形图中是使用功能框来表示应用指令的。应用指令按功能编号 FNC00～FNC□□□编排，每条应用指令都有一个助记符，例如 FNC45 的助记符为 MEAN（平均）。如图 6－4 所示应用指令的梯形图。

图 6－3　位组件

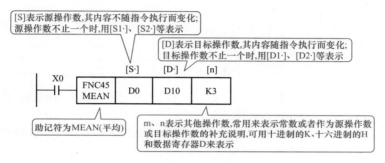

图 6－4　应用指令的梯形图例

［S］表示源操作数，其内容不随指令执行而变化；在可利用变址修改元件编号的情况下，表示为［S•］，源操作数不止一个时，用［S1•］、［S2•］等表示。

［D］表示目标操作数，其内容随指令执行而变化；在可利用变址修改元件编号的情况下表示为［D•］，目标操作数不止一个时，用［D1•］、［D2•］等表示。

m、n 表示其他操作数，既不做源操作数，也不做目标操作数，常用来表示常数或者作为源操作数或目标操作数的补充说明，可用十进制的 K、十六进制的 H 和数据寄存器 D 来表示。在需要表示多个这类操作数时，可以用 m1、m2、n1、n2 等表示。

三、指令的形态与执行形式

1. 数据长度

应用指令可分为 16 位指令和 32 位指令，如图 6－5 所示。

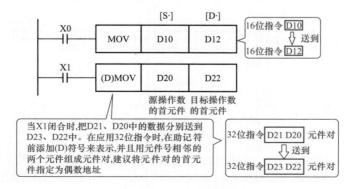

图 6－5　数据长度说明

当 X0 闭合时，把 D10 中的数据送到 D12 中；当 X1 闭合时，把 D21、D20 中的数据分别送到 D23、D22 中。在应用 32 位指令时，通常在助记符前添加（D）符号来表示，并且用元件号相邻的两个元件组成元件对，元件对的首元件号用奇数、偶数均可。但为了避免混乱，建议将元件对的首元件指定为偶数地址。另外注意，PLC 内部的高速计数器（不同型号，地址范围不一样，具体参照手册）是 32 位的，因此不能作为 16 位指令的操作数使用。

2. 脉冲执行

如图 6-6 所示，是脉冲执行形式的例子，该脉冲执行指令只是在 X0 从 OFF→ON 变化时才执行一次，其他时刻不执行。助记符后添加（P）符号表示脉冲执行。32 位指令和脉冲执行可以同时应用，如图 6-7 所示。

图 6-6 脉冲执行形式   图 6-7   32 位指令和脉冲执行同时应用

三菱 FX 系列 PLC 有些型号没有脉冲执行指令，例如 FX$_{0N}$ 系列，这时可以用如图 6-8 所示程序来实现。

3. 连续执行

如图 6-9 所示是连续执行指令，X1 接通时，指令在每个扫描周期都被重复执行。有些应用指令，例如 INC（加 1）、DEC（减 1）、XCH（交换）等，用连续执行方式时要特别注意。

图 6-8 无脉冲执行指令时的实现方法   图 6-9   连续执行形式

四、不同数据长度之间的传送

字元件与位元件之间的数据传送，由于数据长度的不同，在传送时，应按如下的原则处理，如图 6-10 所示。

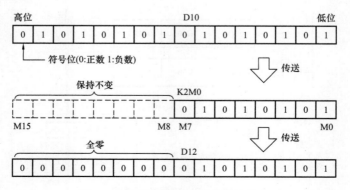

图 6-10 不同数据长度之间的传送

（1）长→短传送。长数据向短数据传送时，长数据的高位保持不变。

（2）短→长传送。短数据向长数据传送时，长数据的高位全部变零。

五、变址寄存器 V 和 Z

变址寄存器 V 和 Z 是 16 位数据寄存器，在应用指令中用来修改操作对象的元件号。将 V 和 Z 组合可进行 32 位的运算，此时，V 做高 16 位，Z 做低 16 位。下例中假定 Z 的值为 4，则：

```
K2X0Z= K2X4   K1Y0Z= K1Y4
K4M10Z= K4M14   K2S5Z= K2S9
D5Z= D9      T6Z= T10  C7Z= C11
```

六、操作数的形式

应用指令都是用助记符来表示的。大部分应用指令都要求提供操作数，包括源操作数、目标操作数和其他操作数。这些操作数的形式有：

（1）位元件 X、Y、M 和 S。

（2）常数 K（十进制）、H（十六进制）和指针 P。

（3）字元件 T、C、D、V 和 Z。

（4）由位元件 X、Y、M、S 的位指定组成字元件 KnX、KnY、KnM、KnS。

例如某一应用指令，它指定的操作数，如图 6-11 所示。

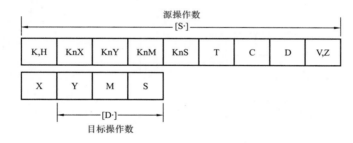

图 6-11　操作数的形式

表示 K，H～V，Z 这些形式都可以作为源操作数，但目标操作数只能指定 Y、M 和 S。每一条应用指令都有自己指定的操作数。操作数中的小点"·"表示可以加变址寄存器。

第二节　图解常用的应用指令及其编程实例

三菱 FX 系列 PLC 具有大量的应用指令，例如 FX_{0N} 系列提供 38 种 55 条应用指令，FX_{2N} 系列提供 128 种 298 条应用指令。本节主要介绍 FX_{2N} 系列的一些最常用、最基本的应用指令。

一、程序流程指令

（一）条件跳转指令 CJ（FNC00）

条件跳转指令 CJ 的助记符、操作数等属性如下。

FNC00	操作数：指针 P0～P63（FX$_{0N}$系列）
CJ	指针 P0～P127（FX$_{2N}$系列）
16 位指令	指针编号可作变址修改
脉冲/连续执行	

指针 P 用于分支和跳转程序，在梯形图中，指针 P 放在左侧母线的左边。如图 6-12 所示，CJ 指令用于跳过程序中的某一部分。当 X0 为 ON 时，执行 CJ P3 指令，程序跳转到指针 P3 处，执行自动程序，被跳过的那部分指令不执行；当 X0 为 OFF 时，不执行 CJ P3 指令，程序按原顺序向下执行，执行手动程序。指针允许重复使用，但是同一编号的标号不能重复进行编程。

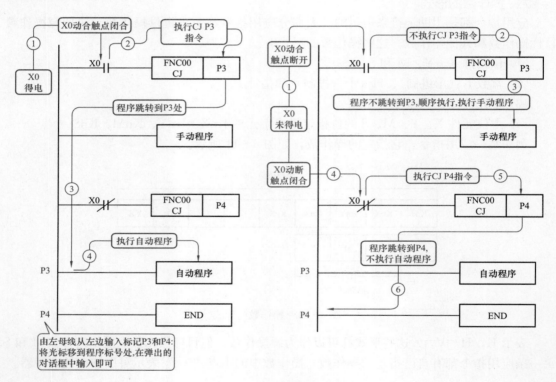

图 6-12　CJ 指令说明

如图 6-13 所示程序中，如果 X0 为 ON，第一条跳转指令有效，程序从 X0 的程序处跳到指针 P0 处。如果 X0 为 OFF，而 X1 为 ON，则第二条跳转指令有效，程序从 X1 的程序处跳到指针 P0 处。

注意：一个标号只能出现一次，如出现多于一次，则程序出错。

跳转程序段中元器件在跳转执行中的工作状态：

（1）处于被跳过程序段中的输出继电器、辅助继电器、状态寄存器，由于该段程序不再执行，即使梯形图中涉及的工作条件发生变化，它们的工作状态将保持跳转发生前

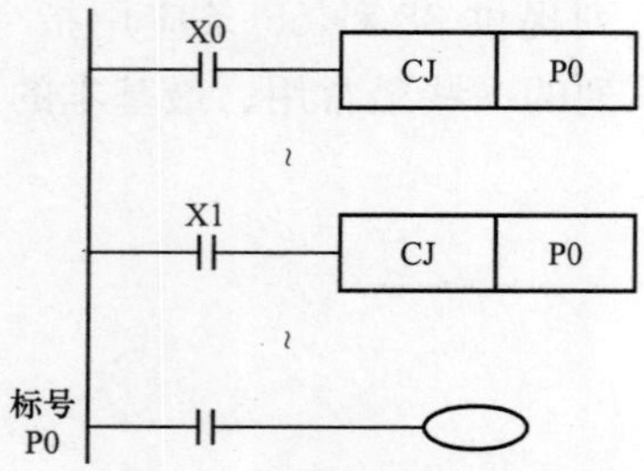

图 6-13　重复使用的指针

的状态不变。

（2）被跳过程序段中的定时器及计数器，无论其是否具有掉电保持功能，由于相关程序停止执行，它们的现实值寄存器被锁定，跳转发生后其计数、计时值保持不变，在跳转中止程序接着执行时，计时计数将继续进行。另外，计时、计数器的复位指令具有优先权，即使复位指令位于被跳过的程序段中，执行条件满足时，复位工作也将执行。

条件跳转指令应用实例

某台三相异步电动机具有手动/自动两种操作方式。SB1 是操作方式选择开关，当 SB1 处于断开状态时，选择手动操作方式；当 SB1 处于接通状态时，选择自动操作方式，具体如下：

手动操作方式：按启动按钮 SB2，电动机运转；按停止按钮 SB3，电动机停机。

自动操作方式：按启动按钮 SB2，电动机连续运转 30s 后，自动停机。按停止按钮 SB3，电动机立即停机。

PLC 的 I/O 接线图如图 6 - 14（a）所示，梯形图程序如图 6 - 14（b）所示。三相异步电动机手动/自动操作控制程序图解如图 6 - 15 和图 6 - 16 所示。

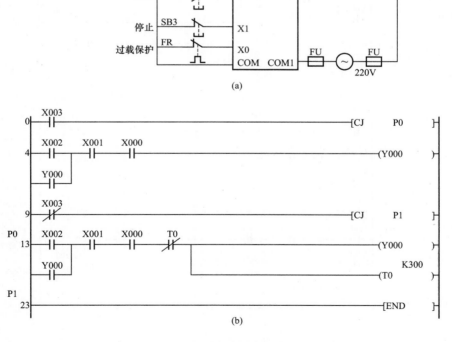

图 6 - 14　三相异步电动机手动/自动操作
(a) PLC 接线图；(b) 梯形图

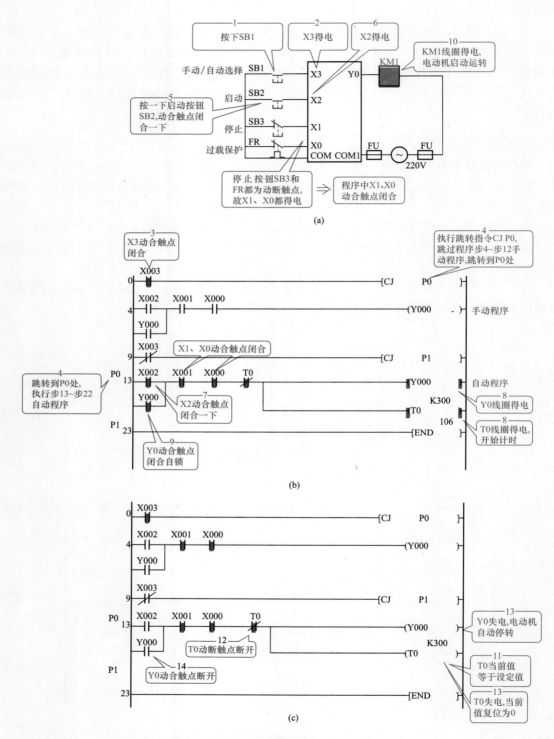

图 6-15 电动机自动操作控制程序图解

（a）PLC 接线图；（b）启动过程；（c）自动停止过程

166

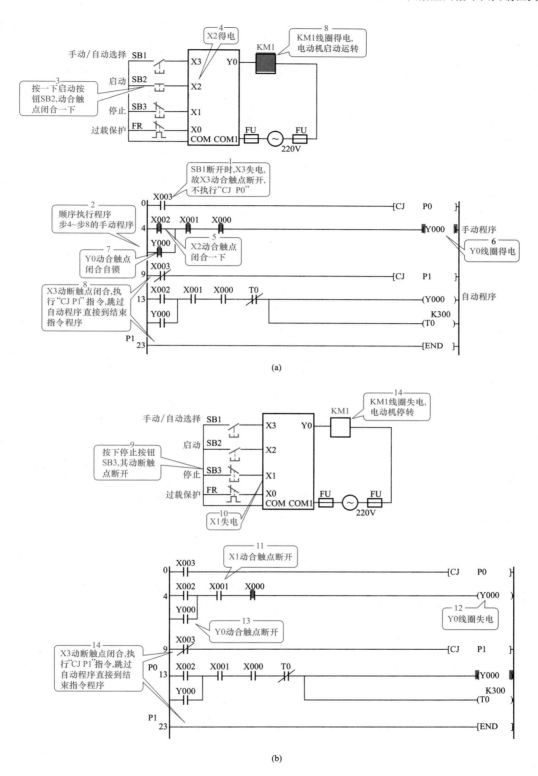

图 6-16　电动机手动操作控制程序图解

（a）启动过程；（b）手动停止过程

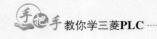
（二）子程序调用指令 CALL（FNC01）、子程序返回指令 SRET（FNC02）和主程序结束指令 FEND（FNC06）

子程序调用指令 CALL（FNC01）、子程序返回指令 SRET（FNC02）和主程序结束指令的助记符、操作数等属性如下。

FNC01 CALL 16 位指令 脉冲/连续执行	操作数：指针 P0～P127 嵌套 5 层
FNC02 SRET	无操作数
FNC06 FEND	无操作数

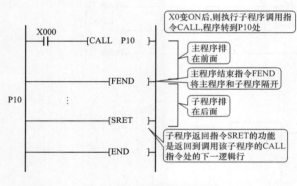

图 6-17 子程序调用程序

子程序是为一些特定的控制目的而编制的相对独立的程序。为了与主程序区别开，将主程序排在前面，子程序要求写在主程序结束指令 FEND 之后。

如图 6-17 所示，如果 X0 变 ON 后，则执行调用指令，程序转到 P10 处，当执行到 SRET 指令后返回到调用指令的下一条指令。FEND 指令为单独指令，不需要触点驱动。FEND 指令可以重复使用，但应在最后一个 FEND 指令和 END 指令之间编写或中断子程序，以便 CJ 或 CALL 指令调用。

子程序调用指令应用实例

信号灯控制：用两个按钮 SB1、SB2 控制一个信号灯，当按下按钮 SB1 时，信号灯以 1s 脉冲闪烁；当按下按钮 SB2 时，信号灯以 2s 脉冲闪烁；当同时按下两个按钮 SB1、SB2 时，信号灯常亮。

PLC 的 I/O 接线图如图 6-18（a）所示，梯形图程序如图 6-18（b）所示。信号灯控制程序图解如图 6-19～图 6-22 所示。

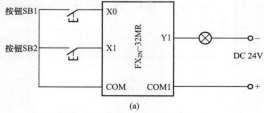

图 6-18 信号灯控制（一）

（a）PLC 接线图

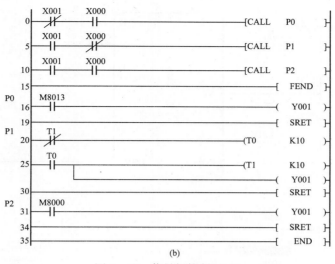

图 6 - 18　信号灯控制（二）

（b）梯形图

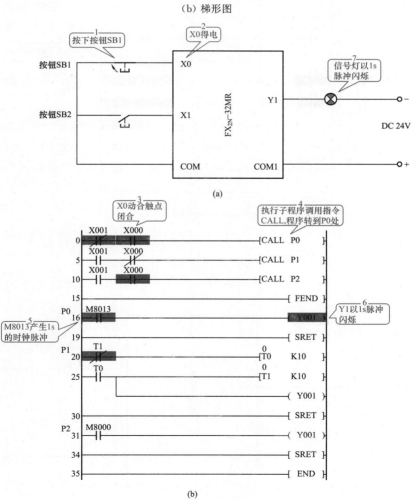

图 6 - 19　信号灯以 1s 脉冲闪烁程序图解
（a）PLC 接线图；（b）梯形图

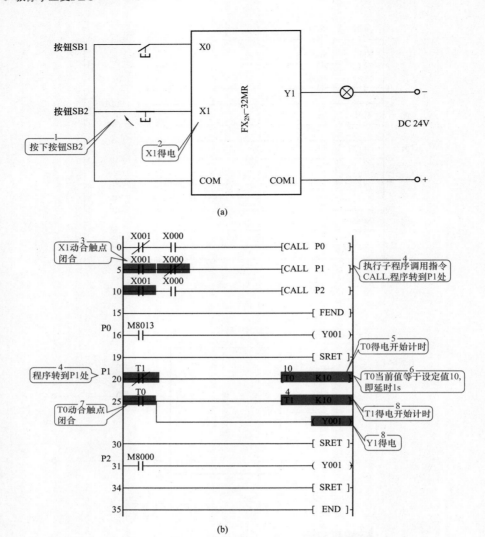

图 6-20　信号灯以 2s 脉冲闪烁程序图解 1

（a）PLC 接线图；（b）梯形图

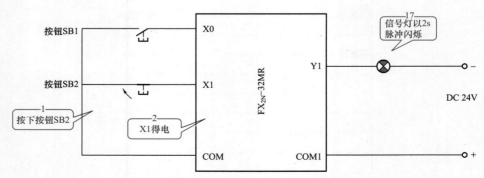

图 6-21　信号灯以 2s 脉冲闪烁程序图解 2（一）

（a）PLC 接线图

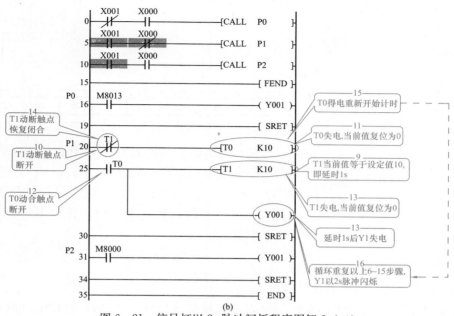

图 6-21 信号灯以 2s 脉冲闪烁程序图解 2（二）

（b）梯形图

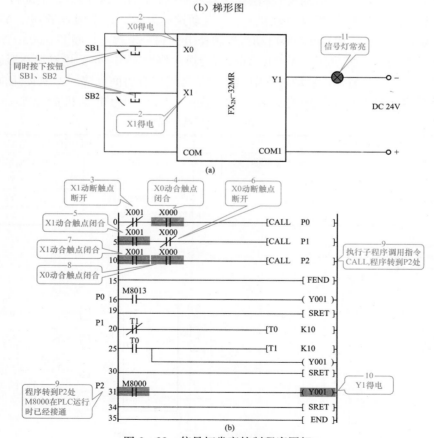

图 6-22 信号灯常亮控制程序图解

（a）PLC 接线图；（b）梯形图

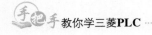

二、传送与比较指令

（一）传送指令 MOV（FNC12）

传送指令 MOV 的助记符、操作数等属性如下。

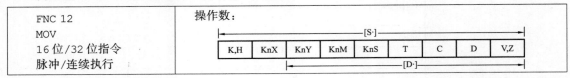

FNC 12 MOV 16 位/32 位指令 脉冲/连续执行	操作数：

[S·]

| K,H | KnX | KnY | KnM | KnS | T | C | D | V,Z |

[D·]

图 6-23　传送指令说明

传送指令 MOV 是把源操作数中的数据送到目标操作数中。如图 6-23 所示的程序，当 X0 为 ON 时，执行（K100）→（D12）；当 X0 为 OFF 时，目标操作数中的数据保持不变。当执行传送指令时，常数 K100 自动转换成二进制数。

传送指令应用实例

电动机的星形—三角形启动控制。

设置电动机启动按钮 SB1 接于 X000，停止按钮 SB2 接于 X001；电路主（电源）接触器 KM1 接于输出口 Y000，电动机Y接法接触器 KM3 接于输出口 Y001，电动机△接法接触器 KM2 接于输出口 Y002。根据电动机Y—△启动控制要求，通电时，Y000、Y001 为 ON（传送常数为 1+2=3），电动机Y形启动；当转速上升到一定程度，断开 Y000、Y001，接通 Y002（传送常数为 4），然后接通 Y000、Y002（传送常数为 1+4=5），电动机△形运行，停止时，应传送常数为 0。另外，启动过程中的每个状态间应有时间间隔。本例使用向输出端口送数的方式实现控制，I/O 点分配见表 6-1，图 6-24（a）为电动机的星形—三角形启

表 6-1　　　　　　　　　　　　　　I/O 设备及 I/O 点分配

输入口分配		输出口分配	
输入设备	PLC 输入继电器	输出设备	PLC 输出继电器
SB1（启动按钮）	X0	KM1（电源接触器）	Y0
SB2（停止按钮）	X1	KM2（△连接接触器）	Y2
		KM3（Y连接接触器）	Y1

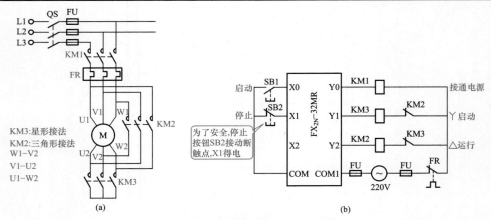

图 6-24　电动机星形—三角形启动控制（一）

（a）主电路；（b）PLC 接线图

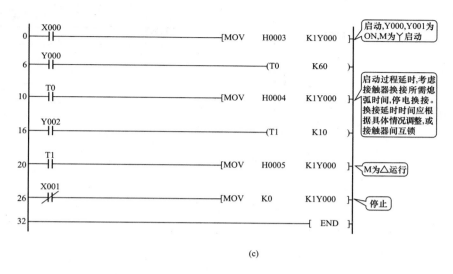

(c)

图 6-24 电动机星形—三角形启动控制（二）

（c）梯形图

动控制主电路，图 6-24（b）为 PLC 的输入输出接线图，图 6-24（c）是电动机的星形—三角形启动控制梯形图。电动机星形—三角形启动控制程序图解如图 6-25～图 6-28 所示。

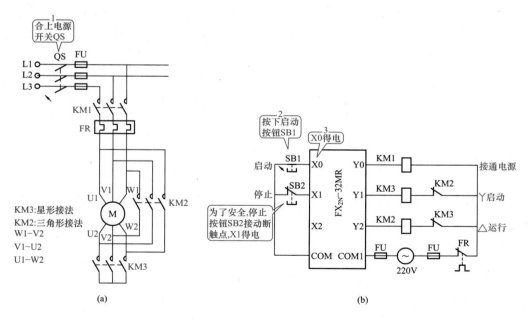

图 6-25 电动机星形—三角形启动控制程序图解 1（一）

（a）主电路；（b）PLC 接线图

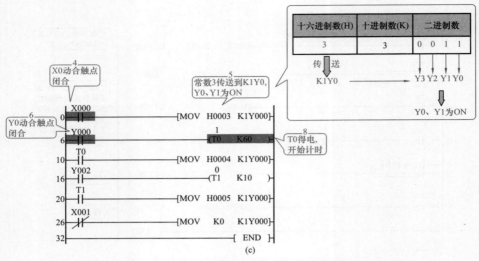

图 6-25 电动机星形—三角形启动控制程序图解 1（二）

（c）梯形图

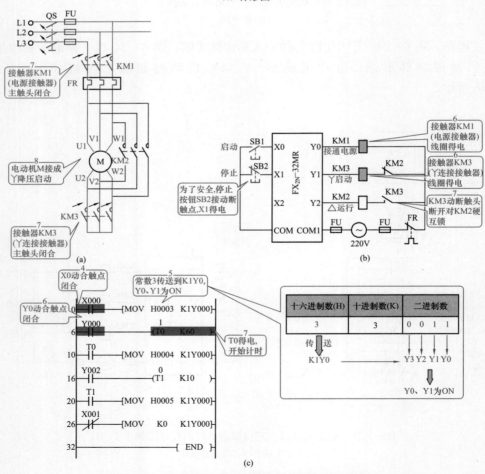

图 6-26 电动机星形—三角形启动控制程序图解 2

（a）主电路；（b）PLC 接线图；（c）梯形图

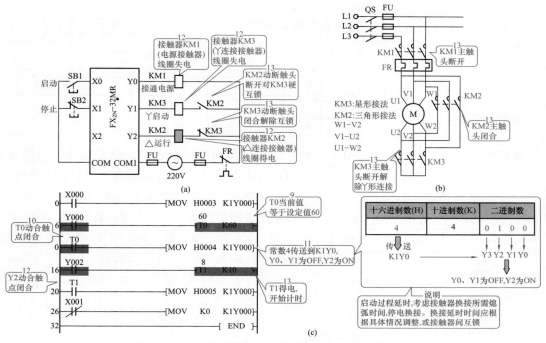

图 6-27 电动机星形—三角形启动控制程序图解 3

（a）PLC 接线图；（b）主电路；（c）梯形图

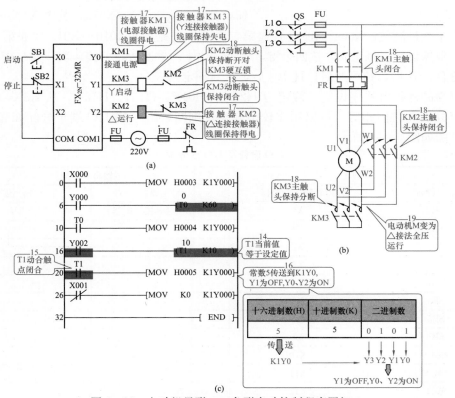

图 6-28 电动机星形—三角形启动控制程序图解 4

（a）PLC 接线图；（b）主电路；（c）梯形图

（二）比较指令 CMP（FNC10）

比较指令 CMP 的助记符、操作数等属性如下。

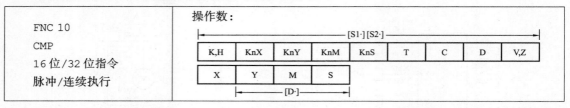

| FNC 10
CMP
16 位/32 位指令
脉冲/连续执行 | 操作数： |

比较指令是指将源操作数〔S1·〕与〔S2·〕的内容进行比较，结果送到目标操作数〔D·〕中，所有的源数据都按二进制数值处理。

如图 6-29 所示程序中，M0、M1、M2 根据比较的结果动作。当 X0＝ON 时，若 K100＞C10 的当前值，M0 为 ON；若 K100＝C10 的当前值，M1 为 ON；若 K100＜C10 的当前值，M2 为 ON。

当 X0＝OFF 时，CMP 指令不执行，M0、M1、M2 的状态不变。

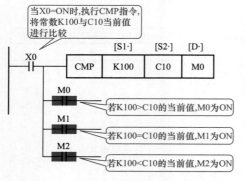

图 6-29　比较指令使用说明

比较指令应用实例

密码锁。

用比较器构成密码锁系统。密码锁有 12 个按钮，分别接入 X000～X013，其中 X000～X003 代表第一个十六进制数；X004～X007 代表第二个十六进制数；X010～X013 代表第三个十六进制数。根据设计，每次同时按四个键，代表三位十六进制数，共按 4 次，如与密码锁设定值都相符合，3s 后，锁可开启，且 10s 后，重新锁定。

密码锁的密码由程序设定。假定为 H2A4、H01E、H151、H18A，从 K3X000 上送入的数据应分别和它们相等，可以用比较指令实现判断，PLC 的 I/O 端子分配如表 6-2 所示，梯形图如图 6-30 所示。

表 6-2　　　　　　　　　　　　I/O 设备及 I/O 点分配

输入口分配		输出口分配	
输入设备	PLC 输入继电器	输出设备	PLC 输出继电器
SB0	X0	KA（控制开锁继电器）	Y0
SB1	X1		
SB2	X2		
SB3	X3		
SB4	X4		
SB5	X5		
SB6	X6		
SB7	X7		
SB10	X10		
SB11	X11		
SB12	X12		
SB13	X13		

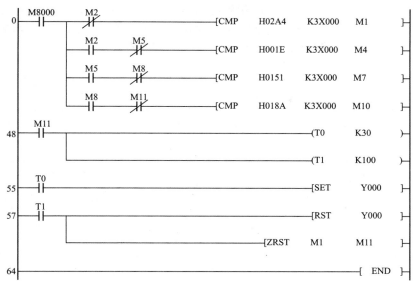

图 6-30 密码锁的梯形图

第一次按下 4 个键 SB11、SB7、SB5、SB2，密码锁程序图解 1 如图 6-31 所示；第二次按下 4 个键 SB4、SB3、SB2、SB1，密码锁程序图解 2 如图 6-32 所示；第一次按下 4 个

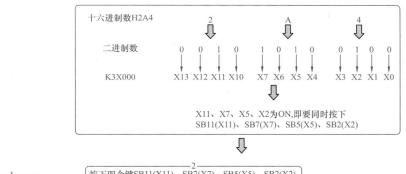

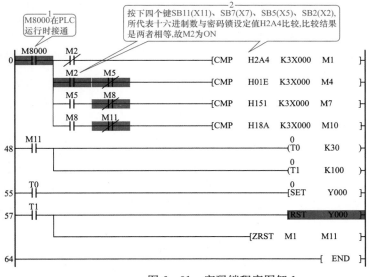

图 6-31 密码锁程序图解 1

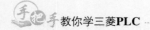

键 SB10、SB6、SB4、SB0，密码锁程序图解 3 如图 6-33 所示；第四次按下 4 个键 SB10、SB7、SB3、SB1，密码锁程序图解 4 如图 6-34 所示；密码锁重新锁定的程序图解如图 6-35 所示。

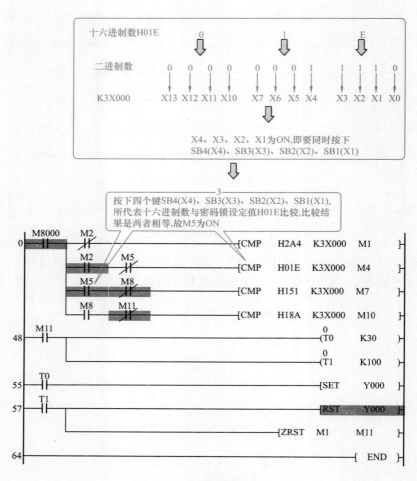

图 6-32 密码锁程序图解 2

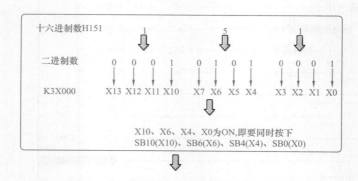

图 6-33 密码锁程序图解 3

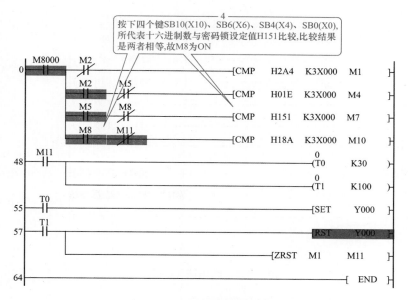

图 6-33　密码锁程序图解 4

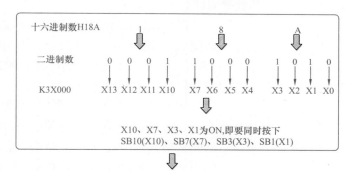

图 6-34　密码锁程序图解 5

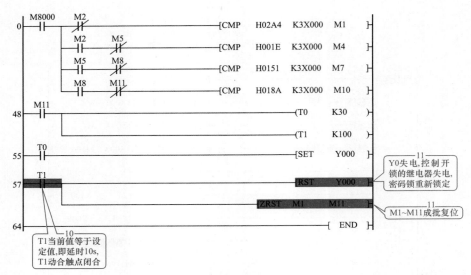

图 6-35 密码锁程序图解 6

（三）区间比较指令 ZCP（FNC11）

区间比较指令 ZCP 的助记符、操作数等属性如下。

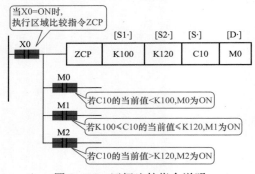

图 6-36 区间比较指令说明

区域比较指令 ZCP 是与一个设定值构成的区间大小进行比较的指令，其中源操作数 [S2·] 必须大于 [S1·]，并且源操作数的比较是代数比较（如 -10＜2）。

如图 6-36 所示程序中，M0、M1、M2 根据比较的结果动作。当 X0＝ON 时，若 C10 的当前值＜K100，M0 为 ON；若 K100≤C10 的当前值≤K120，M1 为 ON；若 C10 的当前值＞K120，M2 为 ON。当 X0＝OFF 时，ZCP 指令不执行，M0、M1、M2 的状态不变。

三、四则运算与逻辑运算指令

（一）BIN 加法指令 ADD（FNC20）

BIN 加法指令 ADD 的助记符、操作数等属性如下。

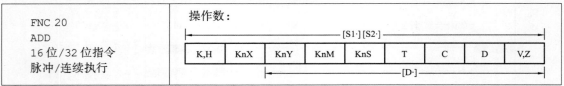

BIN 加法指令 ADD 是将两个源操作数中的二进制数相加，其结果送到目标操作数中。每个数据的最高位是符号位（0 为正，1 为负）。这些数据按代数规则进行运算。

如图 6-37 所示，当 X0 为 ON 时，执行 BIN 加法指令，(D10)＋(D12)→(D14)；当 X0 为 OFF 时，不执行运算，目标操作数中的数据保持不变。

加法指令的 4 个标志位，M8020 为 0 标志；M8021 为借位标志位；M8022 为进位标志位；M8023 为浮点标志位。如果运算结果为 0，则 0 标志位 M8020 置 1；如果运算结果超过 32 767（16 位运算）或 2 147 483 647（32 位运算）则进位标志位 M8022 置 1；如果运算结果小于−32 767（16 位运算）或−2 147 483 647（32 位运算）则借位标志位 M8021 置 1。

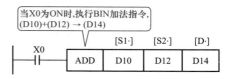

图 6-37 BIN 加法指令说明

BIN 加法指令 ADD 应用举例

投币洗车机控制：现有一台投币洗车机，司机每次投入 1 元，再按下喷水按钮即可喷水洗车 5min，使用时限为 10min。当洗车机喷水时间达到 5min，洗车机结束工作；当洗车机喷水时间没有达到 5min，而洗车机使用时间达到了 10min，洗车机结束工作。

PLC 的 I/O 点分配见表 6-3，图 6-38（a）为 PLC 的 I/O 接线图，图 6-38（b）为投币洗车机控制梯形图。投币洗车机控制程序图解如图 6-39、图 6-40、图 6-41 所示。

表 6-3　　　　　　　　　　　　　I/O 设备及 I/O 点分配

输入口分配		输出口分配	
输入设备	PLC 输入继电器	输出设备	PLC 输出继电器
TB（投币检测）	X1	YV（喷水电磁阀）	Y0
SB1（喷水按钮）	X2		
SB2（手动复位按钮）	X3		

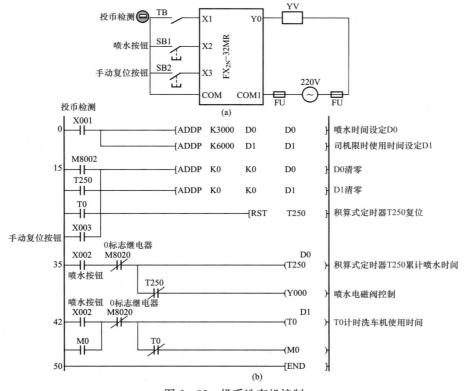

图 6-38 投币洗车机控制

（a）PLC 的 I/O 接线图；（b）梯形图

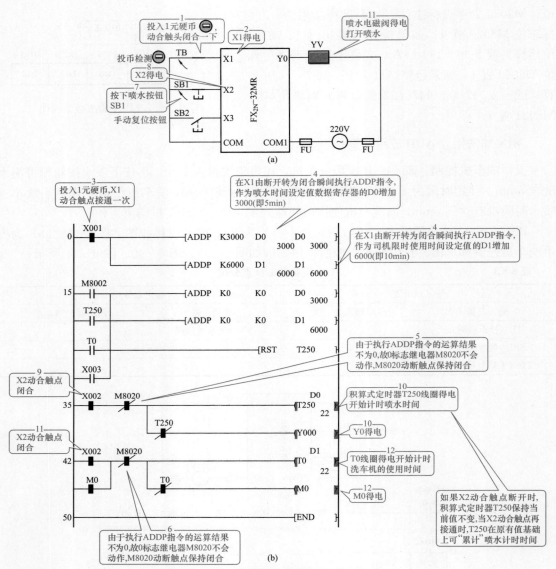

图 6-39　投币洗车机控制程序图解 1

（a）PLC 接线图；（b）梯形图

情况 1：当洗车机喷水时间达到 5min，洗车机结束工作。具体工作过程如图 6-40 所示。

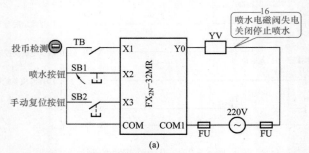

图 6-40　投币洗车机控制程序图解 2（喷水时间到，洗车机停止）（一）

（a）PLC 接线图

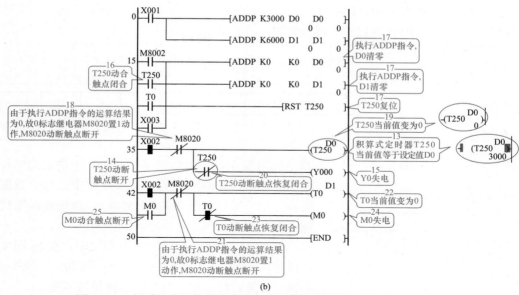

图 6-40 投币洗车机控制程序图解 2（喷水时间到，洗车机停止）（二）

(b) 梯形图

情况 2：当洗车机喷水时间没有达到 5min，而洗车机使用时间达到了 10min，洗车机结束工作。具体工作过程如图 6-41 所示。

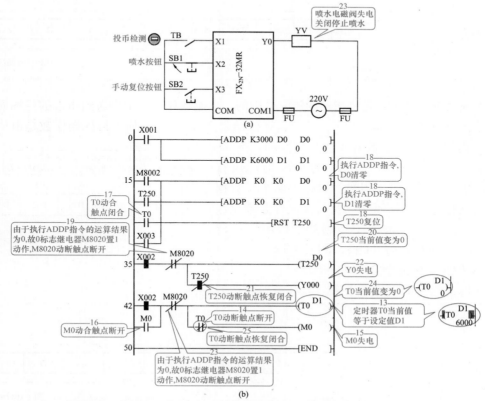

图 6-41 投币洗车机控制程序图解 3（喷水时间未到而使用时间到 10min，洗车机停止）

(a) PLC 接线图；(b) 梯形图

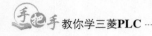

（二）BIN 减法指令 SUB（FNC21）

BIN 减法指令 SUB 的助记符、操作数等属性如下。

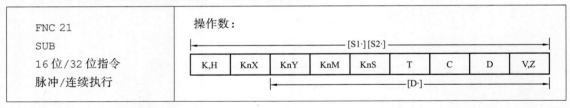

BIN 减法指令 SUB 是将［S1·］指定的源操作数中的数据减去［S2·］指定的源操作数中的数据，其结果送到目标操作数中。每个数据的最高位是符号位（0 为正，1 为负）。这些数据按代数规则进行运算，例如：5－（－8）＝13。

图 6-42　BIN 减法指令 SUB 说明

如图 6-42 所示，当 X0 为 ON 时，执行 BIN 减法指令，（D10）－（D12）→（D14）；当 X0 为 OFF 时，不执行运算，目标操作数中的数据保持不变。

（三）BIN 乘法指令 MUL（FNC22）

BIN 乘法指令 MUL 的助记符、操作数等属性如下。

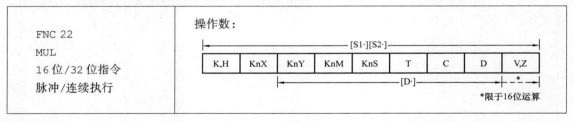

BIN 乘法指令 MUL 是将指定的源元件中的二进制数相乘，结果送到指定的目标元件中去。16 位运算的结果变成 32 位，32 位运算的结果变成 64 位。如果目标操作数是由位组合指定的，则超过 32 位的数据就会丢失。

如图 6-43 所示，当 X0 为 ON 时，执行（D10）×（D12）→（D15，D14），指令中两个源数据的乘积送到指定的目标元件以及与该元件紧紧相连的下一个地址号的元件中。例如：（D10）＝8，（D12）＝9，指令执行后（D15，D14）＝72。

图 6-43　BIN 乘法指令说明

（四）BIN 除法指令 DIV（FNC23）

BIN 除法指令 DIV 的助记符、操作数等属性如下。

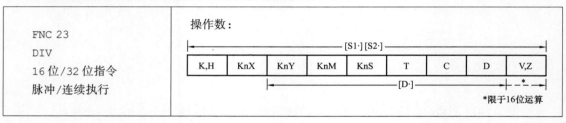

BIN 除法指令 DIV 是将指定的源元件中的二进制数相除，结果送到指定的目标元件中去。[S1·] 指定为被除数，[S2·] 指定为除数，商存于 [D·] 中，余数则存于紧靠 [D·] 的下一个地址号中。如果目标操作数是由位组合指定的，则余数就会丢失。

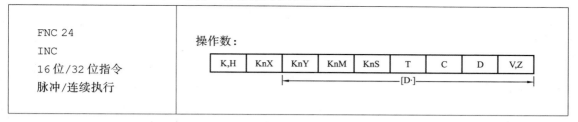

如图 6-44 所示，当 X0 为 ON 时，执行 (D10)÷(D12)→(D14) 和 (D15) 中，其中 D14 存放商，D15 存放余数。

图 6-44 BIN 除法指令说明

当除数为 0 时，则运算出错，且不执行运算。

（五）BIN 加 1 指令 INC（FNC24）

BIN 加 1 指令 INC 的助记符、操作数等属性如下。

FNC 24 INC 16 位/32 位指令 脉冲/连续执行	操作数：
	K,H | KnX | KnY | KnM | KnS | T | C | D | V,Z　[D·]

BIN 加 1 指令 INC 如图 6-45 所示，当每次 X0 由 OFF 变为 ON 时，由 [D·] 指定的元件中的数加 1，执行 (D10)+1→(D10)。注意：如果不用脉冲执行指令而用连续执行指令，则每个扫描周期加 1。

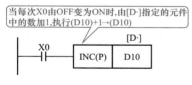

图 6-45 BIN 加 1 指令说明

另外，在 16 位运算中，+32 767+1→-32 768，但标志位状态不变；在 32 位运算中，+2 147 483 647+1→-2 147 483 648，但标志位状态不变。

BIN 加 1 指令 INC 应用举例

用按钮 SB1 控制一台电动机，按下按钮 SB1，电动机正转 5s，停止 5s，反转 5s，停止 5s，并自动循环运行，直至手动控制电动机停止。

I/O 点分配见表 6-4。根据 I/O 信号的对应关系，电动机自动循环运行控制梯形图如图 6-46 所示。按下按钮 SB1，电动机正转 5s，电动机自动循环运行控制程序图解 1 如图 6-47 所示；然后电动机停止 5s，电动机自动循环运行控制程序图解 2 如图 6-48 所示；接着电动机反转 5s，电动机自动循环运行控制程序图解 3 如图 6-49 所示；然后电动机停止 5s，不断循环。

表 6-4　　　　　　　　　　　　　I/O 设备及 I/O 点分配

输入口分配		输出口分配	
输入设备	PLC 输入继电器	输出设备	PLC 输出继电器
SB1（启动按钮）	X1	KM1（正转接触器）	Y1
		KM2（反转接触器）	Y2

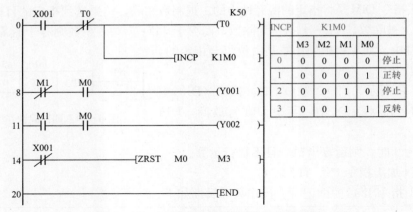

图 6－46　电动机自动循环运行控制梯形图

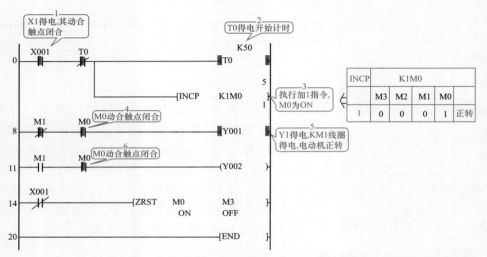

图 6－47　电动机自动循环运行控制程序图解 1

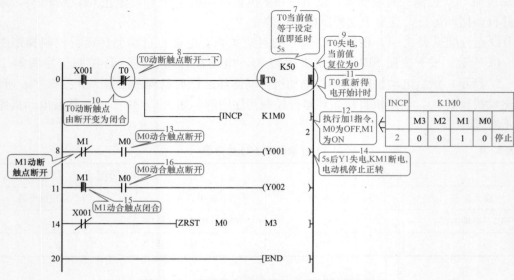

图 6－48　电动机自动循环运行控制程序图解 2

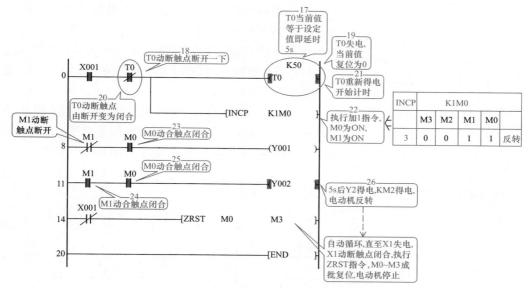

图6-49 电动机自动循环运行控制程序图解3

（六）BIN 减 1 指令 DEC（FNC25）

BIN 减 1 指令 DEC 的助记符、操作数等属性如下。

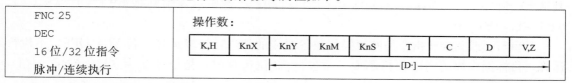

FNC 25 DEC 16 位/32 位指令 脉冲/连续执行	操作数：							
	K,H	KnX	KnY	KnM	KnS	T	C	D	V,Z
				[D·]				

BIN 减 1 指令 DEC 如图 6-50 所示，当每次 X0 由 OFF 变为 ON 时，由 [D·] 指定的元件中的数减 1，执行 (D10)－1→(D10)。注意：如果不用脉冲执行指令而用连续执行指令，则每个扫描周期减 1。

另外，在 16 位运算中，－32 768－1→＋32 767，但标志位状态不变；在 32 位运算中，－2 147 483 648－1→＋2 147 483 647，但标志位状态不变。

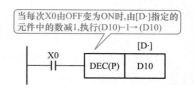

图6-50 BIN 减 1 指令说明

（七）逻辑与 AND（FNC26）、逻辑或 OR（FNC27）和逻辑异或 XOR（FNC28）

逻辑与 AND、逻辑或 OR 和逻辑异或 XOR 的助记符、操作数等属性如下。

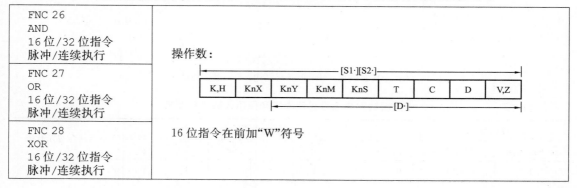

FNC 26 AND 16 位/32 位指令 脉冲/连续执行	操作数：							
				[S1·][S2·]				
FNC 27 OR 16 位/32 位指令 脉冲/连续执行	K,H	KnX	KnY	KnM	KnS	T	C	D	V,Z
				[D·]				
FNC 28 XOR 16 位/32 位指令 脉冲/连续执行	16 位指令在前加"W"符号							

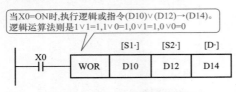

图 6-51 逻辑与指令说明

逻辑与指令 AND 的使用说明如图 6-51 所示。

当 X0＝ON 时，对 ［S1・］和 ［S2・］两个源操作数所对应的 BIN 位进行逻辑与运算，其结果送到 ［D・］，即执行 （D10）∧（D12）→（D14）。逻辑运算法则是 1∧1＝1，1∧0＝0，0∧1＝0，0∧0＝0。

逻辑或指令 OR 的使用说明如图 6-52 所示。

当 X0＝ON 时，对 ［S1・］和 ［S2・］两个源操作数所对应的 BIN 位进行逻辑或运算，其结果送到 ［D・］，即执行 （D10）∨（D12）→（D14）。逻辑运算法则是 1∨1＝1，1∨0＝1，0∨1＝1，0∨0＝0。

逻辑异或指令 XOR 的使用说明如图 6-53 所示。

图 6-52 逻辑或指令说明　　　　　图 6-53 逻辑异或指令说明

当 X0＝ON 时，对 ［S1・］和 ［S2・］两个源操作数所对应的 BIN 位进行逻辑异或运算，其结果送到 ［D・］，即执行 （D10）∀（D12）→（D14）。逻辑运算法则是 1∀1＝0，1∀0＝1，0∀1＝1，0∀0＝0。

逻辑与、或和异或指令是使源操作数各对应的位进行逻辑运算，若 X0＝OFF，不执行运算，目标操作数的内容保持不变。需进行 32 位运算时，指令则变为（D）AND、（D）OR、（D）XOR。

四、数码显示指令

（一）七段译码指令 SEGD（FNC73）

（1）七段数码管与显示代码。七段数码管如图 6-54 所示，表 6-5 列出十进制数字与七段显示电平的逻辑关系。

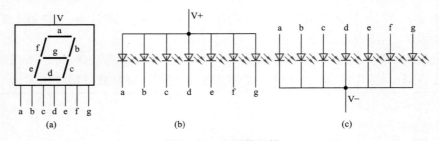

图 6-54 七段数码管

（a）七段数码管；（b）共阳极结构；（c）共阴极结构

表 6-5　　　　　十进制数字与七段显示电平和显示代码逻辑关系

十进制数字		七段显示电平							十六进制显示代码
十进制表示	二进制表示	g	f	e	d	c	b	a	
0	0000	0	1	1	1	1	1	1	H3F

续表

十进制数字		七段显示电平							十六进制显示代码
十进制表示	二进制表示	g	f	e	d	c	b	a	
1	0001	0	0	0	0	1	1	0	H06
2	0010	1	0	1	1	0	1	1	H5B
3	0011	1	0	0	1	1	1	1	H4F
4	0100	1	1	0	0	1	1	0	H66
5	0101	1	1	0	1	1	0	1	H6D
6	0110	1	1	1	1	1	0	1	H7D
7	0111	0	1	0	0	1	1	1	H27
8	1000	1	1	1	1	1	1	1	H7F
9	1001	1	1	0	1	1	1	1	H6F

（2）七段译码指令 SEGD。

七段译码指令 SEGD 的助记符、操作数等属性如下。

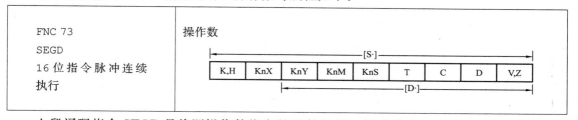

七段译码指令 SEGD 是将源操作数指定的元件的低 4 位中的十六进制（0～F）译码后
送给七段显示器显示，译码信号存于目标操作数指定的
元件中，输出时要占用 7 个输出点。源操作数可以选所
有的数据类型，目标操作数为 KnY、KnM、KnS、T、
C、D、V 和 Z，只有 16 位运算。

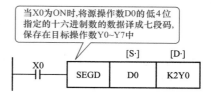

如图 6-55 所示，当 X0 为 ON 时，将［S·］的低
4 位指定的十六进制数的数据译成七段码，显示的数据
存于［D·］的低 8 位，［D·］的高 8 位不变。当 X0 为
OFF 时，［D·］输出不变。

图 6-55 七段译码指令
SEGD 应用说明

1. 七段译码指令 SEGD 应用举例

如图 6-56 所示，当 X0 接通的那个周期，对数字 5 执行七段译码指令，并将编码 H6D
存入输出位组件 K2Y0，即输出继电器 Y7～Y0 的位状态为 0110 1101。

当 X1 接通的那个周期，对 D0＝1 执行七段译码指令，输出继电器 Y7～Y0 的位状态为
0000 0110。

2. 七段译码指令 SEGD 应用举例

设计一个数码管循环点亮的控制系统，其控制要求如下。

（1）手动时，每按一次按钮数码管显示数值加 1，由 0～9 依次点亮，并实现循环；

（2）自动时，每隔一秒数码管显示数值加 1，由 0～9 依次点亮，并实现循环。

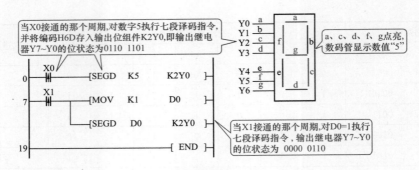

图 6-56 七段译码指令 SEGD 应用举例

数码管循环点亮控制的 PLC 的 I/O 接线图和梯形图如图 6-57 所示。手动控制时，数码管循环点亮的程序图解如图 6-58、图 6-59 所示；自动控制时，数码管循环点亮的程序图解如图 6-60、图 6-61 所示。

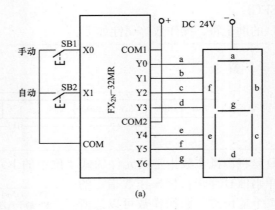

(a)

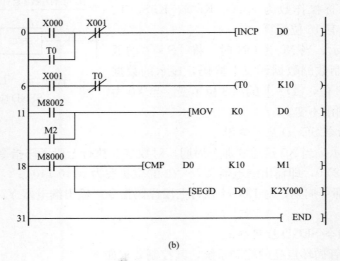

(b)

图 6-57 数码管循环点亮控制

(a) PLC 接线图；(b) 梯形图

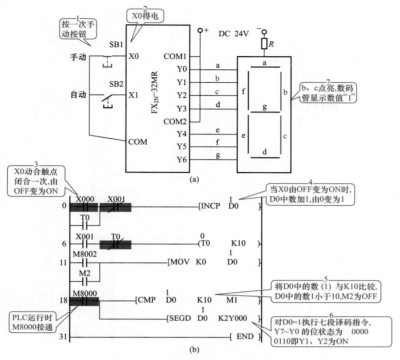

图 6-58 手动控制数码管循环点亮的程序图解 1

(a) PLC 接线图;(b) 梯形图

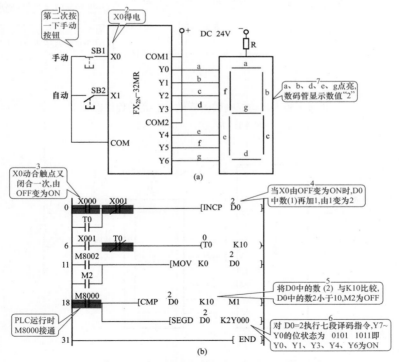

图 6-59 手动控制数码管循环点亮的程序图解 2

(a) PLC 接线图;(b) 梯形图

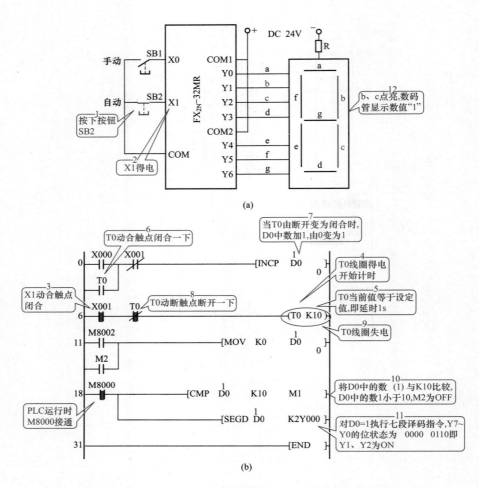

(b)

图 6-60　自动控制数码管循环点亮的程序图解 3

(a) PLC 接线图；(b) 梯形图

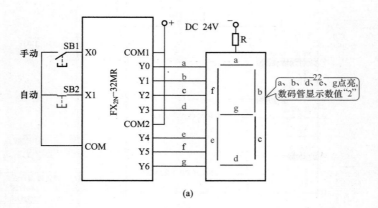

(a)

图 6-61　自动控制数码管循环点亮的程序图解 4（一）

(a) PLC 接线图

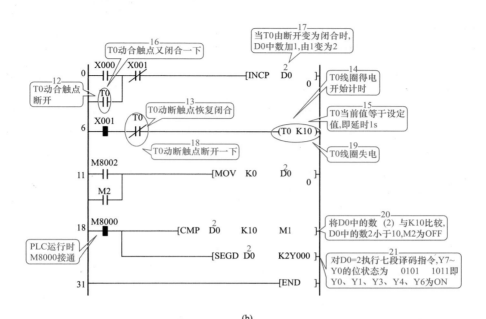

图 6-61 自动控制数码管循环点亮的程序图解 4（二）

(b) 梯形图

（二）二进制数转换为 BCD 码指令 BCD（FNC18）

（1）8421BCD 编码。例如，十进制数 21 的二进制形式是 0001 0101，对高 4 位应用 SEGD（七段译码）指令编码，则得到"1"的七段显示码；对低 4 位应用 SEGD 指令编码，则得到"5"的七段显示码，显示的数码"15"是十六进制数，而不是十进制数 21。如果要想显示"21"，就要先将二进制数 0001 0101 转换成反映十进制进位关系（即逢十进一）的 0010 0001，然后对高 4 位"2"和低 4 位"1"分别用 SEGD 指令编出七段显示码。这种用二进制形式反映十进制进位关系的代码称为 BCD 码，其中最常用的是 8421BCD 码，它用 4 位二进制数来表示 1 位十进制数。8421BCD 码从高位至低位的权分别是 8、4、2、1，故称为 8421BCD 码。十进制数、十六进制数、二进制数与 8421BCD 码的对应关系如表 6-6 所示。

表 6-6　　　　十进制、十六进制、二进制与 8421BCD 码关系

十进制数	十六进制数	二进制数	8421BCD 码
0	0	0000	0000
1	1	0001	0001
2	2	0010	0010
3	3	0011	0011
4	4	0100	0100
5	5	0101	0101
6	6	0110	0110
7	7	0111	0111
8	8	1000	1000
9	9	1001	1001

十进制数	十六进制数	二进制数	8421BCD 码
10	A	1010	0001 0000
11	B	1011	0001 0001
12	C	1100	0001 0010
13	D	1101	0001 0011
14	E	1110	0001 0100
15	F	1111	0001 0101
16	10	1 0000	0001 0110
17	11	1 0001	0001 0111
20	14	1 0100	0010 0000
50	32	11 0010	0101 0000
100	64	110 0100	0001 0000 0000
150	96	1001 0110	0001 0101 0000
258	102	1 0000 0010	0010 0101 1000

从表 6-6 中可以看出，8421BCD 码与二进制数的形式相同，但概念完全不同，虽然在一组 8421BCD 码中，每位的进位也是二进制，但在组与组之间的进位，8421BCD 码则是十进制。

（2）BCD 码转换指令 BCD。要想正确地显示十进制数码，必须先用 BCD 指令将二进制形式的数据转换成 8421BCD 码，再利用 SEGD 指令编成七段显示码，最后输出控制数码管发光。BCD 码转换指令 BCD 的助记符、操作数等属性如下。

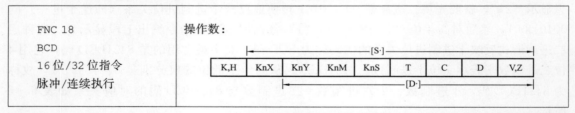

FNC 18 BCD 16 位/32 位指令 脉冲/连续执行	操作数：

BCD 指令是将源操作数中的二进制数（BIN）转换成 BCD 码送到目标操作数中。如图 6-62 所示，当 X0 为 ON 时，执行 BCD 指令，源元件 D10 中的二进制数转换成 BCD 码送到目标元件 Y0~Y7 中去。当 X0 为 OFF 时，目标操作数中的数据保持不变。

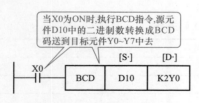

图 6-62　BCD 码变换指令

如果 BCD 转换的结果超过 0~9999（16 位运算）或 0~9999 9999（32 位运算）时，则出错。

1. BCD 指令应用举例

如图 6-63 所示，当 X000 接通时，先将 K5028 存入 D0，然后将（D0）=5028 编为 BCD 码存入输出位组件 K4Y000。执行过程如图 6-64 所示，可以看出，D0 中存储的二进制数据与 K4Y000 中存储的 BCD 码完全不同。K4Y000 以 4 位 BCD 码为 1 组，从高位至低位分别为千位、百位、十位和个位的 BCD 码。

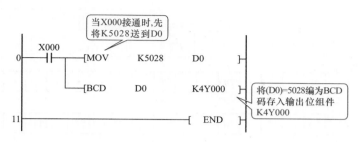

图 6-63 BCD 转换指令应用举例

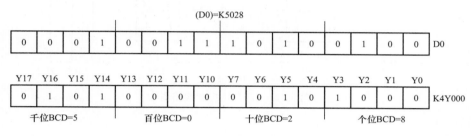

图 6-64 BCD 转换指令执行过程

2. 多位数码显示实例

当显示的数码不止 1 位时，需要并列使用多个数码管。如果显示两位十进制数，要先用 BCD 转换指令将二进制数据转换为 8 位 BCD 码，再将 BCD 码的高 4 位和低 4 位用七段译码指令 SEGD 分别编码，然后用高、低位编码分别控制十位和个位数码管。

实例：如图 6-65 所示，某停车场最多可停 50 辆车，用两位数码管显示停车数量。用出入传感器检测进出车辆数，每进一辆车停车数量增 1，每出一辆车减 1。场内停车数量小于 45 时，入口处绿灯亮，允许入场；等于和大于 45 时，绿灯闪烁，提醒待进车辆注意将满场；等于 50 时，红灯亮，禁止车辆入场。设计控制线路和 PLC 程序。

图 6-65 停车场停车数量显示示意图

根据控制要求，PLC 输入、输出端口的分配如表 6-7 所示。停车场 PLC 控制线路图如图 6-66 所示。

表 6-7　　　　　　　　　　　输入/输出端口分配表

输入			输出	
输入继电器	输入元件	作用	输出继电器	控制对象
X0	传感器 IN	检测进场车辆	Y6～Y0	个位数显示
X1	传感器 OUT	检测出场车辆	Y16～Y10	十位数显示
			Y20	绿灯，允许信号
			Y21	红灯，禁行信号

195

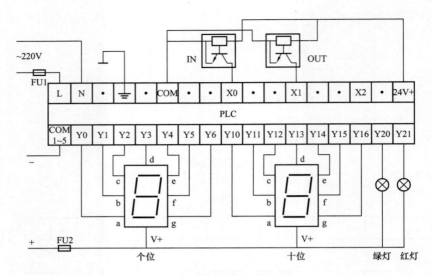

图 6-66 停车场控制线路图

程序设计

根据控制要求，停车场 PLC 程序梯形图如图 6-67 所示。

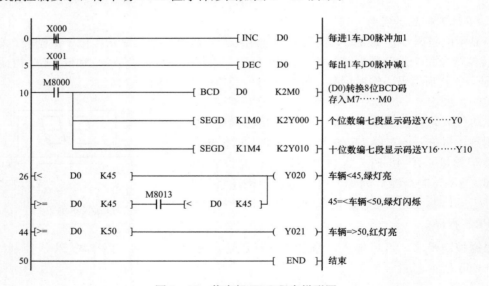

图 6-67 停车场 PLC 程序梯形图

（三）BCD 码转换为二进制指令 BIN（FNC19）

BCD 码转换为二进制指令 BIN 的助记符、操作数等属性如下。

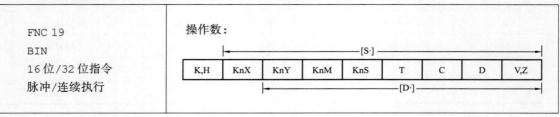

FNC 19 BIN 16 位/32 位指令 脉冲/连续执行	操作数：							
				[S·]				
	K,H	KnX	KnY	KnM	KnS	T	C	D	V,Z
				[D·]				

BIN 指令是将源操作数中的 BCD 码转换成二进制数（BIN）送到目标操作数中。如图 6-68 所示，当 X0 为 ON 时，执行 BIN 指令；当 X0 为 OFF 时，目标操作数中的数据保持不变。

如果源操作数中的数据不是 BCD 码，就会出错。

BIN 指令可用于将 BCD 码数字开关的设定值输入到 PLC。

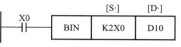

图 6-68 BIN 指令说明

五、循环与移位指令

（一）循环右移指令 ROR（FNC30）和循环左移指令 ROL（FNC31）

循环右移指令 ROR 和循环左移指令 ROL 的助记符、操作数等属性如下。

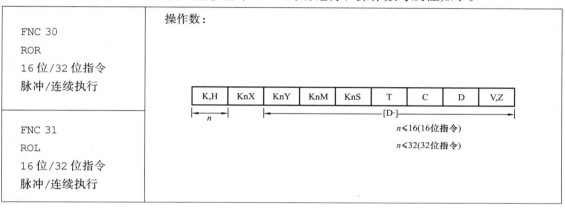

ROR、ROL 是使 16 位或 32 位数据的各位向右、左循环移位的指令，指令的执行过程如图 6-69 所示。

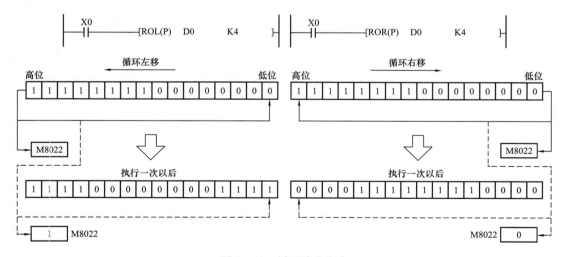

图 6-69 循环移位指令

在图 6-69 中，每当 X0 由 OFF→ON（脉冲）时，DO 的各位向右或左循环移动 4 位，最后移出的位的状态存入进位标志位 M8022。执行完该指令后，DO 的各位发生相应的移位，但奇/偶校验并不发生变化。

对于连续执行的指令，在每个扫描周期都会进行循环移位动作，所以一定要注意。对于

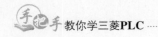

位元件组合的情况，位元件前的 K 值为 4（16 位）或 8（32 位）才有效，如 K4M0，K8M0。

（1）循环左移指令 ROL 的举例。

循环左移指令 ROL 的应用举例如图 6-70 所示。求输出位组件 K4Y0 在一个循环周期中各位状态的变化。

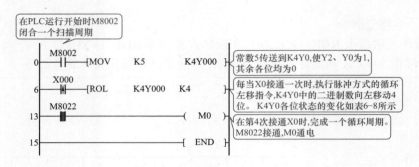

图 6-70　循环左移指令举例

初始脉冲将 K5 传送到输出位组件 K4Y0，使 Y2、Y0 为 1，其余各位均为 0。每当 X0 接通时，执行脉冲方式的循环左移指令，K4Y0 中的二进制数向左移动 4 位。K4Y0 各位状态的变化如表 6-8 所示。表格中"●"表示 1，空格表示 0。在第 4 次接通 X0 时，完成一个循环周期。同时由于本次循环前 Y14 的状态为 1，所以 M8022 的状态也为 1。在程序监控方式下，可看出 M8022 接通，M0 通电。

表 6-8　　　　　　K4Y0 各位状态的变化（循环左移指令 ROL 的举例）

进位 M8022	Y17	Y16	Y15	Y14	Y13	Y12	Y11	Y10	Y7	Y6	Y5	Y4	Y3	Y2	Y1	Y0	次数
														●		●	0
										●		●					1
						●		●									2
		●		●													3
●														●		●	4
										●		●					5
...								...									...

（2）循环右移指令 ROR 的举例。

循环右移指令 ROR 的应用举例如图 6-71 所示，求输出位组件 K4Y0 在一个循环周期中各位状态的变化。初始脉冲将 K5 传送到输出位组件 K4Y0，使 Y2、Y0 为"1"，其余各位均为"0"。每当 X0 接通时，执行脉冲方式的循环右移指令，K4Y0 中的二进制数向右移动 4 位。在第 4 次接通 X0 时，完成一个循环周期。在一个周期内，由于 Y3 位状态始终为"0"，所以 M8022 的状态也始终为"0"。在程序监控方式下，可看出 M8022 断开，M0 处于断电状态。

K4Y0 各位状态的变化如表 6-9 所示。表格中"●"表示"1"，空格表示"0"。

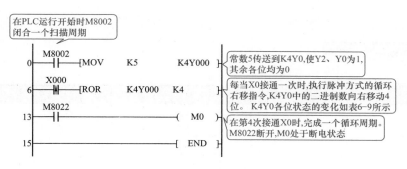

图 6-71　循环右移指令举例

表 6-9　　　　　　　　　　K4Y0 各位状态的变化（循环右移指令 ROR 的举例）

进位 M8022	Y17	Y16	Y15	Y14	Y13	Y12	Y11	Y10	Y7	Y6	Y5	Y4	Y3	Y2	Y1	Y0	次数
														●		●	0
		●		●													1
						●		●									2
										●		●					3
														●		●	4
		●		●													5
…							…										…

（二）右移位指令 SFTR（FNC 34）和左移位指令 SFTL（FNC 35）

右移位指令 SFTR 和左移位指令 SFTL 的助记符、操作数等属性如下。

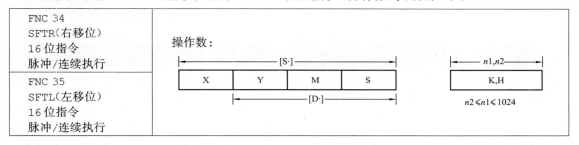

SFTR 指令和 SFTL 指令是使位元件中的状态向右和向左移位，S 为移位的源操作数的最低位，D 为被移位的目标操作数的最低位，由 $n1$ 指定位元件的长度，由 $n2$ 指定移位的位数。

注意：若使用连续执行指令，则在每个扫描周期都要移位一次，并且要保证 $n2 \leqslant n1$，即 $n2$ 小于或等于目标元件的最大数目。在实际应用中，常采用脉冲执行方式。

（1）右移位指令的使用说明，如图 6-72 所示。

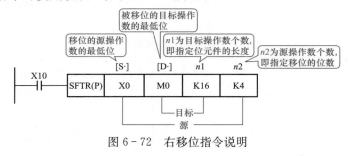

图 6-72　右移位指令说明

移位的过程如图6-73所示。

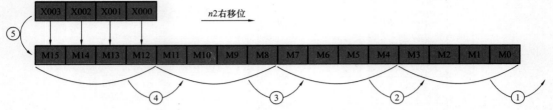

图6-73 右移位指令的执行过程

执行右移位指令一次后：M3~M0→输出；M7~M4→M3~M0；M11~M8→M7~M4；M15~M12→M11~M8；X3~X0→M15~M12。

（2）左移位指令的使用说明，如图6-74所示。

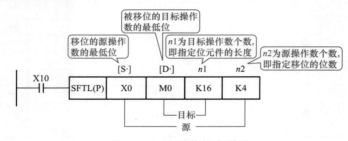

图6-74 左移位指令说明

移位的过程如图6-75所示。

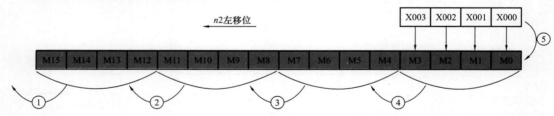

图6-75 左移位指令的执行过程

执行左移位指令一次后：M15~M12→输出；M11~M8→M15~M12；M7~M4→M11~M8；M3~M0→M7~M4；X3~X0→M3~M0。

左移位指令应用举例：

某台设备有8台电动机，为了减小电动机同时启动对电源的影响，利用位移指令实现间隔10s的顺序通电控制。按下停止按钮时，同时停止工作。

I/O点分配见表6-10。根据I/O信号的对应关系，可画出PLC的外部接线图，如图6-76（a）所示。控制梯形图如图6-76（b）所示。

表6-10　　　　　　　　　　　　　I/O设备及I/O点分配

输入口分配		输出口分配	
输入设备	PLC输入继电器	输出设备	PLC输出继电器
SB1（启动按钮）	X0	KM1（启动电动机M1）	Y0
SB2（停止按钮）	X1	KM2（启动电动机M2）	Y1

续表

输入口分配		输出口分配	
输入设备	PLC 输入继电器	输出设备	PLC 输出继电器
		KM3（启动电动机 M3）	Y2
		KM4（启动电动机 M4）	Y3
		KM5（启动电动机 M5）	Y4
		KM6（启动电动机 M6）	Y5
		KM7（启动电动机 M7）	Y6
		KM8（启动电动机 M8）	Y7

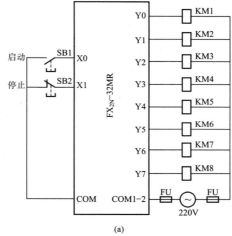

(a)

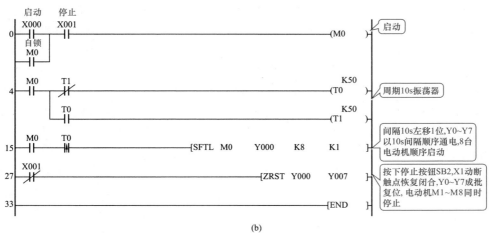

(b)

图 6-76　左移位指令应用实例

（a）PLC 的 I/O 接线图；（b）梯形图

六、数据处理指令

（一）批复位指令 ZRST（FNC40）

批复位指令 ZRST 的助记符、操作数等属性如下。

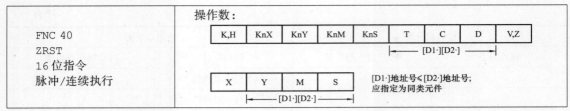

批复位指令 ZRST 如图 6-77 所示，当 X0＝ON 时，位元件 M100～M199 成批复位，字元件 C235～C250 成批复位。

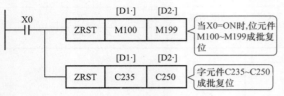

图 6-77　批复位指令 ZRST 说明

注意：［D1·］和［D2·］必须指定为同类元件，并且［D1·］地址号≤［D2·］地址号。当［D1·］地址号＞［D2·］地址号时，只有由［D1·］指定的元件复位。ZRST 指令是处理 16 位的指令，但［D1·］、［D2·］也可指定为 32 位的高速计数器。但是，［D1·］和［D2·］不能一个指定为 16 位，另一个指定为 32 位。

（二）解码指令 DECO（FNC41）

解码指令 DECO 的助记符、操作数等属性如下。

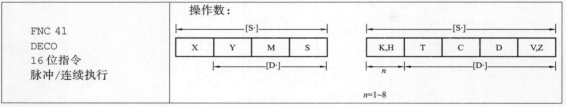

如图 6-78 所示，解码指令 DECO 使用说明如下。

当［D·］是位元件时：以源［S·］为首地址的 n 位连续的位元件所表示的十进制码值为 Q，DECO 指令把以［D·］为首地址目标元件的第 Q 位（不含目标元件位本身）置1，其他位置0。说明如图 6-78（a）所示，源数据 $Q=2^0+2^1=3$，因此从 M10 开始的第 3 位 M13 被置"1"。若源数据 Q 为 0，则第 0 位（即 M10）为 1。

$n=0$ 时，程序不执行；$n=0～8$ 以外的数时，出现运算错误。$n=8$ 时，［D·］位数为 $2^8=256$。驱动输入为 OFF 时，不执行指令，上次编码输出保持不变。

若指令是连续执行型，则在各个扫描周期都执行，必须注意。

当［D·］是字元件时：以源［S·］所指定字元件的低 n 位所表示的十进制码为 Q，DECO 指令把以［D·］所指定目标字元件的第 Q 位（不含最低位）置1，其他位置0。说明如图 6-78（b）所示，源数据 $Q=2^0+2^1=3$，因此 D1 的第 3 位为 1。当源数据为 0 时，第 0 位为 1。

$n=0$ 时，程序不执行；$n=0～4$ 以外时，出现运算错误。$n=4$ 时，［D·］位数为 $2^4=16$。驱动输入为 OFF 时，不执行指令，上次编码输出保持不变。若指令是连续执行型，则在各个扫描周期都会执行，必须注意。

解码指令应用举例

DECO 指令应用如图 6-79 所示，根据 D0 所存储的数值，将 M 组合元件的同一地址号接通。在 D0 中存储 0～15 的数值。取 $n=K4$，则与 D0（0～15）的数值对应，M0～M15 有

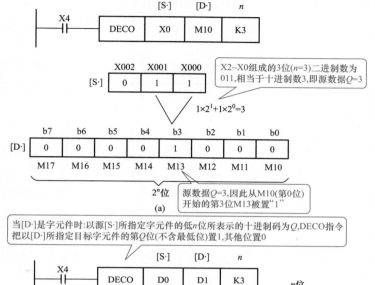

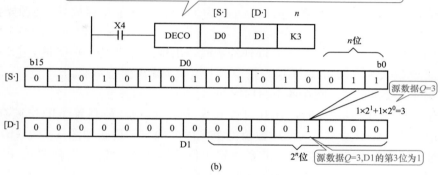

图 6-78 解码指令使用说明

（a）[D·] 是位元件时使用说明；（b）[D·] 是字元件时使用说明

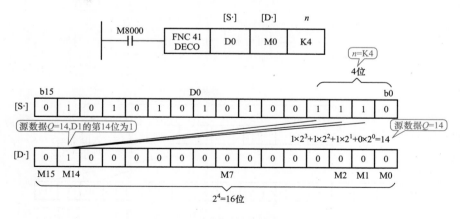

图 6-79 解码指令应用举例

相应 1 点接通。

n 在 K1～K8 间变化，则可以与 0～255 的数值对应。但是为此解码所需的目标的软元

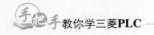

件范围被占用，务必要注意，不要与其他控制重复使用。

（三）编码指令 ENCO（FNC42）

编码指令 ENCO 的助记符、操作数等属性如下。

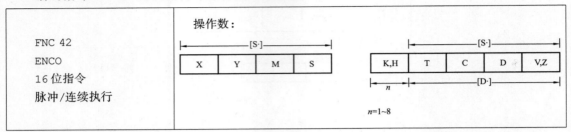

编码指令使用说明如下。

（1）当 [S·] 是位元件时：以源 [S·] 为首地址、长度为 2^n 的位元件中，最高置 1 的位置被存放到目标 [D·] 所指定的元件中去，[D·] 中数值的范围由 n 确定。说明如图 6-80（a）所示，源元件的长度为 $2^n=2^3=8$ 位，M10～M17，其最高置 1 位是 M13 即第 3 位。将"3"位置数（二进制）存放到 D10 的低 3 位中。

若源操作数的第一个（即第 0 位）位元件为 1，则 [D·] 中存放 0。当源操作数中无 1 时，出现运算错误。

$n=0$ 时，程序不执行；$n=1～8$ 以外的数时，出现运算错误。$n=8$ 时，[S·] 位数为 $2^8=256$。驱动输入为 OFF 时，不执行指令，上次编码输出保持不变。

若指令是连续执行型，则在各个扫描周期都执行，必须注意。

（2）当 [S·] 是字元件时：在其可读长度为 2^n 位中，最高置 1 的位被存放到目标 [D·] 所指定的元件中去，[D·] 中数值的范围由 n 确定。说明如图 6-80（b）所示，源字元件的可读长度为 $2^n=2^3=8$ 位，其最高置 1 位是第 3 位。将"3"位置数（二进制）存放到 D1 的低 3 位中。

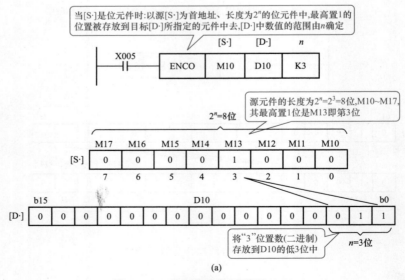

(a)

图 6-80　编码指令使用说明（一）

(a) [S·] 是位元件时使用说明

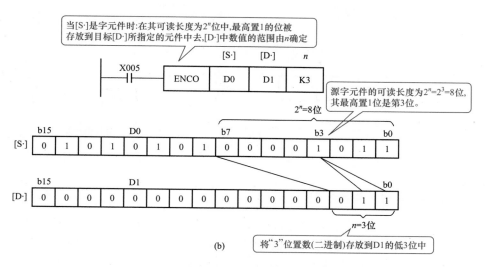

图 6-80　编码指令使用说明（二）

（b）[S·]是字元件时使用说明

若源数的第一个位元件（即第 0 位）为 1，则[D·]中存放 0。当源数中无 1 时，出现运算错误。

$n=0$ 时，程序不执行；$n=1\sim4$ 以外的数时，出现运算错误。$n=4$ 时，[S·]位数为 $2^n=2^4=16$。

驱动输入为 OFF 时，不执行指令，上次编码输出保持不变。同样，若指令是连续执行型，则在各个扫描周期都执行，必须注意。

（四）平均值指令 MEAN（FNC45）

平均值指令 MEAN 的助记符、操作数等属性如下。

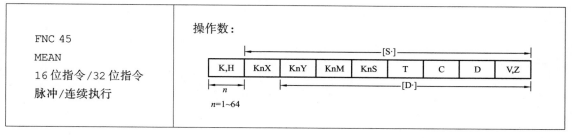

平均值指令 MEAN 使用说明如图 6-81 所示。

平均值指令 MEAN 是将 n 个源数据的平均值（用 n 除代数和）存到目标元件中，余数舍去。若指定的"n"值超出 $1\sim64$ 的范围，则出错。

七、交替输出指令 ALT（FNC66）

交替输出指令 ALT 的助记符、操作数等属性如下。

交替输出指令 ALT 是实现交替输出的指令，该指令只有目标元件，其使用说明如图 6-82 所示，X0 每次由 OFF 变为 ON 时，M10 就翻转一次。如果使用连续执行方式，则每个扫描周期都要翻转一次，这点要注意。

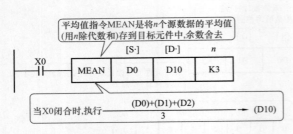

图 6-81 平均值指令 MEAN 说明

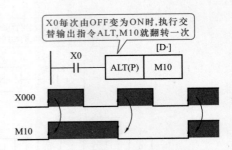

图 6-82 交替输出指令 ALT 说明

交替输出指令 ALT 应用举例

利用交替输出指令 ALT 实现一个按钮 SB1 控制一盏黄灯和一盏红灯的交替亮灭。

I/O 点分配见表 6-11。根据 I/O 信号的对应关系，黄灯和红灯交替亮灭控制梯形图如图 6-83 所示。黄灯和红灯交替亮灭的程序图解如图 6-84、图 6-85 所示。

表 6-11   I/O 设备及 I/O 点分配

输入口分配		输出口分配	
输入设备	PLC 输入继电器	输出设备	PLC 输出继电器
SB1（启动按钮）	X1	黄灯	Y0
		红灯	Y1

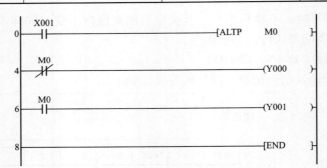

图 6-83 黄灯和红灯交替亮灭控制梯形图

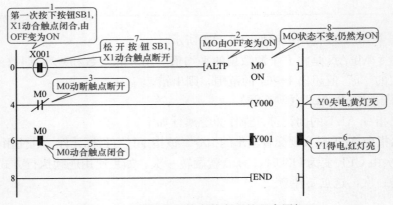

图 6-84 黄灯和红灯交替亮灭的程序图解 1

206

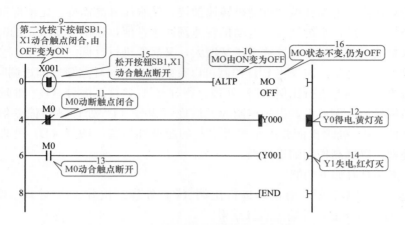

图 6-85 黄灯和红灯交替亮灭的程序图解 2

八、PID 运算指令 PID（FNC88）

（1）PID 运算指令功能。

PID 控制称为比例微分积分控制，是一种闭环控制。当 FX 系列 PLC 用于温度、压力、流量等模拟量控制时，可以在配置模拟量输入、模拟量输出等特殊功能模块的基础上，通过 PLC 的 PID 运算指令实现模拟量控制系统的闭环 PID 调节功能。如图 6-86 所示恒压供水系统的 PID 控制。电动机驱动水泵将水抽入水池，压力传感器用于检测管网中的水压，压力传感器将水压大小转换为相应的电信号，并反馈到比较器与给定水压信号进行比较，得到偏差信号 ΔP＝给定水压信号－反馈水压信号。

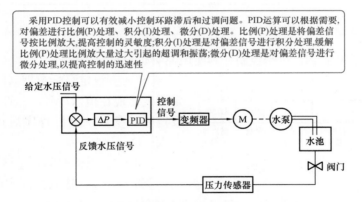

图 6-86 恒压供水系统的 PID 控制

当 $\Delta P > 0$ 时，表明实测水压小于给定值，偏差信号经 PID 运算得到控制信号，控制变频器的输出频率上升，水泵电动机的转速升高，水压升高。

当 $\Delta P < 0$ 时，表明实测水压大于给定值，偏差信号经 PID 运算得到控制信号，控制变频器的输出频率下降，水泵电动机的转速降低，水压降低。

当 $\Delta P = 0$ 时，表明实测水压等于给定值，偏差信号经 PID 运算得到控制信号，控制变频器的输出频率不变，水泵电动机的转速不变，水压不变。

由于控制回路的滞后性，水压值总与给定值有偏差。当用水量增多导致水压降低时，从压力传感器检测到水压下降到控制电动机转速加快，使水压升高需要一定的时间。通过提高电动机转速恢复水压后，系统又要将电动机转速调回正常值，这也需要一定的时间，在这段回调时间内水泵抽水量会偏多，导致水压又增大，又需要进行反调。结果水压会在给定值上下波动，导致水压不稳定。而采用PID控制可以有效减小控制环路滞后和过调问题。PID运算可以根据需要，对偏差进行比例（P）处理、积分（I）处理、微分（D）处理。比例（P）处理是将偏差信号按比例放大，提高控制的灵敏度；积分（I）处理是对偏差信号进行积分处理，缓解比例（P）处理比例放大量过大引起的超调和振荡；微分（D）处理是对偏差信号进行微分处理，以提高控制的迅速性。

PID运算指令具有如下功能。

1) PID运算：根据需要，对偏差进行比例（P）处理、积分（I）处理、微分（D）处理，实现PID调节器功能，并输出运算结果。

2) 偏差计算：可以自动计算给定值与反馈值之间的偏差，实现闭环控制功能。

3) 报警输出：对测量反馈输入与PID调节器输出的变化率进行监控，并输出相应的报警。

4) 输出限制：可以通过上/下极限设定，将PID调节器的输出限制在规定的范围。

5) 自动调谐：可以根据要求，自动设定PID调节器的参数。

（2）PID运算指令说明。

PID运算指令的助记符、操作数等属性如下。

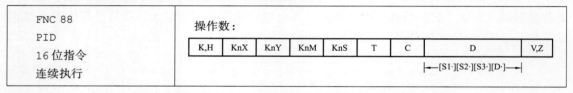

FNC 88 PID 16位指令 连续执行	操作数：								
	K,H	KnX	KnY	KnM	KnS	T	C	D	V,Z

PID运算指令用于PID过程控制，其使用说明如图6-87所示。

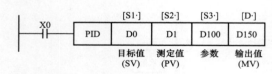

图6-87 PID指令应用说明

［S1·］设定目标数据（SV），［S2·］设定测定的现在值（PV），［S3·］～［S3·］+6设定控制参数，执行程序后运算结果（MV）存入［D·］中。

［S3·］：采样时间，［S3·］+1：动作方向，［S3·］+2：输入滤波常数，［S3·］+3：比例增益，［S3·］+4：积分时间，［S3·］+5：微分增益，［S3·］+6：微分时间。

［S3·］+1参数为PID调节方向设定，一般说来大多情况下PID调节为反方向，即测量值减少时应使PID调节的输出增加。正方向调节用得较少，即测量值减少时就使PID调节的输出值减少。［S3·］+3～［S3·］+6是涉及PID调节中比例、积分、微分调节强弱的参数，是PID调节的关键参数。这些参数的设定直接影响系统的快速性及稳定性。一般在系统调试中，对系统测定后调节至合适值。

九、触点比较指令

触点比较指令是使用LD、AND、OR与关系运算符组合而成的，通过对两个数值的关系运算来实现触点接通和断开，总共有18个，如表6-12所示。

FNC NO.	指令记号	导通条件	FNC NO.	指令记号	导通条件
224	LD＝	S1＝S2 导通	236	AND＜＞	S1≠S2 导通
225	LD＞	S1＞S2 导通	237	AND≤	S1≤S2 导通
226	LD＜	S1＜S2 导通	238	AND≥	S1≥S2 导通
228	LD＜＞	S1≠S2 导通	240	OR＝	S1＝S2 导通
229	LD≤	S1≤S2 导通	241	OR＞	S1＞S2 导通
230	LD≥	S1≥S2 导通	242	OR＜	S1＜S2 导通
232	AND＝	S1＝S2 导通	244	OR＜＞	S1≠S2 导通
233	AND＞	S1＞S2 导通	245	OR≤	S1≤S2 导通
234	AND＜	S1＜S2 导通	246	OR≥	S1≥S2 导通

表 6-12　　　　　　　　　触 点 比 较 指 令

（1）触点比较指令 LD。

触点比较指令 LD 的助记符、操作数等属性如下。

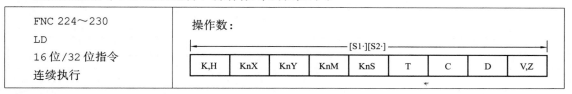

LD 是连接到母线的触点比较指令，它又可以分为 LD＝、LD＞、LD＜、LD＜＞、LD≥、LD≤6 个指令，其编程举例如图 6-88 所示。

LD 触点比较指令的最高位为符号位，最高位为"1"则作为负数处理。C200 及以后的计数器的触点比较，都必须使用 32 位指令，若指定为 16 位指令，则程序会出错。以下的触点比较指令与此相同。

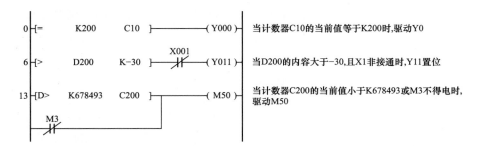

图 6-88　触点比较指令 LD 应用说明

（2）触点比较指令 AND。

触点比较指令 AND 的助记符、操作数等属性如下：

FNC 232～238 AND 16 位/32 位指令 连续执行	操作数： [S1·][S2·]							
	K,H	KnX	KnY	KnM	KnS	T	C	D	V,Z

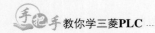

AND 是比较触点做串联连接的指令，它又可以分为 AND＝、AND＞、AND＜、AND＜＞、AND≥、AND≤6 个指令，其编程举例如图 6-89 所示。

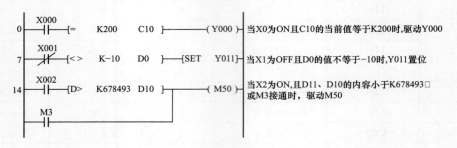

图 6-89　触点比较指令 AND 应用说明

（3）触点比较指令 OR。

触点比较指令 OR 的助记符、操作数等属性如下。

FNC 240～246 OR 16 位/32 位指令 连续执行	操作数：							
			[S1·][S2·]					
	K,H	KnX	KnY	KnM	KnS	T	C	D	V,Z

OR 是比较触点做并联连接的指令，它又可以分为 OR＝、OR＞、OR＜、OR＜＞、OR≥、OR≤6 个指令，其编程举例如图 6-90 所示。

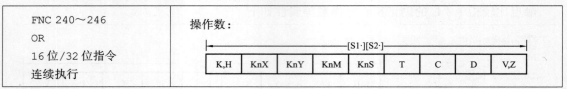

图 6-90　触点比较指令 OR 应用说明

第七章
图解模拟量处理模块

可编程控制器广泛应用于工业自动化中。随着生产技术水平的不断提高，在实际的控制系统里，除了要控制开关量外，还有很多模拟量需要控制，如：温度、流量、速度、压力、张力等，FX 系列 PLC 常用的模拟量控制设备有模拟量扩展板（FX_{1N} - 2AD - BD、FX_{1N} - 1DA - BD）、普通模拟量输入模块（FX_{2N} - 2AD、FX_{2N} - 4AD、FX_{2NC} - 4AD、FX_{2N} - 8AD）、模拟量输出模块（FX_{2N} - 2DA、FX_{2N} - 4DA、FX_{2NC} - 4DA）、模拟量输入输出混合模块（FX_{0N} - 3A）、温度传感器用输入模块（FX_{2N} - 4AD - PT、FX_{2N} - 4AD - TC、FX_{2N} - 8AD）、温度调节模块（FX_{2N} - 2LC）等。

第一节　模拟量输入／输出混合模块 FX_{0N} - 3A

一、FX_{0N} - 3A 的特性及规格

（一）FX_{0N} - 3A 特点

FX_{0N} - 3A 是一种经济、实用的模拟量模块，它可以与 FX_{0N}、FX_{1N}、FX_{2N} 等系列的可编程控制器相连接，具有以下特点。

（1）配备有 2 路模拟量输入和 1 路模拟量输出。

（2）根据接线方法，模拟量输入可在电压输入或电流输入中进行选择。当采用电压输入时，输入为 DC 0～10V、DC 0～5V，当采用电流输入时，输入为 DC 4～20mA，但两路要均为同一特性。

（3）模拟量输出可以为电压输出 DC 0～10V、DC 0～5V，也可以为电流输出 DC 4～20mA。

（4）分辨率精度为 8 位。

（5）使用 FROM/TO 指令与可编程控制器进行数据传输。

（二）规格

图 7 - 1 和图 7 - 2 分别是 FX_{0N} - 3A 的外部尺寸及应用接线。

在应用 FX_{0N} - 3A 模拟量输入时，不能将一个通道作为电压输入，而另一个通道作为电流输入，两个通道一定要为同一特性，即要么为电压输入，要么为电流输入，而且对于电流输入，要短接 V_{IN} 和 I_{IN} 两个端子。但对于电流输出，无需短接 V_{OUT} 和 I_{OUT} 端子。

另外，当电压输入、输出存在波动或有大量噪声时，在位置*2 处连接一个 0.1～0.47μF 的 25V 电容。

（三）使用指标

1. 模拟量输入

模拟量输入使用指标如表 7 - 1 所示。

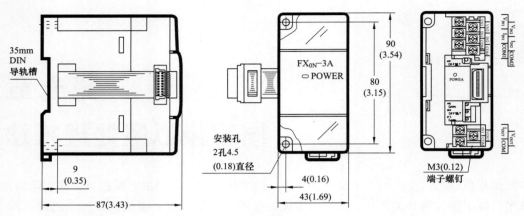

图 7-1 外部尺寸 [单位：mm（in）]

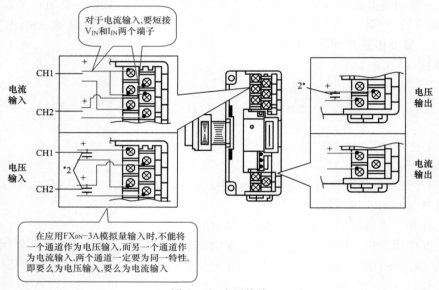

对于电流输入,要短接V_{IN}和I_{IN}两个端子

电流输入

电压输入

电压输出

电流输出

在应用FX_{0N}-3A模拟量输入时,不能将一个通道作为电压输入,而另一个通道作为电流输入,两个通道一定要为同一特性,即要么为电压输入,要么为电流输入

图 7-2 应用接线

表 7-1 模拟量输入使用指标

项目	电压输入	电流输入
模拟输入范围	DC 0～10V、DC 0～5V，输入阻抗为 200kΩ。绝对最大输入：－0.5V，＋15V	DC 4～20mA，输入阻抗为 250Ω。绝对最大输入：－2mA，＋60mA
输入特性	不可以混合使用电压输入和电流输入。输入特性为 2 路通道均为同一特性	
位数	8 位（数字值在 255 以上的，固定为 255）	
分辨率	0～10V：40mV（10V/250） 0～5V：20mV（5V/250）	4～20mA：64μA（20－4）/250
综合精度	±1%（满量程）	
扫描执行时间	（TO 命令处理时间×2）＋FROM 命令处理时间	
A/D 转换时间	100μs	

2. 模拟量输出

模拟量输出使用指标如表 7-2 所示。

表 7-2 模拟量输出使用指标

项目	电压输出	电流输出
模拟输出范围	DC 0~10V、DC 0~5V，负载阻抗为 1kΩ~1MΩ	DC 4~20mA，负载阻抗为 500Ω 以下
位数	8 位	
分辨率	0~10V：40mV（10V/250） 0~5V：20mV（5V/250）	4~20mA：64μA（20-4）/250
综合精度	±1%（满量程）	
扫描执行时间	TO 命令处理时间×3	

二、FX$_{0N}$-3A 的应用

（一）FROM/TO 指令

FX$_{0N}$-3A 是一种模拟量输入输出模块，它应用时作为特殊功能模块与可编程控制器相连接。这时就需要使用应用指令 FROM/TO 与可编程控制器进行数据传输。

1. 读特殊功能模块（FROM 指令）

读特殊功能模块指令 FROM 的助记符、操作数等属性如下。

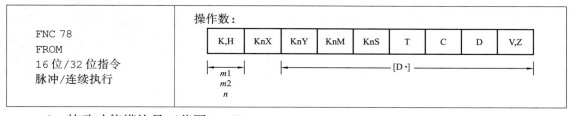

m1：特殊功能模块号（范围 0~7）

特殊功能模块应用时是连接在可编程控制器右边的扩展总线上的。不同系列的可编程控制器可以连接的特殊功能模块的数量是不一样的，这时从最靠近可编程控制器那个模块开始，按 NO.0→NO.1→NO.2…的顺序编号，如图 7-3 所示。

m2：缓冲存储器（BFM）号（范围 0~31）

特殊功能模块内有 32 点 16 位 RAM 存储器，这叫做缓冲存储器，其内容根据各模块的控制目的而决定。缓冲存储器的编号为♯0～♯31。在 32 位指令中，指定的 BFM 为低 16 位，在此之后的 BFM 为高 16 位。

n：传送点数，用 n 指定传送的字点数。

FROM 指令的使用说明如图 7-4 所示：

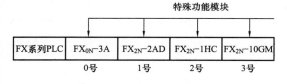

图 7-3 特殊功能模块号

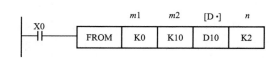

图 7-4 FROM 指令的说明

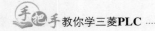

当 X0＝OFF 时，FROM 指令不执行。

当 X0＝ON 时，将 0 号特殊功能模块内 10 号缓冲存储器（BFM♯10）开始的 2 个数据读到可编程控制器中，并存入以 D10 开始的寄存器中。表示如下：

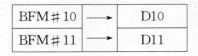

2. 写特殊功能模块（TO 指令）

写特殊功能模块指令 TO 的助记符、操作数等属性如下。

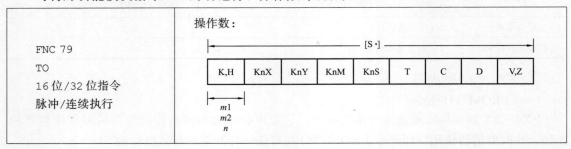

其中 $m1$、$m2$ 和 n 的说明与 FROM 指令相同。TO 指令的使用说明如图 7-5 所示：

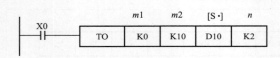

图 7-5　TO 指令的使用说明

当 X0＝OFF 时，TO 指令不执行。

当 X0＝ON 时，将可编程控制器中以 D10 开始的 2 个数据写入 0 号特殊功能模块内以 10 号缓冲存储器（BFM♯10）开始的 2 个缓冲存储器中。表示如下。

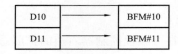

（二）缓冲存储器（BFM）的分配

表 7-3 是 FX_{0N}-3A 模拟量模块内各缓冲存储器的分配及作用。

表 7-3　　　　　　　　　　　　**缓 冲 存 储 器 的 分 配**

BFM 编号	b15～b8	b7	b6	b5	b4	b3	b2	b1	b0
♯0	保留	A/D 通道输入数据的当前值（8 位）							
♯16		D/A 通道输出数据的当前值（8 位）							
♯17	保留						D/A 转换	A/D 转换	A/D 通道
♯1～5，♯18～31	保留								

举例说明：缓冲存储器 BFM♯17，b0＝0，选择模拟量输入通道 1；b0＝1，选择模拟量输入通道 2；b1＝0→1，启动 A/D 转换；b2＝1→0，启动 D/A 转换。

（三）模拟量输入、输出的应用

在应用 FX_{0N}-3A 模拟量模块时，要遵循它的接线方法，特别是输入两路一定要均为同一特性。有关的应用接线如前面所讲的。

1. 模拟量输入的应用

当可编程控制器只连接一个 $FX_{0N}-3A$ 模块时，那么 $FX_{0N}-3A$ 的编号就为 0 号特殊功能模块。

0 号特殊功能模块

当 $FX_{0N}-3A$ 采样到的模拟量转换成数字量后，存放在 $FX_{0N}-3A$ 内部 0 号缓冲存储器（BFM#0）的低 8 位中，可编程控制器要读取转换后的数字量，可以用如图 7-6 所示的程序来完成（使用模拟量输入通道 1）。

其中，第一条 TO 指令把 H00（十六进制数据）写入 0 号特殊功能模块内的 17 号缓冲存储器（BFM#17）中，这时 BFM#17 中 b0=0，选择了模拟量输入通道 1；第二条 TO 指令把 H02（十六进制数据）写入 0 号特殊功能模块内的 17 号缓冲存储器（BFM#17）中，这时 BFM#17 中 b1=0→1，启动 A/D 转换，并把转换后

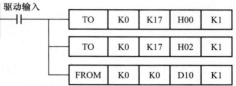

图 7-6 模拟量输入的应用
（使用模拟量输入通道 1）

的数字量存放在 0 号缓冲存储器（BFM#0）的低 8 位中；FROM 指令将 0 号特殊功能模块内的 0 号缓冲存储器（BFM#0）中的数据（转换后的数字量）读到可编程控制器中，并存放在 D10 寄存器中。

当使用模拟量输入通道 2 时，程序如图 7-7 所示，读者可自行分析。

2. 模拟量输出的应用

可编程控制器要把数字量转换成模拟量输出，首先要把数字量存放在 $FX_{0N}-3A$ 内部 16 号缓冲存储器（BFM#16）的低 8 位中。实现模拟量输出的相关程序如图 7-8 所示：假设 D20 存放要转换的数字量。其中，第一条 TO 指令把 D20 中的数据写入 0 号特殊功能模块内的 16 号缓冲存储器（BFM#16）中，准备实现 D/A 转换；第二、三条 TO 指令分别把 H04、H00（十六进制数据）写入 0 号特殊功能模块内的 17 号缓冲存储器（BFM#17）中，这时 BFM#17 中 b2=1→0，启动 D/A 转换，把 16 号缓冲存储器（BFM#16）中存放的数字量转换成模拟量输出。

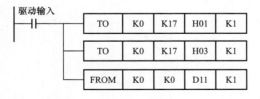

图 7-7 模拟量输入的应用
（使用模拟量输入通道 2）

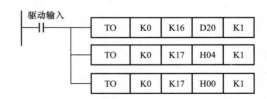

图 7-8 模拟量输出的应用

以上简单介绍了 $FX_{0N}-3A$ 模拟量模块的典型范例，在实际的应用中，用户还要根据具体情况来编写 A/D、D/A 的转换程序。

（四）偏置和增益的调整

FX$_{0N}$-3A 装运出厂时，对于 DC 0～10V 的输入和输出，偏置值和增益值调整到数字值为 0～250。当 FX$_{0N}$-3A 用作 DC 0～5V 或 DC 4～20mA 输入和输出时，或根据现场设定的输入输出进行设置时，就有必要进行偏置值和增益值的再调整。

FX$_{0N}$-3A 面板下有 A/D OFFSET（A/D 偏置）、A/D GAIN（A/D 增益）、D/A OFFSET（D/A 偏置）、D/A GAIN（D/A 增益）4 个旋钮，用于进行偏置和增益的调整。

1. 输入调整

输入偏置值和增益值的调整是对实际的模拟输入量设定一个数字值，这时使用电压发生器和电流发生器来完成，如图 7-9 所示。

调整程序如图 7-10 所示。

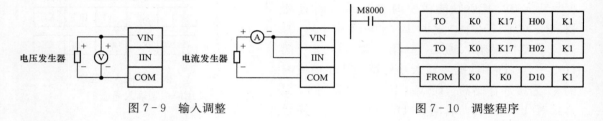

图 7-9　输入调整　　　　　　　　　　　　图 7-10　调整程序

（1）增益值调整。

电压发生器和电流发生器分别产生 DC 10V 或 DC 5V 和 20mA 的模拟信号，输入到 FX$_{0N}$-3A。运行调整程序，旋动 A/D GAIN 旋钮（顺时针增大，逆时针减少），使到 D10 的值为 250。

（2）偏置值调整。

电压发生器和电流发生器分别产生 DC 0.040V 或 DC 0.020V 和 4.064mA 的模拟信号，输入到 FX$_{0N}$-3A。运行调整程序，旋动 A/D OFFSET 旋钮（顺时针增大，逆时针减少），使到 D10 的值为 1。

（3）输入特性。

输入特性如图 7-11 所示，对于通道 1 和通道 2 的增益值和偏置值的调整是同时完成的，当调整了一个通道的增益值/偏置值时，另一个通道的值也会自动调整。

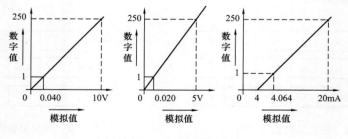

图 7-11　输入特性

2. 输出调整

输出偏置值和增益值的调整是对数字值设置实际的模拟输出量，这时使用电压计和安培计来完成，如图 7-12 所示。

1）增益值调整，调整程序如图7-13所示。

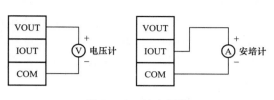

图7-12 输出调整

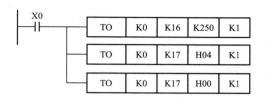

图7-13 增益值调整程序

运行调整程序，旋动D/A GAIN旋钮（顺时针增大，逆时针减少），使电压计的值和安培计的值分别为DC 10V或DC 5V和20mA。

2）偏置值调整，调整程序如图7-14所示。

运行调整程序，旋动D/A OFFSET旋钮（顺时针增大，逆时针减少），使电压计的值和安培计的值分别为DC 0.040V或DC 0.020V和4.064mA。

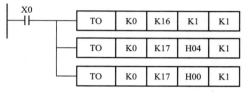

图7-14 偏置值调整程序

3）输出特性如图7-15所示。

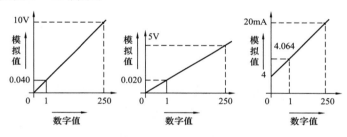

图7-15 输出特性

输入和输出调整是为了在不同的应用场合进行的，用户可以根据自身的需要进行偏置值和增益值的再调整。

另外，在输入调整时，可以用FX_{0N}-3A自身的D/A通道代替电压发生器和电流发生器。但是，这时应先进行输出调整，后进行输入调整，如图7-16所示。

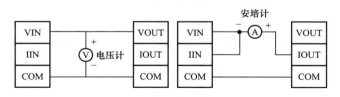

图7-16 D/A通道代替电压发生器和电流发生器

第二节　温度A/D输入模块

温度A/D模块的功能是把现场的模拟温度信号转换成相应的数字信号传送给CPU。FX_{2N}有两类温度A/D输入模块，一种是热电偶传感器输入型；另一种是铂温度传感器输入

型，但两类模块的基本原理相同。下面详细介绍 FX$_{2N}$-4AD-PT 模块。

一、FX$_{2N}$-4AD-PT 概述

FX$_{2N}$-4AD-PT 模拟特殊模块将来自 4 个铂温度传感器（PT100，3 线，100Ω）的输入信号放大，并将数据转换成 12 位的可读数据，存储在主处理单元（MPU）中，摄氏度和华氏度数据都可读取。它与 PLC 之间通过缓冲存储器交换数据，数据的读出和写入通过 FROM/TO 指令来进行。FX$_{2N}$-4AD-PT 的技术指标如表 7-4 所示。

表 7-4 　　　　　　　　　　　　**FX$_{2N}$-4AD-PT 的技术指标**

项目	摄氏度℃	华氏度℉
模拟量输入信号	铂温度 PT100 传感器（100Ω），3 线，4 通道	
传感器电流	PT100 传感器 100Ω 时 1mA	
补偿范围	−100～＋600℃	−148～＋1112℉
数字输出	−1000～＋6000	−1480～＋11120
	12 转换（11 个数据位＋1 个符号位）	
最小分辨率	0.2～0.3℃	0.36～0.54℉
整体精度	满量程的±1%	
转换速度	15ms	
电源	主单元提供 5V/30mA 直流，外部提供 24V/50mA 直流	
占用 I/O 点数	占用 8 个点，可分配为输入或输出	
适用 PLC	FX$_{1N}$，FX$_{2N}$，FX$_{2NC}$	

二、FX$_{2N}$-4AD-PT 的接线

（1）接线图。FX$_{2N}$-4AD-PT 的接线如图 7-17 所示。

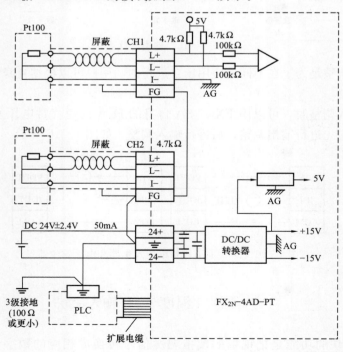

图 7-17　FX$_{2N}$-4AD-PT 的接线图

（2）注意事项。

1）FX$_{2N}$-4AD-PT 应使用 PT100 传感器的电缆或双绞屏蔽电缆作为模拟输入电缆，并且和电源线或其他可能产生电气干扰的电线隔开。

2）可以采用压降补偿的方式来提高传感器的精度。如果存在电气干扰，将电缆屏蔽层与外壳地线端子（FG）连接到 FX$_{2N}$-4AD-PT 的接地端和主单元的接地端。如可行的话，可在主单元使用 3 级接地。

3）FX$_{2N}$-4AD-PT 可以使用可编程控制器的外部或内部的 24V 电源。

三、缓冲存储器（BFM）的分配

FX$_{2N}$-4AD-PT 的 BFM 分配如表 7-5 所示。

表 7-5　　　　　　　　　　　　　FX$_{2N}$-4AD-PT 的 BFM 分配

BFM	内　容	说　明
*#1～#4	CH1～CH4 的平均温度值的采样次数（1～4096），默认值=8	1. 平均温度的采样次数被分配给 BFM #1～#4。只有 1～4096 的范围是有效的，溢出的值将被忽略，默认值为 8； 2. 最近转换的一些可读值被平均后，给出一个平均后的可读值。平均数据保存在 BFM 的 #5～#8 和 #13～#16 中； 3. BFM #9～#12 和 #17～#20 保存输入数据的当前值。这个数值以 0.1℃ 或 0.1℉ 为单位，不过可用的分辨率为 0.2～0.3℃ 或者 0.36～0.54℉
*#5～#8	CH1～CH4 在 0.1℃ 单位下的平均温度	
*#9～#12	CH1～CH4 在 0.1℃ 单位下的当前温度	
*#13～#16	CH1～CH4 在 0.1℉ 单位下的平均温度	
*#17～#20	CH1～CH4 在 0.1℉ 单位下的当前温度	
*#21～#27	保留	
*#28	数字范围错误锁存	
#29	错误状态	
#30	识别号 K2040	
#31	保留	

第三节　FX$_{2N}$-2DA 输出模块

D/A 输出模块的功能是把 PLC 的数字量转换为相应的电压或电流模拟量，以便控制现场设备。FX$_{2N}$ 常用的 D/A 输出模块有 FX$_{2N}$-2DA 和 FX$_{2N}$-4DA 两种，下面仅介绍 FX$_{2N}$-2DA 模块。

一、FX$_{2N}$-2DA 的概述

FX$_{2N}$-2DA 模拟输出模块用于将 12 位的数字量转换成 2 路模拟信号输出（电压输出和电流输出）。根据接线方式的不同，模拟输出可在电压输出和电流输出中进行选择，也可以是一个通道为电压输出，另一个通道为电流输出。PLC 可使用 FROM/TO 指令与它进行数据传输，其技术指标如表 7-6 所示。

表 7-6　　　　　　　　　　　　　FX$_{2N}$-2DA 的技术指标

项目	输出电压	输出电流
模拟量输出范围	0～10V 直流，0～5V 直流	4～20mA
数字输出	12 位	

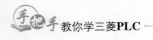
项目	输出电压	输出电流
分辨率	2.5mV（10V/4000） 1.25mV（5V/4000）	4mA（20mA/4000）
总体精度	满量程1%	
转换速度	4ms/通道	
电源规格	主单元提供5V/30mA和24V/85mA	
占用I/O点数	占用8个I/O点，可分配为输入或输出	
适用的PLC	FX$_{1N}$，FX$_{2N}$，FX$_{2NC}$	

二、FX$_{2N}$-2DA 的接线

FX$_{2N}$-2DA 的接线如图 7-18 所示。

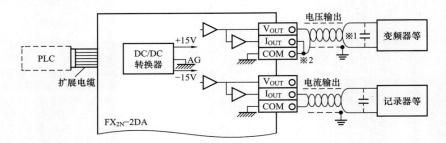

※1 当电压输出存在波动或有大量噪声时，在图中位置处连接 0.1～0.47μF25V（DC）的电容。

※2 对于电压输出，须将 I$_{OUT}$ 和 COM 进行短路。

图 7-18　FX$_{2N}$-2DA 的接线图

三、缓冲存储器（BFM）分配

FX$_{2N}$-2DA 的缓冲存储器分配如表 7-7 所示。

表 7-7　　　　　　　　　　　　　**FX$_{2N}$-2DA 的 BFM 分配**

BFM 编号	b15 到 b8	b7 到 b3	b2	b1	b0
♯0 到 ♯15	保留				
♯16	保留	输出数据的当前值（8 位数据）			
♯17	保留		D/A 低 8 位 数据保持	通道 1 的 D/A 转换开始	通道 2 的 D/A 转换开始
♯18 或更大	保留				

　　BFM♯16：存放由 BFM♯17（数字值）指定通道的 D/A 转换数据。D/A 数据以二进制形式出现，并以低 8 位和高 4 位两部分顺序进行存放和转换。

　　BFM♯17：b0：通过将 1 变成 0，通道 2 的 D/A 转换开始；b1：通过将 1 变成 0，通道 1 的 D/A 转换开始；b2：通过将 1 变成 0，D/A 转换的低 8 位数据保持。

第八章

图解PLC、变频器、触摸屏的应用实例

第一节　图解 PLC 应用开发的步骤

PLC 控制系统的应用开发包含两个主要内容：硬件配制及软件设计。从开发步骤来说，如图 8-1 所示，它可分以下几步。

一、控制功能调查

首先对被控对象的工艺过程、工作特点、功能和特性进行认真分析，明确控制任务和设计要求，制定出翔实的工作循环图或控制状态流程图。然后，根据生产环境和控制要求确定采用何种控制方式。

二、系统设计及硬件配置

根据被控对象对控制系统的要求，明确 PLC 系统要完成的任务及所应具备的功能。分析系统功能要求的实现方法并提出 PLC 系统的基本规模及布局。在系统配置的基础上提出 PLC 的机型及具体配置。包括 PLC 的型号、单元模块、输入/输出类型和点数，以及相关的附属设备。选择机型时还要考虑软件对 PLC 功能和指令的要求，还要兼顾经济性。具体的步骤如下：

（1）根据工艺要求，确定为可编程控制器提供输入信号的各输入元件的型号和数量，和需要控制的执行元件的型号和数量。

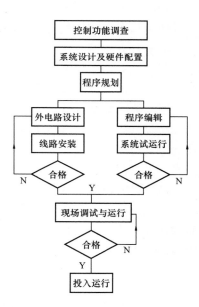

图 8-1　应用开发过程示意图

（2）根据输入元件和输出元件的型号和数量，可以确定可编程控制器的硬件配置，包括输入模块的电压和接线方式，输出模块的输出形式，特殊功能模块的种类。对整体式可编程控制器可以确定基本单元和扩展单元的型号。一般在准确地统计出被控设备对输入/输出点数的需求量后，在实际统计的输入/输出点数基础上加 15%～20%的备用量，以便今后调整和扩充。同时要充分利用好输入输出扩展单元，提高主机的利用率。例如 FX$_{2N}$ 系列 PLC 主机分为 16、24、32、64、80、128 点 6 档可供选择，还有多种输入/输出扩展模块，这样在增加输入/输出点数时，不必改变机型，可以通过扩展模块实现，降低成本。

（3）将系统中的所有输入信号和输出信号集中列表，这个表格叫做"可编程控制器输入输出分配表"，表中列出各个信号的代号，每个代号分配一个编程元件号，这和可编程控制器的接线端子是一一对应的，分配时尽量将同类型的输入信号放在一组，比如输入信号的接

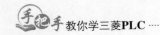

近开关放在一起，按钮类放在一起；输出信号为同一电压等级的放在一组，如接触器类放在一起，信号灯类放在一起。

（4）有了输入输出的分配表，就可以绘制可编程控制器的外部线路图，以及其他的电气控制线路图。设计控制线路除遵循以上步骤外，还要注意对可编程控制器的保护，对输入电源一般要经断路器再送入，为防止电源干扰可以设计 1：1 的隔离变压器或增加电源滤波器；当输入信号源、输出驱动的负载为感性元件时，对于直流电路应在它们两端并联续流二极管，对于交流电路，应在两端并联阻容吸收电路。

三、程序规划

程序规划的主要内容是确定程序的总体结构，各功能块程序之间的接口方法。进行程序规划前先绘出控制系统的工作循环图或状态流程图。工作循环图应反映控制系统的工作方式是自动、半自动还是手动，是单机运行还是多机联网运行，是否需要故障报警功能、联网通信功能、电源及其他紧急情况的处理功能等。

四、程序编辑

程序的编辑过程是程序的具体设计过程。在确定了程序结构前提下，可以使用梯形图也可以使用指令表完成程序。程序设计使用哪种方法要根据需要，运用经验法、状态法、逻辑法，或多种方法综合使用。在编写程序的过程中，需要及时对编出的程序进行注释，以免忘记其相互关系，要随编随注。注释包括程序的功能，逻辑关系说明、设计思想、信号的来源和去向，以便阅读和调试。

五、系统模拟运行

将设计好的程序输入 PLC 后，首先要检查程序，并改正输入时出现的错误，然后，在实验室进行模拟调试。现场的输入信号可用开关钮来模拟，各输出量的状态通过 PLC 上的发光二极管或编程器上的显示判断，一般不接实际负载。

六、现场调试与运行

将调试好的程序传送到现场使用的 PLC 存储器中，连接好 PLC 与输入信号以及驱动负载的接线。当确认连接无误后，就可进行现场调试，并及时解决调试时发现的软件和硬件方面的问题，直到满足工艺流程和系统控制要求。并根据调试的最终结果，整理出完整的技术文件，如电气接线图、功能表图、带注释的梯形图以及必要的文字说明等。

第二节　图解变频器的使用

一、使用变频器的目的及效果

变频器的应用范围很广，凡是使用三相交流异步电动机电气传动的地方都可装置变频器，对设备来讲，使用变频器的目的无非是三个：

1. 对电动机实现节能

使用频率范围为 0～50Hz，具体值与设备类型、工况条件有关。

2. 对电动机实现调速

使用频率为 0～400Hz，具体值按工艺要求而定，受电动机允许最大工作频率的制约。

3. 对电动机实现软启动、软制动

频率的上升或下降，可人为设定时间，实现启、制动平滑无冲击电流或机械冲击。

变频器的使用可节省电能，降低生产成本，减少维修工作量，给实现生产自动化带来方便和好处，应用效果十分明显，对产品质量、产量、合格率都有很大提高。

二、变频器的基本结构

变频器是由主回路和控制回路两大部分组成的。变频器主电路分为交—交和交—直—交两种形式。交—交变频器可将工频交流直接变换成频率、电压均可控制的交流，又称直接式变频器。而交—直—交变频器则是先把工频交流通过整流器变成直流，然后再把直流变换成频率、电压均可控制的交流，又称间接式变频器。目前常用的通用变频器即属于交—直—交变频器，以下简称变频器。

如图 8-2（a）为变频器调速系统的构成图，图 8-2（b）为变频器的电路组成及主要部件的外形图。主回路由整流器（整流模块）、滤波器（滤波电容）和逆变器（大功率晶体管模块）三个主要部件构成。控制回路则由单片机、驱动电路和光电隔离电路构成。

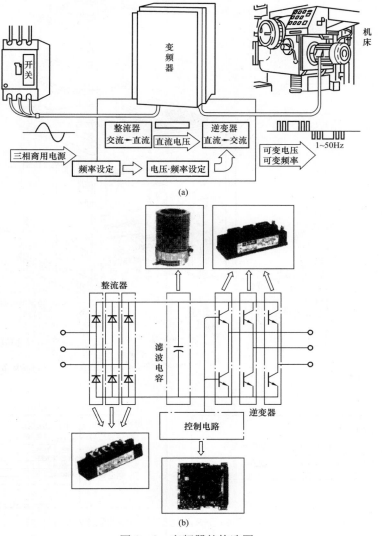

图 8-2　变频器的构造图

（a）变频器调速系统；（b）变频器的电路组成

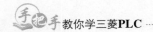

整流器主要是将电网的交流整流成直流；逆变器是通过三相桥式逆变电路将直流转换成任意频率的三相交流；滤波电路又称直流中间电路，由于变频器的负载一般为电动机，属于感性负载，运行中中间直流环节和电动机之间总会有无功功率交换，这种无功功率将由中间环节的储能元件（电容器）来缓冲；控制电路主要是完成对逆变器的开关控制，对整流器的电压控制以及完成各种保护功能。

三、变频器额定参数的选择

三菱 FR－E740 变频器的型号、铭牌及其外形示意图如图 8－3 所示。

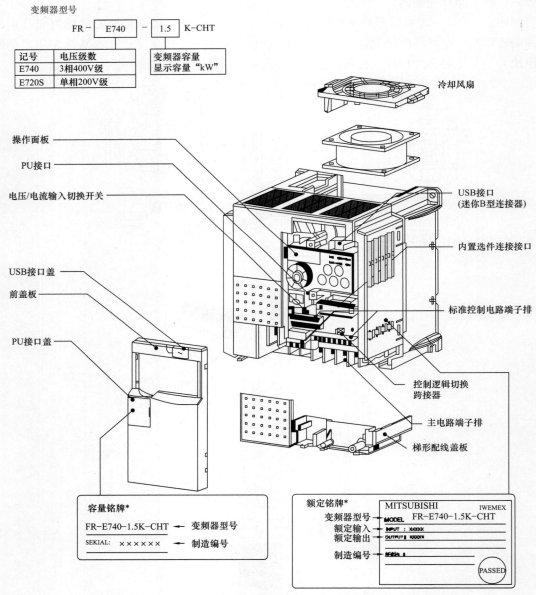

图 8－3　三菱 FR－E740 变频器的型号、铭牌及其外形示意图

1）变频器额定功率 $P_N \geqslant$ 电动机功率 P_D，在一对一的情况下，即一台变频器拖一台电动机。

2）一台变频器拖几台电动机时，则 $P_N \geqslant P_{D1} + P_{D2} + P_{D3} + \cdots$，而且 $P_{D1} = P_{D2} = P_{D3} = \cdots$，而且几台电动机只能同时启动和工作。在基本相同工作环境和工况条件才可以，这样比买多台小功率变频器能节省投资。

3）一台变频器拖几台电动机时，当 $P_{D1} \neq P_{D2} \neq P_{D3} \neq \cdots$，而且功率差别大又不能同时启动，工况也不相同时，不宜采用一台拖几台的方式，这样对变频器不利，变频器要承受 5～7 倍的启动电流，所以选用变频器的功率将会很大，这是既不经济又不合理的，不应该选用。

4）通常变频器额定电流 $I_N = 1.05 I_D$，在一般运行条件下或条件较差时，可选择 $I_N = 1.10 I_D$。

5）变频器额定电压 U_N 等于电动机额定电压 U_D。

6）变频器的频率，对通用的变频器可选用 0～240Hz 或 0～400Hz，对水泵风机专用变频器可选用 0～120Hz。

7）变频器控制方式主要按使用设备性能、工艺要求选择，做到量材使用，既不"大材小用"又不"小材大用"，前者是多花钱而浪费，后者是达不到使用要求。

四、PLC 与变频器的连接

当利用变频器构成自动控制系统进行控制时，许多情况是采用和 PLC 等上位机配合使用。PLC 可提供控制信号（如速度）和指令通断信号（启动、停止、反向）。下面介绍变频器和 PLC 进行配合时所需要注意的有关事项。

1. 开关指令信号的输入

变频器的输入信号中包括对运行/停止、正转/反转、微动等运行状态进行操作的开关型指令信号（数字输入信号）。变频器通常利用继电器接点或具有继电器接点开关特性的元器件（如晶体管）与上位机连接，获取运行状态指令，如图 8-4 所示。

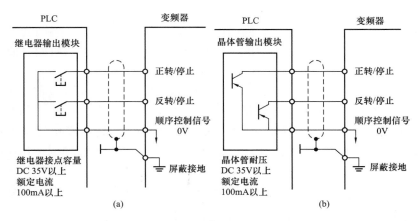

图 8-4 运行信号的连接方式
（a）继电器接点；（b）晶体管

使用继电器接点时，常因接触不良而带来误动作；使用晶体管进行连接时，则需要考虑晶体管本身的电压、电流容量等因素，保证系统的可靠性。

在设计变频器的输入信号电路时还应该注意到，当输入信号电路连接不当时有时也会造成变频器的误动作。例如，当输入信号电路采用继电器等感性负载，继电器开闭时产生的浪涌电流带来的噪声有可能引起变频器的误动作，应尽量避免。

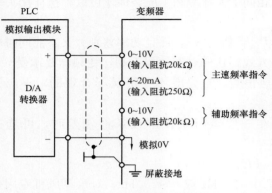

图8-5　PLC与变频器之间的信号连接图

2. 数值信号的输入

变频器中也存在一些数值型（如频率、电压等）指令信号的输入，可分为数字输入和模拟输入两种，数字输入多采用变频器面板上的键盘操作和串行接口来设定。模拟输入则通过接线端子由外部给定，通常是通过 $0 \sim 10V/5V$ 的电压信号或 $4 \sim 20mA$ 的电流信号输入。由于接口电路因输入信号而异，必须根据变频器的输入阻抗选择 PLC 的输出模块。图 8-5 为 PLC 与变频器之间的信号连接图。

当变频器和 PLC 的电压信号范围不同时，例如，变频器的输入信号电压范围为 $0 \sim 10V$ 而 PLC 的输出信号电压范围为 $0 \sim 5V$ 时，或 PLC 一侧的输出信号电压范围为 $0 \sim 10V$ 而变频器的输入信号电压范围为 $0 \sim 5V$ 时，由于变频器和晶体管的容许电压、电流等因素的限制，则需要以串联的方式接入限流电阻及分压电阻，以保证进行开闭时不超过 PLC 和变频器相应部分的容量。此外，在连线时还应该注意将布线分开，保证主电路一侧的噪声不传至控制电路。

通常变频器也通过接线端子向外部输出相应的监测模拟信号，必须注意 PLC 一侧的输入阻抗的大小保证电路中的电压和电流不超过电路的容许值，以保证系统的可靠性和减小误差。此外，由于这些监测系统的组成都互不相同，当有不清楚的地方时最好向厂家咨询。

在使用 PLC 进行顺序控制时，由于 CPU 进行处理时需要时间，总是存在一定时间的延迟。

由于变频器在运行过程中会带来较强的电磁干扰，为了保证 PLC 不因变频器主电路断路器及开关器件等产生的噪声而出现故障，在将变频器和 PLC 等上位机配合使用时还必须注意以下几点。

1）对 PLC 本体按照规定的标准和接地条件进行接地。此时，应避免和变频器使用共同的接地线，并在接地时尽可能使二者分开。

2）当电源条件不太好时，应在 PLC 的电源模块以及输入/输出模块的电源线上接入噪声滤波器和降低噪声用的变压器等。此外，如有必要在变频器一侧也应采取相应措施，如图8-5 所示。

3）当把变频器和 PLC 安装在同一操作柜中时，应尽可能使与变频器有关的电线和与PLC 有关的电线分开。

4）通过使用屏蔽线和双绞线达到提高抗噪声水平的目的。

五、变频器的主电路和控制端子的说明及连接

现在以三菱高性能、多功能的 FR-E740 为例来阐述。该系列变频器的基本接线图如图8-6 所示。

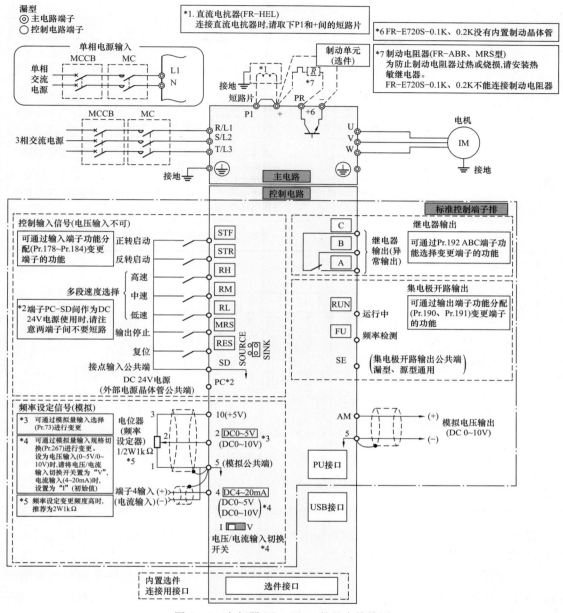

图8-6 变频器FR-E740的基本接线图

1. 主回路端子的说明及接线

（1）主回路端子的说明如表8-1所示。

（2）主回路接线。

变频器的主接线如图8-7所示，其接线说明如下：

1）电源及电动机接线的端子，使用带有绝缘管的端子。

2）电源一定不能接到变频器输出端上（U、V、W），否则将损坏变频器。

3）接线后，零碎线头必须清除干净，零碎线头可能造成异常、失灵和故障，必须始终保持变频器清洁。在控制台上打孔时，注意不要使碎片粉末等进入变频器中。

表 8-1　　　　　　　　　　**主回路端子说明**

端子记号	端子名称	说　明
L1，L2，L3	电源输入	连接工频电源。在使用高功率整流器（FR-HC）以及电源再生共用整流器（FR-CV）时，请不要接其他任何设备
U，V，W	变频器输出	接三相鼠笼型电动机
+，PR	连接制动电阻器	在端子+-PR之间连接选件制动电阻器
+，-	连接制动单元	连接作为选件的制动单元、高功率整流器（FR-HC）及电源再生共用整流器（FR-CV）
+，P1	连接改善功率因数直流电抗器	拆开端子+-P1间的短路片，连接选件改善功率因数用直流电抗器
⏚	接地	变频器外壳接地用，必须接大地

注　单相电源输入时，变成 L1，N 端子。

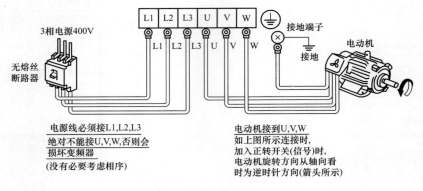

图 8-7　变频器的主接线

4）为使电压下降在 2% 以内，用适当型号的电线接线。

如果变频器与电动机之间的接线间距太长的话，特别是在低频率输出时，可能会因主回路电缆的压降而使电动机输出转矩降低。

5）长距离布线时，由于受到布线的寄生电容充电电流的影响，会使快速响应电流限制功能降低，接于 2 次侧的仪器误动作等而产生故障。因此，连接 1 台或多台电机时，其连接线路总长度应在表 8-2 的值以内。

表 8-2　　　　　　　　　　**最 大 布 线 长 度 说 明**

Pr.72 PWM 频率选择设定值（载波频率）（kVA）		0.1	0.2	0.4	0.75	1.5	2.2	3.7以上
1（1kHz）以下	200V级	200m	200m	300m	500m	500m	500m	500m
	400V级	—	—	200m	200m	300m	500m	500m
2~15（2kHz~14.5kHz）	200V级	30m	100m	200m	300m	500m	500m	500m
	400V级	—	—	30m	100m	200m	300m	500m

6）在端子＋，PR 间，不要连接除建议的制动电阻器选件以外的设备，或绝对不要短路。

7）变频器输入/输出（主回路）包含有谐波成分，可能干扰变频器附近的通信设备（如 AM 收音机）。

8）不要安装电力电容器、浪涌抑制器和无线电噪声滤波器在变频器输出侧，这将导致变频器故障或电容和浪涌抑制器的损坏。

9）运行后，改变接线的操作，必须在电源切断 10min 以上，用万用表检查无电压后进行。断电后一段时间内，电容上仍然有危险的高压电。

2. 控制回路端子说明及接线

（1）控制回路端子说明。控制回路端子说明如表 8－3 所示。

表 8－3　　　　　　　　　　　　　控 制 回 路 端 子 说 明

（1）输入信号				
种类	端子记号	端子名称	端子功能说明		额定规格
接点输入	STF	正转启动	STF 信号 ON 时为正转、OFF 时为停止指令	STF、STR 信号同时 ON 时变成停止指令	输入电阻 4.7kΩ；开路时电压 DC 21～26V；短路时电流 DC 4～6mA
	STR	反转启动	STR 信号 ON 时为反转、OFF 时为停止指令		
	RH、RM、RL	多段速度选择	用 RH、RM 和 RL 信号的组合可以选择多段速度		
	MRS	输出停止	MRS 信号为 ON（20ms 以上）时，变频器输出停止。用电磁制动停止电动机时用于断开变频器的输出		
	RES	复位	复位用于解除保护回路动作时的报警输出。使 RES 信号处于 ON 状态 0.1s 或以上，然后断开。初始设定为始终可进行复位。但进行了 Pr.75 的设定后，仅在变频器报警发生时可进行复位。复位所需时间约为 1s		
	SD	接点输入公共端（漏型）（初始设定）	接点输入端子（漏型逻辑）		—
		外部晶体管公共端（源型）	源型逻辑时当连接晶体管输出（即集电极开路输出），例如可编程控制器（PLC）时，将晶体管输出用的外部电源公共端接到该端子时，可以防止因漏电引起的误动作		
		DC 24V 电源公共端	DC 24V　0.1A 电源（端子 PC）的公共输出端子。与端子 5 及端子 SE 绝缘		
	PC	外部晶体管公共端（漏型）（初始设定）	漏型逻辑时当连接晶体管输出（即集电极开路输出），例如可编程控制器（PLC）时，将晶体管输出用的外部电源公共端接到该端子时，可以防止因漏电引起的误动作		电源电压范围 DC 22～26.5V；容许负载电流 100mA
		接点输入公共端（源型）	接点输入端子（源型逻辑）的公共端子		
		DC 24V 电源	可作为 DC 24V、0.1A 的电源使用		

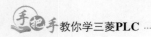

（1）输入信号

种类	端子记号	端子名称	端子功能说明	额定规格
频率设定	10	频率设定用电源	作为外接频率设定（速度设定）用电位器时的电源使用	DC 5V；容许负载电流 10mA
	2	频率设定（电压）	如果输入 DC 0～5V（或 0～10V），在 5V（10V）时为最大输出频率，输入输出成正比。通过 Pr.73 进行 DC 0～5V（初始设定）和 DC 0～10V 输入的切换操作	输入电阻 10kΩ±1kΩ；最大容许电压 DC 20V
	4	频率设定（电流）	如果输入 DC 4～20mA（或 0～5V，0～10V），在 20mA 时为最大输出频率，输入输出成比例。只有 AU 信号为 ON 时端子 4 的输入信号才会有效（端子 2 的输入将无效）。通过 Pr.267 进行 4～20mA（初始设定）和 DC 0～5V、DC 0～10V 输入的切换操作。电压输入（0～5V/0～10V）时，请将电压/电流输入切换开关切换至"V"	电流输入的情况下：输入电阻 233Ω±5Ω；最大容许电流 30mA。电压输入的情况下：输入电阻 10kΩ±1kΩ；最大容许电压 DC 20V 电流输入（初始状态） 电压输入
	5	频率设定公共端	是频率设定信号（端子 2 或 4）及端子 AM 的公共端子。不要接大地	—

（2）输出信号

种类	端子记号	端子名称	端子功能说明		额定规格
继电器	A、B、C	继电器输出（异常输出）	指示变频器因保护功能动作时输出停止的 1c 接点输出。异常时：B—C 间不导通（A—C 间导通），正常时：B—C 间导通（A—C 间不导通）		接点容量 AC 230V 0.3A（功率因数＝0.4）DC 30V 0.3A
集电极开路	RUN	变频器正在运行	变频器输出频率为启动频率（初始值 0.5Hz）或以上时为低电平，正在停止或正在直流制动时为高电平*		容许负载 DC 24V（最大 DC 27V）0.1A（ON 时最大电压降 3.4V）* 低电平表示集电极开路输出用的晶体管处于 ON（导通状态）。高电平表示处于 OFF（不导通状态）
	FU	频率检测	输出频率为任意设定的检测频率以上时为低电平，未达到时为高电平*		
	SE	集电极开路输出公共端	端子 RUN、FU 的公共端子		—
模拟	AM	模拟电压输出	可以从多种监视项目中选一种作为监视。变频器复位中不被输出。输出信号与监视项目的大小成比例	输出项目：输出频率（初始设定）	输出信号 DC 0～10V 许可负载电流 1mA（负载阻抗 10kΩ 以上）分辨率 8 位

续表

（3）通信

种类	端子记号	端子名称	端子功能说明
RS-485	—	PU 接口	通过 PU 接口，可进行 RS-485 通信。 • 标准规格：EIA-485（RS-485） • 传输方式：多站点通信 • 通信速率：4800-38 400bit/s • 总长距离：500m
USB	—	USB 接口	与个人电脑通过 USB 连接后，可以实现 FR Configurator 的操作。 • 接口：USB1.1 标准 • 传输速度：12Mbit/s • 连接器：USB 迷你-B 连接器（插座 迷你-B 型）

（2）控制回路接线。控制回路接线说明如下。

1）端子 SD，SE 和 5 为输入输出信号的公共端，这些端子不要接地。不要把 SD-5 端子和 SE-5 端子互相连接。

2）控制回路端子的接线应使用屏蔽线或双绞线，而且必须与主回路、强电回路（含 200 V 继电器程序回路）分开布线。

3）由于控制回路的频率输入信号是微小电流，所以在触点输入的场合，为了防止接触不良，微小信号接点应使用两个以上并联的触点或使用双触点，如图 8-8 所示。

4）不要向控制电路的触点输入端子（如 STF）输入电压。

5）异常输出端子（A、B、C）上务必接上继电器线圈或指示灯。

6）连接控制电路端子的电线建议使用0.3～0.75mm² 的电线。

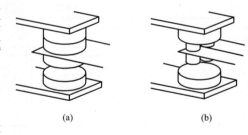

图 8-8 微信号用触点和双触点
（a）微信号用触点；（b）双触点

若使用 1.25mm² 或以上的电线，在接线数量多时或者由于接线方法不当，会发生前盖板松动，甚至可能会脱落。

7）接线使用 30m 或以下长度的电线。

8）勿使端子 PC 与端子 SD 短路，否则可能会导致变频器故障。

六、变频器的运行步骤

变频器需要设置频率指令与启动指令。将启动指令设为 ON 后电动机便开始运转，同时根据频率指令（设定频率）来决定电动机的转速。参照如图 8-9 所示的流程图进行设定。

七、变频器操作面板

变频器操作面板不能从变频器上拆下，其各部分名称如图 8-10 所示。

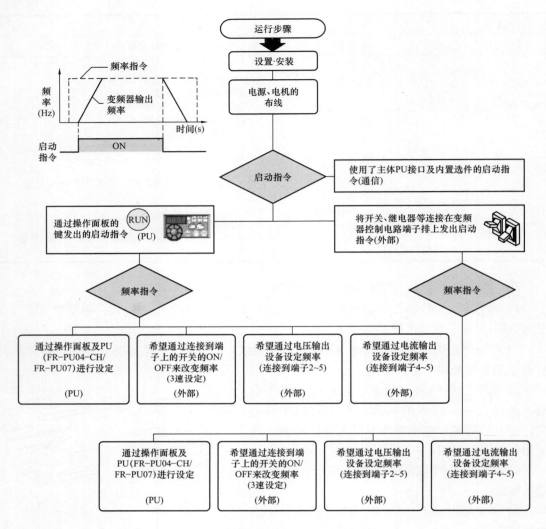

图 8-9 变频器的运行步骤流程图

注：只要有启动信号不能运行，必须与频率设定信号一起准备。

八、变频器操作模式图解

（一）从控制面板实施启动·停止操作（PU 运行）

☞要点：频率指令从何处得到？有以下几种方法。

1）以在操作面板的频率设定模式中设定的频率运行。

2）将 M 旋钮作为电位器使用进行运行。

3）通过连接到端子的开关的 ON/OFF 来改变频率。

4）通过电压输入信号设定频率。

5）通过电流输入信号设定频率。

1. 设定频率来进行试运行（例如，以 30Hz 运行）

如果要将频率设定为 30Hz 运行，具体操作图解如图 8-11 所示。

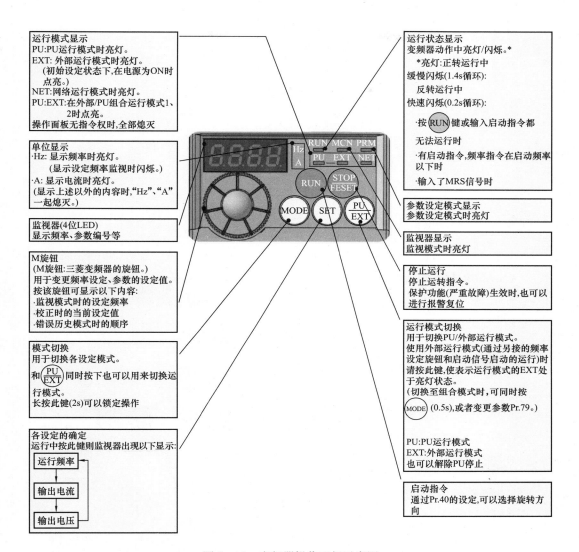

运行模式显示
PU:PU运行模式时亮灯。
EXT: 外部运行模式时亮灯。
(初始设定状态下，在电源为ON时点亮。)
NET:网络运行模式时亮灯。
PU:EXT:在外部/PU组合运行模式1、2时点亮。
操作面板无指令权时，全部熄灭

单位显示
·Hz: 显示频率时亮灯。
(显示设定频率监视时闪烁。)
·A: 显示电流时亮灯。
(显示上述以外的内容时，"Hz"、"A"一起熄灭。)

监视器(4位LED)
显示频率、参数编号等

M旋钮
(M旋钮:三菱变频器的旋钮。)
用于变更频率设定、参数的设定值。
按该旋钮可显示以下内容:
·监视模式时的设定频率
·校正时的当前设定值
·错误历史模式时的顺序

模式切换
用于切换各设定模式。
和 (PU/EXT)同时按下也可以用来切换运行模式。
长按此键(2s)可以锁定操作

各设定的确定
运行中按此键则监视器出现以下显示:
运行频率 → 输出电流 → 输出电压

运行状态显示
变频器动作中亮灯/闪烁。*
*亮灯:正转运行中
缓慢闪烁(1.4s循环):
反转运行中
快速闪烁(0.2s循环):
·按(RUN)键或输入启动指令都无法运行时
·有启动指令，频率指令在启动频率以下时
·输入了MRS信号时

参数设定模式显示
参数设定模式时亮灯

监视器显示
监视模式时亮灯

停止运行
停止运转指令。
保护功能(严重故障)生效时，也可以进行报警复位

运行模式切换
用于切换PU/外部运行模式。
使用外部运行模式(通过另接的频率设定旋钮和启动信号的运行)时请按此键，使表示运行模式的EXT处于亮灯状态。
(切换至组合模式时，可同时按(MODE)(0.5s)，或者变更参数Pr.79。)

PU:PU运行模式
EXT:外部运行模式
也可以解除PU停止

启动指令
通过Pr.40的设定，可以选择旋转方向

图8-10 变频器操作面板示意图

2. 将 M 旋钮作为电位器使用进行试运行

注意：设置为 Pr.161 频率设定/键盘锁定操作选择＝"1"（M 旋钮电位器模式）。

如果要将频率从 0Hz 变更为 50Hz，具体操作图解如图 8-12 所示。

3. 通过开关设定频率（3 速设定）

注意：

1）启动指令通过"RUN"键发出。

2）必须设置 Pr.79 运行模式选择＝"4"（外部/PU 组合运行模式2）。

3）关于初始值，端子 RH 为 50Hz、RM 为 30Hz、RL 为 10Hz（变更通过 Pr.4、Pr.5、Pr.6 进行）。

4）2个（或 3个）端子同时设置为 ON 时可以以 7 速运行。

通过开关设定频率（3 速设定）的操作图解如图 8-13 所示。

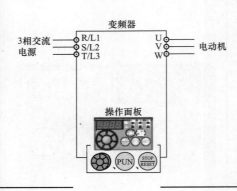

操作		显示

1. 电源接通时显示的监视器画面。

2. 按 $\left(\dfrac{PU}{EXT}\right)$ 键,进入PU运行模式。

3. 旋转 ,显示想要设定的频率。

   闪烁约5s。

4. 在数值闪烁期间按 (SET) 键设定频率。

   [若不按 (SET) 键,数值闪烁约5s后显示

   将变为 " **0.00** " (0.00Hz)。这种情

   况下返回"步骤3"重新设定频率。]

5. 闪烁约3s后显示将返回 " **0.00** " (监

   视显示)。

   通过 (RUN) 键运行。

6. 要变更设定频率,执行第3、4项操作

   (从之前设定的频率开始)。

7. 按 $\left(\dfrac{STOP}{RESET}\right)$ 键停止。

图 8-11　频率设定为 30Hz 运行的操作图解

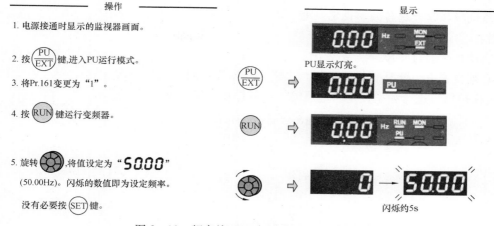

图 8-12 频率从 0Hz 变更为 50Hz 的操作图解

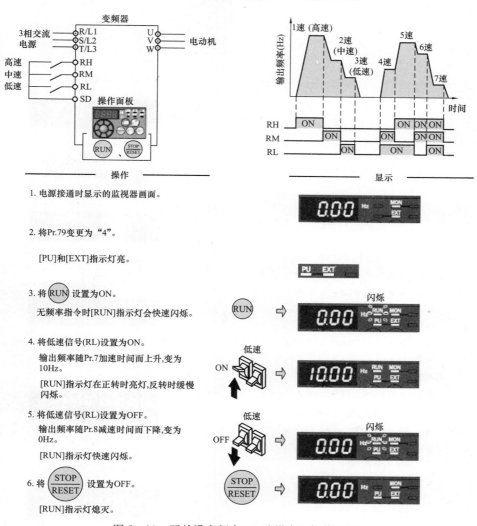

图 8-13 开关设定频率（3 速设定）操作图解

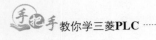

4. 通过模拟信号进行频率设定（电压输入）

注意：

1）启动指令通过"RUN"键发出。

2）必须设置 Pr. 79 运行模式选择＝"4"（外部/PU 组合运行模式 2）。

通过模拟信号进行频率设定（电压输入）的操作图解如图 8－14 所示。

[从变频器向频率设定器供给5V的电源(端子10)]。

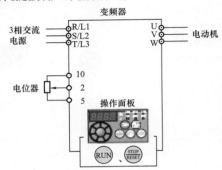

操作	显示

1. 电源接通时显示的监视器画面。

2. 将Pr.79变更为"4"。

   [PU]和[EXT]指示灯亮。

3. 启动

   将 (RUN) 设置为ON。

   无频率指令时[RUN]指示灯会快速闪烁。

4. 加速 → 恒速

   将电位器(频率设定器)缓慢向右拧到底。

   显示屏上的频率数值随Pr.7加速时间而增大,变为 "50.00" (50.00Hz)。

   [RUN]指示灯在正转时亮灯,反转时缓慢闪烁。

5. 减速

   将电位器(频率设定器)缓慢向左拧到底。

   显示屏上的频率数值随Pr.8减速时间而减小,变为 "0.00" (0.00Hz),电动机停止运行。

   [RUN]指示灯快速闪烁。

6. 停止执行

   将 (STOP RESET) 设置为OFF。

   [RUN]指示灯熄灭。

图 8－14　通过模拟信号进行频率设定（电压输入）的操作图解

5. 通过模拟信号进行频率设定（电流输入）

注意：

1）启动指令通过"RUN"键发出。

2）将AU信号设置为ON。

3）必须设置Pr.79运行模式选择＝"4"（外部/PU组合运行模式2）。

通过模拟信号进行频率设定（电流输入）的操作图解如图8-15所示。

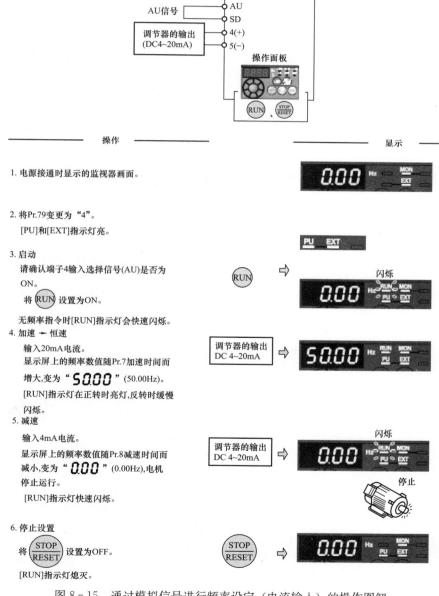

图8-15 通过模拟信号进行频率设定（电流输入）的操作图解

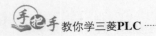

(二) 从端子实施启动、停止操作（外部运行）

☞ 要点：频率指令从何处得到？有以下几种方法：

1）以在操作面板的频率设定模式中设定的频率运行。

2）通过频率指令开关进行设定（3 速设定）。

3）通过电压输入信号设定频率。

4）通过电流输入信号设定频率。

1. 使用通过操作面板设定频率（Pr.79＝3）

注意：

1）启动指令通过将 STF（STR）－SD 设置为 ON 来发出。

2）设置为 Pr.79＝"3"（外部/PU 组合运行模式 1）。

使用通过操作面板设定频率的操作图解如图 8－16 所示。

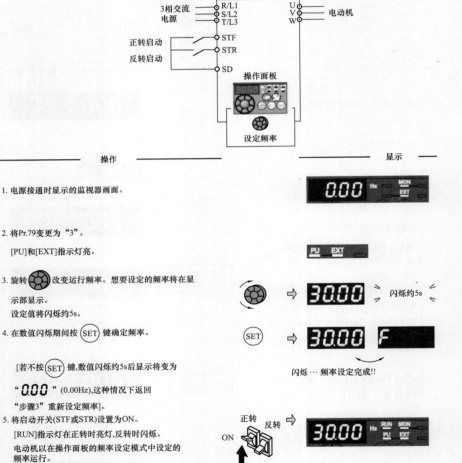

图 8－16 使用通过操作面板设定频率的操作图解

2. 通过开关发出启动指令、频率指令（3速设定）（Pr. 4～Pr. 6）

注意：

1）用端子 STF（STR）- SD 发出启动指令。

2）通过端子 RH、RM、RL - SD 进行频率设定。

3）[EXT] 需亮灯（如果 [PU] 亮灯，用 PU/EXT 键进行切换）。

4）端子初始值，RH 为 50Hz、RM 为 30Hz、RL 为 10Hz（变更通过 Pr. 4、Pr. 5、Pr. 6 进行）。

5）2个（或3个）端子同时设置为 ON 时可以以 7 速运行。

使用通过开关发出启动指令、频率指令（3速设定）的操作图解如图 8 - 17 所示。

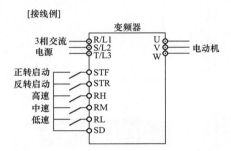

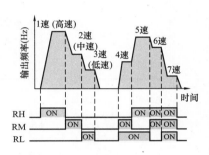

操作例 | 设定Pr.4三速设定(高速)为"40Hz",使端子RH、STF(STR)-SD为ON进行试运转。

—————————— 操作 ——————————   ———————— 显示 ————————

1. 电源ON→ 运行模式确认。

在初始设定的状态下开启电源,将变为外部运行模式[EXT]。确认运行指令是否指示为[EXT]。若不是指示为[EXT],使用 PU/EXT 键设为外部[EXT]运行模式。上述操作仍不能切换运行模式时,通过参数Pr.79设为外部运行模式。

2. 将Pr.4变更为"40"。

3. 将高速开关(RH)设置为ON。

4. 将启动开关(STF或STR)设置为ON。显示"40.00"(40.00Hz)。
[RUN]指示灯在正转时亮灯,反转时闪烁。
· RM为ON时显示30Hz,RL为ON时显示10Hz。

5. 停止。
将启动开关(STF或STR)设置OFF。电动机将随Pr.8减速时间停止。
[RUN]指示灯熄灭。

图 8 - 17　使用通过开关发出启动指令、频率指令（3速设定）的操作图解

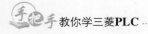
3. 通过模拟信号进行频率设定（电压输入）

使用通过模拟信号进行频率设定（电压输入）的操作图解如图8-18所示。

[接线例]
[从变频器向频率设定器供给5V的电源。(端子10)]

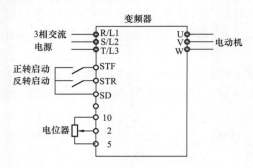

---------- 操作 ----------   ---------- 显示 ----------

1. 电源ON — 运行模式确认

在初始设定的状态下将电源设置为ON,
将变为外部运行模式[EXT]。确认运行
指令是否显示为[EXT]。若不是显示
为[EXT],使用 $\left(\dfrac{PU}{EXT}\right)$ 键设为外部[EXT]

运行模式。上述操作仍不能切换
运行模式时,通过参数Pr.79设为外部
运行模式。

2. 启动

将启动开关(STF或STR)设置为ON。
无频率指令时[RUN]指示灯会快速闪烁。

3. 加速—恒速

将电位器(频率设定器)缓慢向右拧到底。
显示屏上的频率数值随Pr.7加速时间而
增大,变为"50.00"(50.00Hz)。
[RUN]指示灯在正转时亮灯,反转时缓慢
闪烁。

4. 减速

将电位器(频率设定器)缓慢向左拧到底。
显示屏上的频率数值随Pr.8减速时间而
减小,变为"0.00"(0.00Hz),电动机停
止运行。
[RUN]指示灯快速闪烁。

5. 停止

将启动开关(STF或STR)设置为OFF。
[RUN]指示灯熄灭。

图8-18　使用通过模拟信号进行频率设定（电压输入）的操作图解

4. 通过模拟信号进行频率设定（电流输入）

注意：

1）启动指令通过将 STF（STR）- SD 设置为 ON 来发出。

2）将 AU 信号设置为 ON。

3）设定 Pr.79 运行模式选择＝"2"（外部运行模式）。

使用通过模拟信号进行频率设定（电流输入）的操作图解如图 8－19 所示。

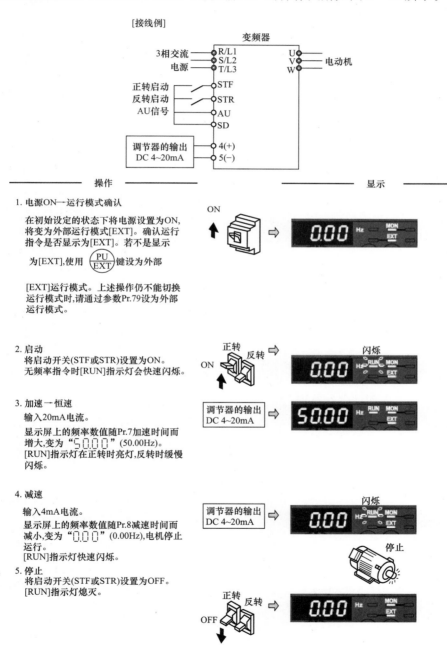

图 8－19　使用通过模拟信号进行频率设定（电流输入）的操作图解

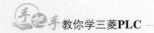

九、变频器的基本参数

变频器的常见参数见表 8 - 4。

● 有◎标记的参数表示的是简单模式参数。

表 8 - 4 变 频 器 参 数

功能	参数 / 关联参数	名称	单位	初始值	范围	内容
手动转矩提升 V/F	0◎	转矩提升	0.1%	6/4/3/2%*	0～30%	0Hz 时的输出电压以%设定 * 根据容量不同而不同 (6%：0.76K 以下/ 4%：1.5K～5.7K/ 5%：5.5K、7.6K/ 2%：11K、16K)
	48	第 2 转矩提升	0.1%	9999	0～30%	RT 信号为 ON 时的转矩提升
					9999	无第 2 转矩提升
上下限频率	1◎	上限频率	0.01Hz	120Hz	0～120Hz	输出频率的上限
	2◎	下限频率	0.01Hz	0Hz	0～120Hz	输出频率的下限
	18	高速上限频率	0.01Hz	120Hz	120～400Hz	在 120Hz 以上运行时设定
基准频率、电压 V/F	3◎	基准频率	0.01Hz	50Hz	0～400Hz	电机的额定频率（50Hz/60Hz）
	19	基准频率电压	0.1V	9999	0～1000V	基准电压
					8888	电源电压的 95%
					9999	与电源电压一样
	47	第 2V/F（基准频率）	0.01Hz	9999	0～400Hz	RT 信号为 ON 时的基准频率
					9999	第 2V/F 无效
通过多段速设定运行	4◎	多段速设定（高速）	0.01Hz	50Hz	0～400Hz	RH - ON 时的频率
	5◎	多段速设定（中速）	0.01Hz	50Hz	0～400Hz	RM - ON 时的频率
	6◎	多段速设定（低速）	0.01Hz	10Hz	0～400Hz	RL - ON 时的频率
	24～27	多段速设定（4 速～7 速）	0.01Hz	9999	0～400Hz、9999	可以用 RH、RM、RL、REX 信号的组合来设定 4 速～15 速的频率 9999：不选择
	232～239	多段速设定（8 速～15 速）	0.01Hz	9999	0～400Hz、9999	
加减速时间的设定	7◎	加速时间	0.1/0.01s	5/10/15s*	0～3600/360s	电机加速时间 ● 机械变频器容量不同而不同 (5.7K 以下/6.6K、7.5K、11K、15K)
	8◎	减速时间	0.1/0.01s	5/10/15s*	0～3600/360s	电机减速时间 ● 机械变频器容量不同而不同 (5.7K 以下/6.6K、7.5K、11K、15K)
	20	加减速基准频率	0.01Hz	50Hz	1～400Hz	成为加减速时间基准的频率 加减速时间在停止～ Pr.20 间的频率变化时间

续表

功能	参数 关联参数	名称	单位	初始值	范围	内容	
加减速时间的设定	8◎	21	加减速时间单位	1	0	0	单位：0.1s 范围：0～3600s	可以改变加减速时间的设定单位与设定范围
						1	单位：0.01s 范围：0～360s	
		44	第2加减速时间	0.1/0.01s	5/10/15s*	0～3600/360s	RT信号为ON时的加减速时间 • 根据变频器容量不同而不同。（5.7K以下/5.5K、7.5K/11K、15K）	
		45	第2减速时间	0.1/0.01s	9999	0～3600/360s	RT信号为ON时的减速时间	
						9999	加速时间＝减速时间	
		147	加减速时间切换频率	0.01Hz	9999	0～400Hz	Pr.44、Pr.45的加减速时间的自动切换为有效的频率	
						9999	无功能	
电机的过热保护（电子过电流保护）	9◎		电子过电流保护	0.01A	变频器额定电流*	0～500A	设定电机的额定电流 • 对于0.75K以下的产品，应设定为变频器制定电流的35%	
		51	第2电子过电流保护	0.01A	9999	0～500A	RT信号为ON时有效 设定电机的额定电流	
						9999	第2电子过电流保护无效	
直流制动预备励磁		10	直流制动作频率	0.01Hz	3Hz	0～120Hz	直流制动的动作频率	
		11	直流制动作时间	0.1s	0.5s	0	无直流制动	
						0.1～10s	直流制动的动作时间	
		12	直流制动作电压	0.1%	6/4/2%*	0	无直流制动	
						0.1～30%	直流制动电压（转矩） *根据容量不同而不同（0.1K、0.2K/0.4K～7.5K/11K、15K）	
启动频率		13	启动频率	0.01Hz	0.5Hz	0～60Hz	启动时频率	
		571	启动时维持时间	0.1s	9999	0～10s	Pr.13启动频率的维持时间	
						9999	启动时的维持功能无效	
适合用途的V/F曲线 V·F		14	适用负载选择	1	0	0	用于恒转矩负载	
						1	用于低转矩负载	
						2	恒转矩升降用	反转时提升0%
						3		正转时提升0%

功能	参数 关联参数	名称	单位	初始值	范围	内容
点动运行	15	点动频率	0.01Hz	5Hz	0～400Hz	点动运行时的频率
	16	点动加减速时间	0.1/0.01s	0.5s	0～3600/360s	点动运行时的加减速时间 加减速时间是指加、减速到 Pr.20 加减速基准频率中设定的频率（初始值为 50Hz）的时间 加减速时间不能分别设定
输出停止信号（MRS）的逻辑选择	17	MRS输入选择	1	0	0	动合输入
					2	动断输入（b接点输入规格）
					4	外部端子：动断输入 （b接点输入规格） 通信：动合输入
—	18					参照 Pr.1、Pr.2 *
	19					参照 Pr.3 *
	20、21					参照 Pr.7、Pr.8 *
失速防止动作	22	失速防止动作水平	0.1%	150%	0	失速防止动作无效
					0.1%～200%	失速防止动作开始的电流值
	23	倍速时失速防止动作水平补偿系数	0.1%	9999	0～200%	可降低额定频率以上的高速运行时的失速动作水平
					9999	一律 Pr.22
	49	第2失速防止动作水平	0.1%	9999	0	第2失速防止动作无效
					0.1%～200%	第2失速防止动作水平
					9999	与 Pr.22 同一水平
	66	失速防止动作水平降低开始频率	0.01Hz	50Hz	0～400Hz	失速动作水平开始降低时的频率
	158	失速防止动作选择	1	0	0～31 100、101	根据加减速的状态 选择是否防止失速
	157	OL信号输出延时	0.1s	0s	0～25s	失速防止动作时输出的 OL 信号开始输出的时间
					9999	无 OL 信号输出
	277	失速防止电流切换	1	0	0	输出电流超过限制水平时，通过限制输出频率来限制电流 限制水平以变频器额定电流为基准
					1	输出转矩超过限制水平时，通过限制输出频率来限制转矩 限制水平以电动机额定转矩为基准
—	24～27					参照 Pr.4～Pr.6 *

续表

功能	参数		名称	单位	初始值	范围	内容
		关联参数					
加减速曲线	29		加减速曲线选择	1	0	0	直线加减速
						1	S曲线加减速A
						2	S曲线加减速B
再生单元的选择	30		再生制动功能选择	1	0	0	无再生功能，制动电阻器（MRS型）、制动单元（FR-BU2）、高功率因数变流器（FR-HC）、电源再生共通变流器（FR-CV）
						1	高频度用制动电阻器（FR-ABR）
						2	高功率因数变流器（FR-HC）（选择瞬时停电再启动时）
		70	特殊再生制动使用率	0.1%	0%	0～30%	使用高频度用制动电阻器（FR-ABR）时的制动器使用率（10%）
避免机械共振点（频率跳变）		31	频率跳变1A	0.01Hz	9999	0～400Hz、9999	1A～1B、2A～2B、3A～3B跳变时的频率 9999：功能无效
		32	频率跳变1B	0.01Hz	9999	0～400Hz、9999	
		33	频率跳变2A	0.01Hz	9999	0～400Hz、9999	
		34	频率跳变2B	0.01Hz	9999	0～400Hz、9999	
		35	频率跳变3A	0.01Hz	9999	0～400Hz、9999	
		36	频率跳变3B	0.01Hz	9999	0～400Hz、9999	
转速显示		37	转速显示	0.001	0	0	频率的显示及设定
						0.01～9999	50Hz运行时的机械速度
RUN键旋转方向的选择		40	RUN键旋转方向的选择	1	0	0	正转
						1	反转
输出频率和电动机转数的检测（SU、FU信号）		41	频率到达动作范围	0.1%	10%	0～100%	SU信号为ON时的水平
		42	输出频率检测	0.01Hz	6Hz	0～400Hz	FU信号为ON时的频率
		43	反转时输出频率检测	0.01Hz	9999	0～400Hz	反转时FU信号为ON时的频率
						9999	与Pr.42的设定值一致
—		44、45				参照Pr.7、Pr.8 *	
		46				参照Pr.0 *	
		47				参照Pr.3 *	
		48				参照Pr.22 *	
		51				参照Pr.9 *	

功能	参数 关联参数	名称	单位	初始值	范围	内容
DU/PU 监视内容的变更 累计监视值的清除	52	DU/PU 主显示数据选择	1	0	0、5、7~12、14、20、23~25、52~57、61、62、100	选择操作面板和参数单元所显示的监视器、输出到端子 AM 的监视器 0：输出频率（Pr.52） 1：输出频率（Pr.158） 2：输出电流（Pr.158） 3：输出电压（Pr.158） 5：频率设定值 7：电动机转矩 8：变流器输出电压 9：再生制动器使用率 10：电子过电流保护负载率 11：输出电流峰值 12：变流器输出电压峰值 14：输出电力
	158	AM 端子功能选择	1	1	1~3、5、7~12、14、21、24、52、53、61、62	20：累计通电时间（Pr.52） 21：基准电压输出（Pr.158） 23：实际运行时间（Pr.52） 24：电机负载率 25：累计电力（Pr.52） 52：PID 目标值 53：PID 测量值 54：PID 偏差（Pr.52） 55：输入/输出端子状态（Pr.52） 56：选件输入端子状态（Pr.52） 57：选件输出端子状态（Pr.52） 61：电机过电流保护负载率 62：变频器过电流保护负载率 100：停止中设定频率、运行中输出频率（Pr.52）
	170	累计电度表清零	1	9999	0	累计电度表监视器清零时设定为"0"
					10	通信监视情况下的上限值在 0~9999kWh 范围内设定
					9999	通信监视情况下的上限值在 0~65 535kWh 范围内设定
	171	实际运行时间清零	1	9999	0、9999	运行时间监视器清零时设定为"0"设定为 9999 时不会清零
	288	监视器小数位选择	1	9999	0	用整数值显示
					1	显示到小数点下 1 位
					9999	无功能
	583	累计通电时间次数	1	0	（0~65535）	通电时间监视器显示超过 65535h 后的次数（仅读取）
	584	累计运转时间次数	1	0	（0~65535）	运行时间监视器显示超过 65535h 后的次数（仅读取）

续表

功能	参数 / 关联参数	名称	单位	初始值	范围	内容
从端子 AM 输出的监视基准	55	频率监视基准	0.01Hz	50Hz	0～400Hz	输出频率监视值输出到端子 AM 时的最大值
	56	电流监视基准	0.01A	变频器额定电流	0～500A	输出电流监视值输出到端子 AM 时的最大值
电动机的反转防止	78	反转防止选择	1	0	0	正转和反转均可
					1	不可反转
					2	不可正转
运行模式的选择	79 ◎	运行模式选择	1	0	0	外部/PU 切换模式
					1	PU 运行模式固定
					2	外部运行模式固定
					3	外部/PU 组合运行模式 1
					4	外部/PU 组合运行模式 2
					6	切换模式
					7	外部运行模式（PU 运行互锁）
	340	通信启动模式选择	1	0	0	根据 Pr.79 的设定
					1	以网络运行模式启动
					10	以网络运行模式启动 可通过操作面板切换 PU 运行模式与网络运行模式
控制方法的选择	80	电动机容量	0.01kW	9999	0.1～15kW	适用电机容量
					9999	V/F 控制
	81	电动机极数	1	9999	2、4、6、8、10	设定电动机极数
					9999	V/F 控制
	88	速度控制增益（先进磁通矢量）	0.1%	9999	0～200%	在先进磁通矢量控制时，调整由负载变动造成的电动机速度变动 基准为 100%
					9999	Pr.71 中设定的电动机所对应的增益
	900	控制方法选择	1	20	20	先进磁通矢量控制
					30	通用磁通矢量控制

（900 行范围列右侧附注：设定为 Pr.80、Pr.81≠"9999"时）

十、变频器基本参数图解

1. 启动指令和频率指令场所的选择（Pr.79）

Pr.79 用于选择启动指令场所和频率指令场所。设定值"1"～"4"可在简单设定模式下进行变更，如表 8-5 所示。

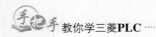

表 8-5   启动指令和频率指令场所的选择

参数编号	名称	初始值	设定范围	内容	LED 显示 ▭▭：灭灯 ▭：亮灯
79	运行模式选择	0	0	外部/PU 切换模式。 （通过 PU/EXT 可切换 PU、外部运行模式） 电源接通时为外部运行模式	外部运行模式 [EXT] PU 运行模式 [PU]
			1	PU 运行模式固定	[PU]
			2	外部运行模式固定 可以切换外部、网络运行模式进行运行	外部运行模式 [EXT] 网络运行模式 [NET]
			3	外部/PU 组合运行模式 1	[PU] [EXT]
			4	外部/PU 组合运行模式 2	
			6	切换模式 可以一边继续运行状态，一边实施 PU 运行、外部运行、网络运行的切换	PU 运行模式 [PU] 外部运行模式 [EXT] 网络运行模式 [NET]
			7	外部运行模式（PU 运行互锁） X12 信号 ON * 2 可切换到 PU 运行模式（外部运行中输出停止） X12 信号 OFF * 2 禁止切换到 PU 运行模式	PU 运行模式 [PU] 外部运行模式 [EXT]

对于设定范围 3（外部/PU 组合运行模式 1）：

频率指令	启动指令
用操作面板、PU（FR - PU04 - CH/FR - PU07）设定或外部信号输入［多段速设定，端子 4 - 5 间（AU 信号 ON 时有效）]* 1	外部信号输入（端子 STF、STR）

对于设定范围 4（外部/PU 组合运行模式 2）：

频率指令	启动指令
外部信号输入（端子 2、4、JOG、多段速选择等）	通过操作面板的 RUN 键、PU（FR - PU04 - CH/FR - PU07）的 FWD、REV 键输入

可通过简单的操作来完成利用启动指令和速度指令组合进行的 Pr. 79 运行模式选择设定。如图 8 - 20 所示。

例子：启动指令通过外部（STF/STR）、频率指令通过 运行。

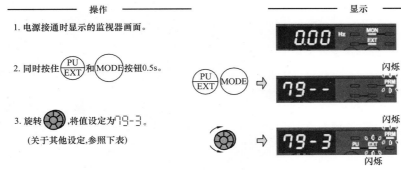

操作面板显示	运行方法	
	启动指令	频率指令
79-1 闪烁 PU PRM 闪烁	RUN	（旋钮）
79-2 闪烁 EXT PRM 闪烁	外部 (STF、STR)	模拟电压输入
79-3 闪烁 PU EXT PRM 闪烁	外部 (STF、STR)	（旋钮）
79-4 闪烁 PU EXT PRM 闪烁	RUN	模拟电压输入

4. 按 SET 键确定。

SET ⇒ 79-3 79--

闪烁… 参数设定完成!!

3s后显示监视器画面。

图 8 - 20 Pr. 79 运行模式选择设定图解

2. 电子过电流保护（Pr. 9）

为了防止电动机的温度过高，把 Pr. 9 电子过电流保护设定为电动机的额定电流。Pr. 9 的设定范围如表 8 - 6 所示。

表 8 - 6   Pr. 9 的设定范围

参数编号	名称	初始值	设定范围	内容
9	电子过电流保护	变频器额定电流	0～500A	设定电机的额定电流

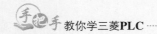

根据电动机的额定电流将 Pr.9 电子过电流保护变更为 3.5A，具体操作如图 8-21 所示。

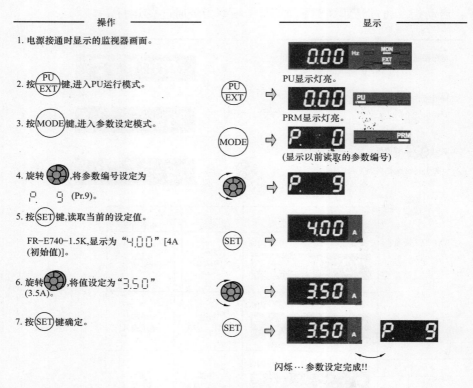

图 8-21　Pr.9 电子过电流保护变更为 3.5A 的操作图解

3. 提高启动时的转矩（Pr.0）

提高启动时的转矩（Pr.0）用于在"施加负载后电动机不运转"或"出现警报【OL】，【OC1】跳闸"等情况下进行设定。Pr.0 的设定范围如表 8-7 所示。

表 8-7　　　　　　　　　　　　　Pr.0 的设定范围

参数编号	名称	初始值		设定范围	内容
0	转矩提升	0.75k 以下	6%	0～30%	可以根据负载的情况，提高低频时电动机的启动转矩
		1.5k～3.7k	4%		
		5.5k、7.5k	3%		
		11k、15k	2%		

施加负载后电动机不运转时一边观察电动机的动作，一边以 1% 为单位提高 Pr.0 的设定值，最多提高 10% 左右。具体操作如图 8-22 所示。

4. 设置输出频率的上限、下限（Pr.1、Pr.2）

设置输出频率的上限、下限（Pr.1、Pr.2）可以限制电动机的速度。Pr.1、Pr.2 的设定范围如表 8-8 所示。

如果将 Pr.1 上限频率变更为 50Hz，具体操作如图 8-23 所示。

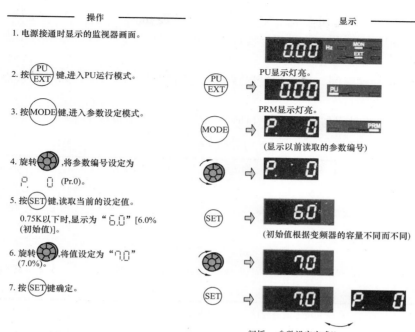

图 8-22 提高启动时的转矩（Pr.0）操作图解

表 8-8 Pr1、Pr2 的设定范围

参数编号	名称	初始值	设定范围	内容
1	上限频率	120Hz	0～120Hz	设定输出频率的上限
2	下限频率	0Hz	0～120Hz	设定输出频率的下限

操作		显示

1. 电源接通时显示的监视器画面。

2. 按 (PU/EXT) 键,进入PU运行模式。 PU显示灯亮。

3. 按 (MODE) 键,进入参数设定模式。 PRM显示灯亮。

（显示以前读取的参数编号）

4. 旋转 ,将参数编号设定为 P. 1 (Pr.1)。

5. 按 (SET) 键,读取当前的设定值。
   显示"120.0"[120.0Hz(初始值)]。

6. 旋转 ,将值设定为"50.00"(50.00Hz)。

7. 按 (SET) 键确定。

闪烁…参数设定完成!!

图 8-23 Pr.1 上限频率变更为 50Hz 的操作图解

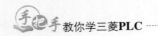

5. 改变电动机的加速时间与减速时间（Pr.7、Pr.8）

通过 Pr.7 设定加速时间。如果想慢慢加速就把时间设定得长些，如果想快点加速就把时间设定得短些。

通过 Pr.8 设定减速时间。如果想慢慢减速就把时间设定得长些，如果想快点减速就把时间设定得短些。

改变电动机的加速时间与减速时间（Pr.7、Pr.8）的设定范围如表8-9所示。

表8-9 Pr.7、Pr.8 的设定范围

参数编号	名称	初始值		设定范围	内容
7	加速时间	3.7k 以下	5s	0～3600/360s＊1	设定电机的加速时间
		5.5k、7.5k	10s		
		11k、15k	15s		
8	减速时间	3.7k 以下	5s	0～3600/360s＊1	设定电机的减速时间
		5.5k、7.5k	10s		
		11k、15k	15s		

＊1 根据 Pr.21 加减速时间单位的设定值进行设定，初始值设定范围为"0～3600s"，设定单位为"0.1s"。

如果将 Pr.7 加速时间从"5s"变更为"10s"，具体操作如图8-24所示。

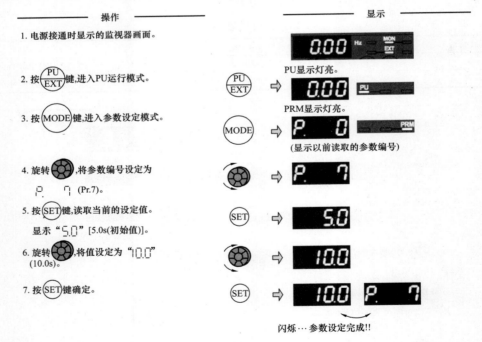

图8-24 Pr.7 加速时间操作图解

十一、变频器使用上的注意事项

FR-E700系列变频器虽然是高可靠性产品，但周边电路的连接方法错误以及运行、使用方法不当也会导致产品寿命缩短或损坏。运行前务必重新确认下列注意事项。

（1）电源及电动机接线的压接端子推荐使用带绝缘套管的端子。

（2）电源一定不能接到变频器输出端子（U、V、W）上，否则将损坏变频器。

（3）接线时勿在变频器内留下电线切屑。电线切屑可能会导致异常、故障、误动作发生。保持变频器的清洁。在控制柜等上钻安装孔时勿使切屑粉掉进变频器内。

（4）为使电压降在2％以内请用适当规格的电线进行接线。

变频器和电动机间的接线距离较长时，特别是低频率输出时，会由于主电路电缆的电压降而导致电动机的转矩下降。

（5）接线总长不要超过500m。尤其是长距离接线时，由于接线寄生电容所产生的充电电流会引起高响应电流限制功能下降，变频器输出侧连接的设备可能会发生误动作或异常，因此务必注意总接线长度。

（6）电磁波干扰。

变频器输入/输出（主电路）包含有谐波成分，可能干扰变频器附近的通信设备（如AM收音机）。这种情况下安装无线电噪声滤波器FR－BIF（输入侧专用）、线噪声滤波器FR－BSF01、FR－BLF等选件，可以将干扰降低。

（7）在变频器的输出侧请勿安装移相用电容器或浪涌吸收器、无线电噪声滤波器等。否则将导致变频器故障、电容器和浪涌抑制器的损坏。如上述任何一种设备已安装，立即拆掉［以单相电源规格使用无线电噪声滤波器（FR－BIF）时，请在对T相进行切实地绝缘后再连接到变频器输入侧］。

（8）断开电源后不久，平滑电容器上仍然残留有高压电，因此当进行变频器内部检查时，在断开电源过10min后用万用表等确认变频器主电路＋和－间的电压在直流30V以下后再进行检查。切断电源后一段时间内电容器仍然有高压电，非常危险。

（9）变频器输出侧的短路或接地可能会导致变频器模块损坏。

1）由于周边电路异常而引起的反复短路、接线不当、电动机绝缘电阻低下而实施的接地都可能造成变频器模块损坏，因此在运行变频器前请充分确认电路的绝缘电阻。

2）在接通电源前充分确认变频器输出侧的对地绝缘、相间绝缘。使用特别旧的电动机，或者使用环境较差时，务必切实进行电动机绝缘电阻的确认。

（10）不要使用变频器输入侧的电磁接触器启动/停止变频器。变频器的启动与停止务必使用启动信号（STF、STR信号的ON、OFF）进行。

（11）除了外接再生制动用放电电阻器以外，＋、PR端子请不要连接其他设备。不要连接机械式制动器。FR－E720S－0.1K、0.2K不能连接制动电阻器。不要在端子＋、PR间连接任何设备，同时不要使端子＋、PR间短路。

（12）变频器输入输出信号电路上不能施加超过容许电压以上的电压。如果向变频器输入输出信号电路施加了超过容许电压的电压，极性错误时输入输出元件便会损坏。特别是要注意确认接线，确保不会出现速度设定用电位器连接错误、端子10－5之间短路的情况。

（13）在有工频供电与变频器切换的操作中，确保用于工频切换的KM1和KM2可以进行电气和机械互锁。

（14）需要防止停电后恢复通电时设备的再启动时，在变频器输入侧安装电磁接触器，同时不要将顺控设定为启动信号ON的状态。若启动信号（启动开关）保持ON的状态，通电恢复后变频器将自动重新启动。

（15）过负载运行的注意事项。变频器反复运行、停止的频度过高时，因大电流反复流过，变频器的晶体管元件会反复升温、降温，从而可能会因热疲劳导致寿命缩短。热疲劳的程度受电流大小的影响，因此减小堵转电流及启动电流可以延长寿命。虽然减小电流可延长寿命，但由于电流不足可能引起转矩不足，从而导致无法启动的情况发生。因此，可采取增大变频器容量（提高 2 级左右），使电流保持一定宽裕的对策。

（16）充分确认规格、额定值是否符合机器及系统的要求。

（17）通过模拟信号使电机转速可变后使用时，为了防止变频器发出的噪声导致频率设定信号发生变动以及电机转速不稳定等情况，采取下列对策。

1）避免信号线和动力线（变频器输入输出线）平行接线和成束接线。

2）信号线尽量远离动力线（变频器输入输出线）。

3）信号线使用屏蔽线。

4）信号线上设置铁氧体磁芯。

第三节　图解触摸屏的使用

人机界面（或称人机交互）是系统与用户之间进行信息交互的媒介，包括硬件界面和软件界面，人机界面是计算机科学与设计艺术学、人机工程学的交叉研究领域。近年来，随着信息技术与计算机技术的迅速发展，人机界面在工业控制中已得到广泛的应用。

在工业控制中，三菱常用的人机界面有触摸屏、显示模块和小型显示器（FX‐10DU‐E）。触摸屏是图式操作终端（Graph Operation Terminal，GOT）在工业控制中的通俗叫法，是目前最新的一种人机交互设备。三菱触摸屏有 A900 系列和 F900 系列，种类达数十种，F940GOT 触摸屏就是目前应用最广泛的一种。

一、三菱 F940GOT 的性能及基本工作模式

1. F940GOT 的功能

三菱 F940GOT 的显示画面为 5.7 寸（外形尺寸 162mm×130mm ×57mm），分辨率为 320×240，规格具有 F940GOT‐SWD‐C（彩色）及 F940GOT‐LWD‐C（黑白）两种型号，其彩色为 8 色，黑白为 2 色，其他性能指标类似，除了能与三菱的 FX 系列、A 系列 PLC 进行连接外，也可与定位模块及三菱变频器进行连接，同时还可与其他厂商的 PLC 进行连接，如 OMRON、SIEMENS、AB 等。F940GOT 具有下列基本功能。

（1）画面显示功能。

F940GOT 可存储并显示用户制作画面最多 500 个（画面序号 0～499），及 30 个系统画面（画面序号 1001～1030）。其中系统画面是机器自动生成的系统检测及报警类监控画面，用户画面可以重合显示并可以自由切换。画面上可显示文字、图形、图表，可以设定数据，还可以设定显示日期、时间等。

（2）画面操作功能。

GOT 可以作为操作单元使用，可以通过 GOT 上设绘的操作键来切换 PLC 的位元件，可以通过设绘的键盘输入更改 PLC 数字元件的数据。在 GOT 处于 HPP（手持式编程）状态时，还可以使用 GOT 作为编程器显示及修改 PLC 机内的程序。

（3）监视功能。

可以通过画面监视 PLC 内位元件的状态及数据寄存器数据的数值，并可对位元件执行

强制 ON/OFF 状态。

（4）数据采样功能。

可以设定采样周期，记录指定的数据寄存器的当前值，并以清单或图表的形式显示或打印这些数值。

（5）报警功能。

可以使最多 256 点 PLC 的连续位元件与报警信息相对应，在这些元件置位时显示一定的画面，给出报警信息，并可以记录最多 1000 个报警信息。

2. GOT 的基本工作模式及 GOT 与 PC、PLC 的连接

作为 PLC 的图形操作终端，GOT 必须与 PLC 联机使用，通过操作人员手指与触摸屏上的图形元件的接触发出 PLC 的操作指令或者显示 PLC 运行中的各种信息。GOT 中存储与显示的画面是通过 PC 机运行专用的编程软件设绘的，绘好后下载到 GOT 中。

如图 8-25 所示，F940GOT 有两个连接口，一个与计算机连接的 RS-232 连接口，用于传送用户画面，一个与 PLC 等设备连接的 RS-422 连接口，用于与 PLC 进行通信。F940GOT-SWD 需要外部 24V（DC）电源供电。

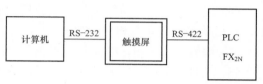

图 8-25 GOT 与 PC、PLC 的连接

二、制作用户画面软件介绍

用户画面制作都是由专用软件来实现的，如 FX-PCS-DU/WIN，SW5D5-GOTR-PACK 等，由于篇幅有限，下面介绍 GT-Designer（SW5D5-GOTR-PACKE）的使用。

1. GT-Designer 主开发界面

GT-Designer 主开发界面如图 8-26 所示。

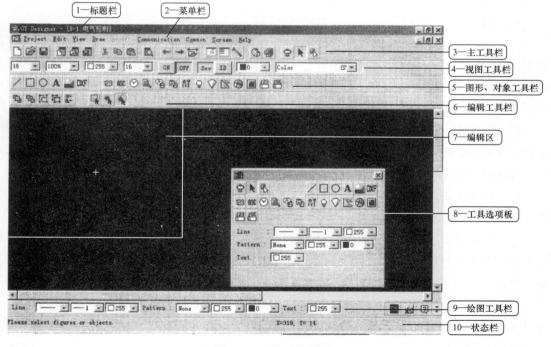

图 8-26 主开发界面

255

（1）标题栏。标题栏显示屏幕的标题，将光标移动到标题栏，则可以将屏幕拖动到希望的位置，DT－Designer 具有屏幕标题栏和应用窗口标题栏。

（2）菜单栏。菜单栏显示 DT－Designer 可使用的菜单名称，单击某个菜单，就会出现一个下拉菜单，然后可以从下拉菜单中选择各种功能。

（3）主工具栏。在菜单栏上分配的项目以按钮形式显示，将光标移动到任意按钮，然后单击，即可执行相应的功能。

（4）视图工具栏。在菜单上的分配的项目（移动距离/模式等）以按钮的形式显示，将光标移动到下拉按钮处，即出现相应项目的下拉菜单，将光标移动到相应的属性上，然后单击以执行相应的功能。

（5）图形、对象工具栏。图形、对象设置项目以按钮的形式排列，将光标移动到任意工具按钮上，单击即可执行相应的功能。

（6）编辑工具栏。编辑工具栏上分配图形编辑项目的命令按钮，将光标移动到任意按钮上，然后单击，以执行相应的功能。

（7）编辑区。编辑区是制作图形画面的区域。

（8）工具选项板。工具选项板是显示设置图形对象等按钮的地方。

（9）绘图工具栏。绘图工具栏上有直线类型、模式、文本类型等，以列表的形式显示。

（10）状态栏。状态栏显示当前操作状态和光标坐标。

2. 图形绘制

图形绘制的方法是在图形对象工具栏或绘图菜单的下拉菜单以及工具选项板中单击相应的绘图命令，然后在编辑区进行拖放即可。图形对象属性的调整，如颜色、线形、填充等，可以双击该图形，再在弹出的窗口中进行调整。

3. 对象功能设置

（1）数据显示功能。数据显示功能能实时显示 PLC 的数据寄存器的数据。数据可以以数字、数据列表、ASCII 字符及时钟等显示，对应的图标为 ⚏ ⚏ ⚏，分别单击这些按钮会出现该功能的属性设置窗口，设置完毕按 OK 按钮，然后将光标指向编辑区，单击鼠标即生成该对象，可以随意拖动对象到任意需要的位置。

（2）信息显示功能。信息显示功能可以显示 PLC 相对应的注释和出错信息，包括注释，报警记录和报警列表。按编辑工具栏或工具选项板中对应的按钮 ⚏，即弹出注释设置窗口，设置好属性后按 OK 按钮即可。

（3）动画显示功能。显示与软元件相对应的零件/屏幕，显示的颜色可以通过其属性来设置，同时，可以根据软元件的 ON/OFF 状态来显示不同颜色，以示区别。

（4）图表显示功能。可以显示采集到 PLC 软元件的值，并将其以图表的形式显示。单击图形对象工具栏的 ⚏ 按钮，设置好软元件及其他属性后按 "OK" 按钮，然后将光标指向编辑区，单击鼠标即生成图表对象。

（5）触摸按键功能。触摸键在被触摸时，能够改变位元件的开关状态，字元件的值，也可以实现画面跳转。添加触摸键须按编辑对象工具栏中的 ⚏ 按钮，设置好软元件参数、属性或跳转页面后点 "OK" 按钮，然后将其放置到希望的位置即可。

（6）数据输入功能。数据输入功能，可以将任意数字和ASCII码输入到软元件中。对应的按钮是 ，操作方法和属性设置与上述相同。

（7）其他功能。其他功能包括硬复制功能、系统信息功能、条形码功能、时间动作功能，此外还具有屏幕调用功能、安全设置功能等。

第四节　图解交通信号灯的控制

一、交通信号灯的控制要求

十字路口交通信号灯示意图，如图8-27所示。信号灯的动作是由开关总体控制，按下启动按钮，信号灯系统开始工作，并周而复始地循环；按下停止按钮，所有信号灯都熄灭。信号灯控制要求如表8-10所示。交通信号灯控制的时序图如图8-28所示。

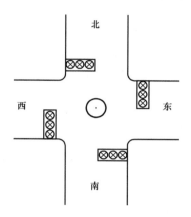

图8-27　十字路口交通信号灯示意图

表8-10　　　　　　　　　　十字路口交通信号灯控制要求

东西	信号	绿灯亮	绿灯闪亮	黄灯亮	红灯亮		
	时间	25s	3s	2s	30s		
南北	信号	红灯亮			绿灯亮	绿灯闪亮	黄灯亮
	时间	30s			25s	3s	2s

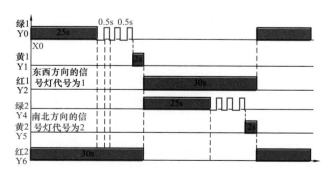

图8-28　交通信号灯控制的时序图

二、控制系统的I/O分配及系统接线

根据十字路口交通信号灯控制要求，I/O 分配见表 8-11，控制系统共有开关量输入点 2 个、开关量输出点 6 个。故 PLC 可选用 FX$_{2N}$-16MR 型，系统接线如图 8-29 所示。图中用一个输出点驱动两个信号灯，如果 PLC 输出点的输出电流不够，可以用一个输出点驱动一个信号灯，也可以在 PLC 输出端增设中间继电器，由中间继电器再去驱动信号灯。

表 8-11   I/O 设备及 I/O 点分配

输入口分配		输出口分配	
输入设备	PLC 输入继电器	输出设备	PLC 输出继电器
SB1（启动按钮）	X0	东西绿灯	Y0
SB3（停止按钮）	X2	东西黄灯	Y1
		东西红灯	Y2
		南北绿灯	Y4
		南北黄灯	Y5
		南北红灯	Y6

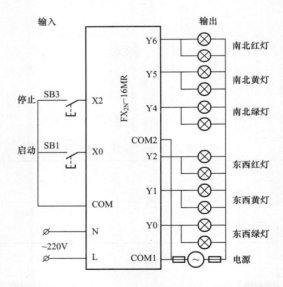

图 8-29 系统接线图

三、程序设计

1. 用基本逻辑指令编程

这是一个时间控制程序，用基本逻辑指令设计的信号灯控制梯形图如图 8-30 所示。梯形图可分为两个部分，一部分是时间点形成的部分，包括各个时间点的定时器以及形成绿灯闪烁的脉冲发生器，脉冲发生器产生周期为 1s（通 0.5s，断 0.5s）的方波脉冲，另一部分是输出控制的部分，信号灯的工作条件都用定时器的触点来表示。其中绿灯的点亮条件是两个并联支路，一个是绿灯长亮的控制，一个是绿灯闪亮的控制。

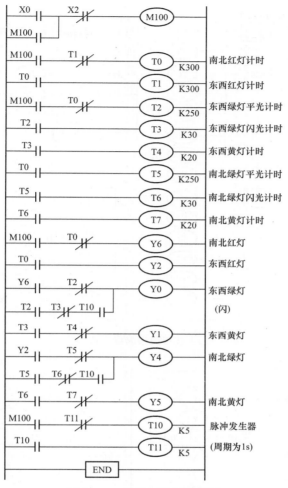

图 8-30 信号灯控制梯形图

2. 用步进指令编程

（1）按单流程编程。

如果把东西和南北方向信号灯的动作视为一个顺序动作过程，其中每一个时序同时有两个输出，一个输出控制东西方向的信号灯，另一个输出控制南北方向的信号灯，这样可以按单流程进行编程，其状态转移图如图 8-31 所示，对应的步进梯形图如图 8-32 所示。

按启动按钮 SB1，X0 接通，S0 置位，转入初始状态，由于 Y0、M0 条件满足，使 S20 置位，转入第一工步，同时 T0 开始计时，经 25s 后 S21 置位，S20 复位，转入第二工步……当状态转移到 S25 时，程序又重新从第一工步开始循环。

按停止按钮 SB3，X2 接通，使 M0 接通并自保，断开 S0 后的循环流程，当程序执行完后面的流程后停止在初始状态，即南北红灯亮，禁止通行；东西绿灯亮，允许通行。

（2）按双流程编程。

东西方向和南北方向信号灯的动作过程也可以看成两个独立的顺序动作过程。其状态转移图如图 8-33 所示。它具有两条状态转移支路，其结构为并联分支与汇合。为了解决绿灯闪烁 3 次的问题，在两个并行分支中增加了内循环，循环的次数使用了计数器 C0、C1。

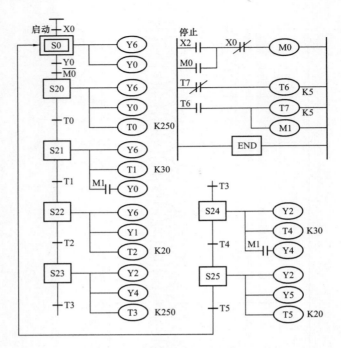

图 8-31　按单流程编程的状态转移图

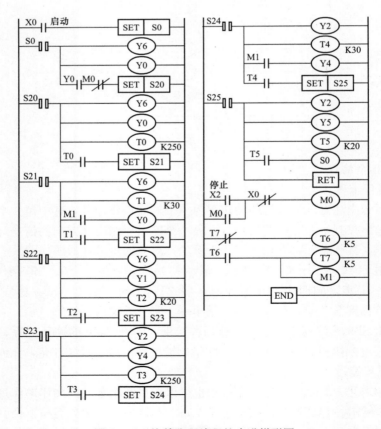

图 8-32　按单流程编程的步进梯形图

按启动按钮 SB1，信号系统开始运行，并反复循环。

将图 8-33 所示的状态转移图转换为梯形图，请读者自行分析。

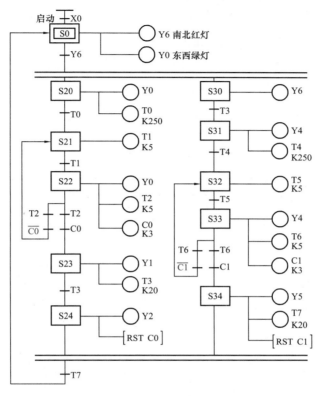

图 8-33 按双流程编程的状态转移图

第五节 图解 PLC 在彩灯控制中的应用

现在装饰彩灯、广告彩灯越来越多地出现在城市中。小型的彩灯多为霓虹灯，其控制设备多为数字电路。而大型楼宇的轮廓装饰或大型晚会的外景灯光，由于控制功率大、变化多，数字电路则不能胜任，可用可编程控制器配合高速开关充当主要控制设备。

一、彩灯工作的常见模式

彩灯工作模式及其变幻尽管多种多样，但其负载无外乎三种类型：长通类、变幻类及流水类。长通类负载指彩灯中用以照明或起衬托底色作用的负载，其特点是只要灯投入工作，负载则长期接通，没有频繁的动态切换过程，因而不需要经过 PLC 控制。变幻类负载指在整个工作过程中定时进行花样变换的负载，如字形的变换、色彩的变换及位置变换，其特点是定时变换，频率不高。流水类负载则指变幻速度快，使人有流水及闪烁之感，流水类又有单灯流动、组灯流动、渐亮渐熄等多情形。变幻灯负载及流水类负载都要经过 PLC 控制。采用 PLC 控制彩灯的硬件系统结构图如图 8-34 所示。图 8-34 中显示变换类负载及流水类负载由 PLC 的输出口控制开关驱动：这里的开关可以是有触点的继电器开关，用在开关频率不太高的场合；开关频率较高时需使用无触点开关，如晶闸管或大功率晶体管等。

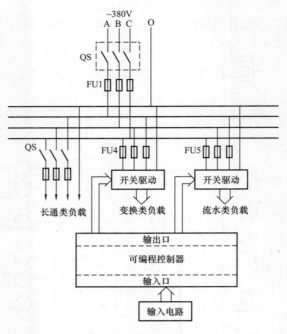

图 8-34 彩灯控制系统结构图

二、彩灯控制实例

1. 控制要求

某大型演出活动现场设有变换类负载 8 处，舞台流水灯 15 组，大型标语牌底色流水灯 15 组及长通类负载。长通类负载不需要通过 PLC 控制，变换类负载一个周期（60s）内接通要求如表 8-12 所示。舞台流水灯具有单灯 7 间隔、双灯 6 间隔、4 灯 4 间隔三种流动组合，正序及反序两种流动方向，1s 及 1ms 两种流动速率。标语牌底色灯节拍为 1ms，工作方式为正向亮至全亮，熄灭 2ms 后，反向单灯流动 1 周，熄灭 2ms 后，从中间向两边分别点亮至全亮后，熄灭 2ms 再循环。流水灯流动组合及方向、速率选择均在 PLC 输入口加接开关由操作人员控制。

表 8-12   变换类负载接通时间安排表

时间区间	负载 8 (Y7)	负载 7 (Y6)	负载 6 (Y5)	负载 5 (Y4)	负载 4 (Y3)	负载 3 (Y2)	负载 2 (Y1)	负载 1 (Y0)
0~12s	1	0	1	1	0	0	0	1
13~20s	1	1	1	0	0	1	1	1
21~40s	0	0	1	0	1	0	0	0
41~45s	0	1	1	1	1	1	1	0
46~50s	1	0	0	0	0	1	1	1
51~55s	0	1	1	1	1	0	1	0
56~60s	1	0	0	0	1	1	1	1

2. 控制系统的 I/O 分配及系统接线

根据系统控制要求，PLC 可选用 FX$_{2N}$-16MT 型，配置扩展单元 FX$_{2N}$-16EYT 两台。灯组均通过无触点开关模块控制。I/O 设备及分配如表 8-13 所示。彩灯控制系统接线图如图 8-35 所示。

表 8-13   I/O 设备及 I/O 点分配

输入口分配		输出口分配	
输入设备	PLC 输入继电器	输出设备	PLC 输出继电器
SB1（启动按钮）	X0	变换类负载 1	Y0
SB2（停止按钮）	X1	变换类负载 2	Y1
S1（舞台流水灯组合方式选择开关）	X2	变换类负载 3	Y2
S2（舞台流水灯组合方式选择开关）	X3	变换类负载 4	Y3
S3（舞台流水灯组合方式选择开关）	X4	变换类负载 5	Y4
S4（舞台流水灯流动方向选择开关）	X5	变换类负载 6	Y5
S5（流水灯流动速率选择开关）	X6	变换类负载 7	Y6
		变换类负载 8	Y7
		舞台流水灯	Y10～Y17
		舞台流水灯	Y20～Y27
		标语牌背景流水灯	Y30～Y37
		标语牌背景流水灯	Y40～Y47

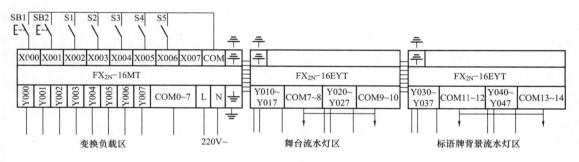

图 8-35   彩灯控制系统接线图

3. 程序的编制

本例从控制对象来说有变换类负载、舞台流水灯及标语牌背景流水灯三类。三类负载是同时工作的。从控制的时间节奏来说有 1s 及 1ms，都取机内时基，三类灯的控制计时统一而方便。三类灯的软件实现策略都不一样，变换类负载控制时间点无规律，采用 1s 时基计数，触点比较指令控制时间范围，用传送指令实现输出口控制。舞台流水灯是循环移位变位方式工作，流动的内容及方向可通过外部开关选择。标语牌背景流水灯采用变址传送预先存储在 D100～D140 的符合运行要求的一组数据实现。灯的启停控制用 MC MCR 主控指令。从程序的安排来看，MC MCR 之前为运行的初始化。MC MCR 之后为输出控制。程序的梯形图如图 8-36 所示。

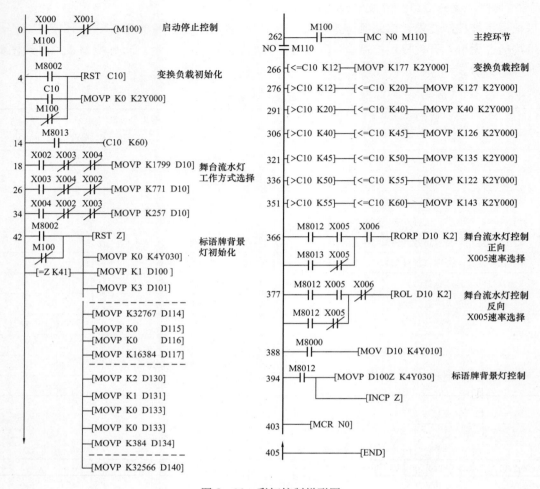

图 8-36 彩灯控制梯形图

第六节　图解 PLC 与变频器在电梯控制中的综合应用

一、控制要求

设计一个三层电梯的控制系统，如图 8-37 所示。其控制要求如下：

（1）电梯停在一层或二层时，按 3AX（三楼下呼）则电梯上行至 3LS 停止；

（2）电梯停在三层或二层时，按 1AS（一楼上呼）则电梯下行至 1LS 停止；

（3）电梯停在一层时，按 2AS（二楼上呼）或 2AX（二楼下呼）则电梯上行至 2LS 停止；

（4）电梯停在三层时，按 2AS 或 2AX 则电梯下行至 2LS 停止；

（5）电梯停在一层时，按 2AS、3AX 则电梯上行至 2LS 停止 t 秒，然后继续自动上行至 3LS 停止；

（6）电梯停在一层时，先按 2AX，后按 3AX（若先按 3AX，后按 2AX，则 2AX 为反向呼梯无效），则电梯上行至 3LS 停止 t 秒，然后自动下行至 2LS 停止；

（7）电梯停在三层时，按 2AX、1AS 则电梯运行至 2LS 停 t 秒，然后继续自动下行至 1LS 停止；

（8）电梯停在三层时，先按 2AS，后按 1AS（若先按 1AS，后按 2AS，则 2AS 为反向呼梯无效），则电梯下行至 1LS 停 t 秒，然后自动上行至 2LS 停止；

（9）电梯上行途中，下降呼梯无效；电梯下行途中，上行呼梯无效；

（10）轿厢位置要求用七段数码管显示，上行、下行用上下箭头指示灯显示，楼层呼梯用指示灯显示，电梯的上行、下行通过变频器控制电动机的正反转。

二、控制系统的I/O分配及系统接线

1. I/O分配

根据三层电梯的控制系统的控制要求，电梯呼梯按钮有一层的上呼按钮 1AS、二层的上呼按钮 2AS 和下呼按钮 2AX 及三层的下呼按钮 3AX，停靠限位行程开关分别为 1LS、2LS、3LS，每层设有上、下运行指示（▲、▼）和呼梯指示，电梯的上、下运行由变频器控制曳引电动机拖动，电动机正转则电梯上升，

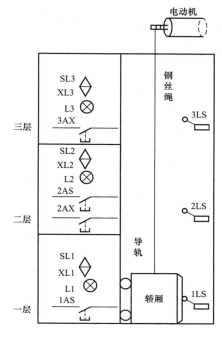

图 8-37 三层电梯的示意图

电动机反转则电梯下降。将各楼层厅门口的呼梯按钮和楼层限位行程开关分别接入 PLC 的输入端子；将各楼层的呼梯指示灯（L1～L3）、上行指示灯（SL1～SL3 并联）、下行指示灯（XL1～XL3 并联）、七段数码管的每一段分别接入 PLC 的输出端子。

从以上分析可知，控制系统共有开关量输入点 7 个、开关量输出点 14 个。但因篇幅有限，本系统未涉及电梯轿厢的开和关，故若考虑实际情况，PLC 可选用 FX_{2N}-48MR 型，I/O 设备及分配如表 8-14 所示。

表 8-14　　　　　　　　　　　　　I/O 设备及 I/O 点分配

输入口分配		输出口分配	
输入设备	PLC 输入继电器	输出设备	PLC 输出继电器
1AS（一层的上呼按钮）	X1	L1（一楼呼梯指示灯）	Y1
2AS（二层的上呼按钮）	X2	L2（二楼呼梯指示灯）	Y2
2AX（二层的下呼按钮）	X10	L3（三楼呼梯指示灯）	Y3
3AX（三层的下呼按钮）	X3	SL1～SL3（上行指示灯）	Y4
1LS（一楼限位开关）	X5	XL1～XL3（下行指示灯）	Y5
2LS（二楼限位开关）	X6	上升 STF	Y11
3LS（三楼限位开关）	X7	下降 STR	Y12
		七段数码管	Y20～Y26

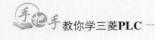

2. 系统接线

根据三层电梯的控制系统的控制要求，变频器采用三菱FR-E740。为了使PLC的控制与变频器有机地结合，变频器必须采用外部信号控制，即变频器的频率（电动机的转速）由可调电阻RP来控制，变频器的运行（即启动、停止、正转和反转）由PLC输出的上升（Y11）和下降（Y12）信号来控制，控制系统接线图如图8-38所示。

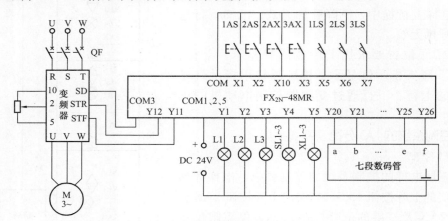

图8-38　三层电梯控制系统接线图

三、程序的编制

电梯由各楼层厅门口的呼梯按钮和楼层限位行程开关进行操纵和控制，其中包括控制电梯的运行方向、呼叫电梯到呼叫楼层，同时电梯的起停平稳度、加减速度和运行速度由变频器加减速时间和运行频率来控制。

（1）各楼层单独呼梯控制。

根据控制要求，一楼单独呼梯应考虑以下情况：电梯停在一楼时（即X5闭合）、电梯在上升时（此时Y4有输出），一楼呼梯（Y1）应无效，其余任何时候一楼呼梯均应有效；电梯到达一楼（X5）时，一楼呼梯信号应消除。二楼上呼单独呼梯应考虑以下情况：电梯停在二楼时（即X6闭合）、电梯在上升至二三楼的这一段时间及电梯在下降至二一楼的这一段时间（此时M10闭合），二楼上呼单独呼梯（M1）应无效，其余任何时候均应有效；电梯上行（Y4）到二楼（X6）和电梯只下行（此时M5的动断触点闭合）到二楼（X6）时，二楼上呼单独呼梯信号应消除。二楼下呼单独呼梯与二楼上呼单独呼梯的情况相似，三楼单独呼梯与一楼单独呼梯的情况相似，其梯形图如图8-39所示。

（2）同时呼梯控制。

根据控制要求，一楼上呼和二楼下呼同时呼梯（M4）应考虑以下情况：首先必须有一楼上呼（Y1）和二楼下呼（M2）信号同时有效；其次在到达二楼（X6）时（此时M7线圈通电）停t秒（t=T0定时时间-变频器的制动时间），t秒后（此时M7线圈无电）又自动下降。三楼下呼和二楼上呼同时呼梯、二楼上呼（先呼）和一楼上呼（后呼）同时呼梯、二楼下呼（先呼）三楼下呼（后呼）同时呼梯的情况与一楼上呼和二楼下呼同时呼梯的情况相似，其梯形图如图8-40所示。

（3）上升、下降运行控制。

根据控制要求及上述分析，上升运行控制应考虑以下情况：

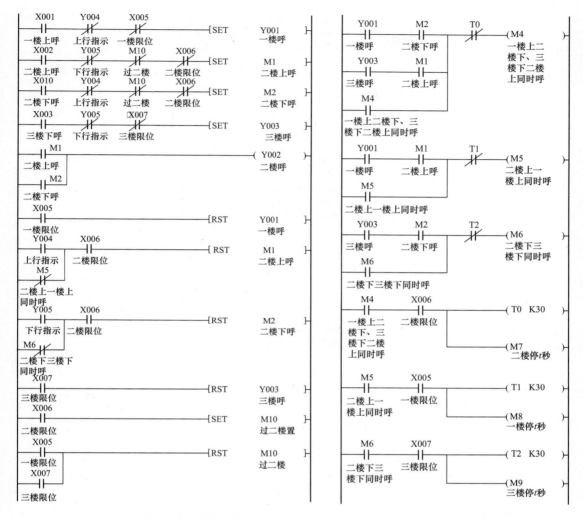

图 8-39　各楼层单独呼梯梯形图　　　　图 8-40　同时呼梯梯形图

三楼单独呼梯有效（即 Y3 有输出）、二楼上呼单独呼梯有效（即 M1 闭合）、二楼下呼单独呼梯有效（即 M2 闭合）、三楼下呼和二楼上呼同时呼梯有效（即 M4 闭合）时（在二楼停 t 秒，M7 动断触点断开）、二楼下呼和三楼下呼同时呼梯有效（即 M6 闭合）时（在三楼停 t 秒，M9 动断触点闭合时转为下行），在上述 4 种情况下，电梯应上升运行。下行运行控制的情况与上升运行控制的情况相似，其梯形图如图 8-41 所示。

（4）轿厢位置显示。

轿厢位置用编码和译码指令通过七段数码管来显示，梯形图如图 8-42 所示。

（5）电梯控制梯形图。

根据以上控制方案的分析，三层电梯的梯形图如图 8-43 所示。

四、PLC、变频器参数的确定和设置

为使电梯准确平层，增加电梯的舒适感，发挥 PLC、变频器的优势，设定以下参数（括号内为参考设定值）：

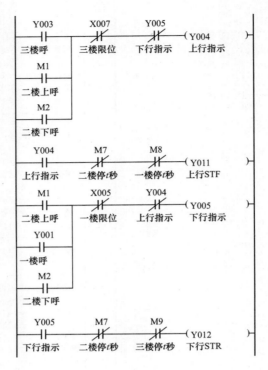

图 8－41　上升、下降运行梯形图

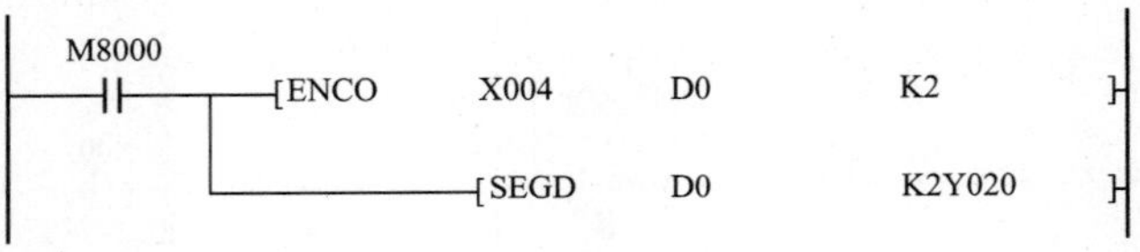

图 8－42　轿厢位置显示梯形图

（1）上限频率 Pr.1（50Hz）；

（2）下限频率 Pr.2（5Hz）；

（3）加速时间 Pr.7（3s）；

（4）减速时间 Pr.8（4s）；

（5）电子过电流保护 Pr.9（等于电动机额定电流）；

（6）启动频率 Pr.13（0Hz）；

（7）适应负荷选择 Pr.14（2）；

（8）点动频率 Pr.15（5Hz）；

（9）点动加减速时间 Pr.16（1s）；

（10）加减速基准频率 Pr.20（50Hz）；

（11）操作模式选择 Pr.79（2）；

（12）PLC 定时器 T0 的定时时间（6s）。

以上参数必须设定，对于实际运行中的电梯，还必须根据实际情况设定其他参数。

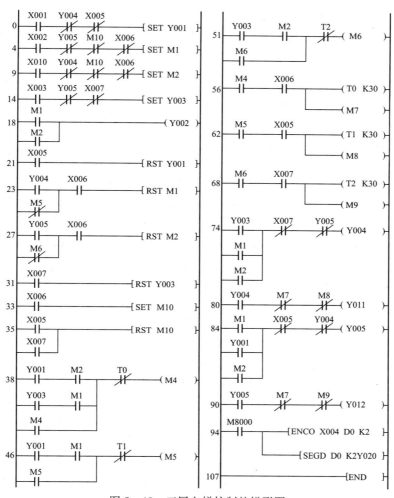

图 8-43　三层电梯控制的梯形图

第七节　图解 PLC 与变频器、触摸屏在恒压供水系统中的应用

一、变频器恒压供水系统的基本构成

如图 8-44 所示为恒压供水泵站的构成示意图。图中压力传感器用于检测管网中的水压，常装设在泵站的出水口。当用水量大时，水压降低，用水量小时，水压升高。水压传感器将水压的变化转变为电流或电压的变化送给调节器。

调节器是一种电子装置，在系统中完成以下几种功能：

（1）调节器设定水管压力的给定值。恒压供水水压的高低根据需要而设定。供水距离越远，用水地点越高，系统所需供水压力越大。给定值即是系统正常工作时的恒压值。另外有些供水系统可能有

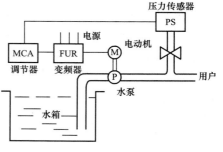

图 8-44　变频恒压供水系统的基本构成

269

多种用水目的，如将生活用水与消防用水共用一个泵站，水压的设定值可能不止一个，一般消防用水的水压要高一些。调节器具有给定值设定功能，可以用数字量进行设定，也有的调节器以模拟量方式设定。

（2）调节器接收传感器送来的管网水压的实测值。管网实测水压回送到泵站控制装置称为反馈，调节器是反馈的接收点。

（3）调节器根据给定值与实测值的综合，依一定的调节规律发出系统调节信号。调节器接收了水压的实测反馈信号后，将它与给定值比较，得到给定值与实测值之差。如果给定值大于实测值，说明系统水压低于理想水压，要加大水泵电动机的转速；如果水压高于理想水压，要降低水泵电动机的转速。这些都由调节器的输出信号控制。为了实现调节的快速性与系统的稳定性，调节器工作中还有个调节规律问题，传统调节器的调节规律多是比例—积分—微分调节，俗称 PID 调节器。调节器的调节参数，如 P、I、D 参数均是可以由使用者设定的，PID 调节过程视调节器的内部构成有数字式调节及模拟量调节两类，以微型计算机为核心的调节器多为数字式调节。

调节器的输出信号一般是模拟信号，4～20mA 变化的电流信号或 0～10V 间变化的电压信号。信号的量值与前边提到的差值成比例，用于驱动执行设备工作。在变频恒压供水系统中，执行设备就是变频器。

二、PLC 在恒压供水泵站中的主要任务

（1）代替调节器。实现水压给定值与反馈值的综合与调节工作，实现数字式 PID 调节。一只传统调节器往往只能实现一路 PID 设置，用 PLC 作调节器可同时实现多路 PID 设置，在多功能供水泵站的各类工况中 PID 参数可能不一样，使用 PLC 作数字式调节器就十分方便。

（2）控制水泵的运行与切换。在多泵组恒压供水泵站中，为了使设备均匀地磨损，水泵及电动机是轮换工作的。在设单一变频器的多泵组泵站中，和变频器相连接的水泵（称变频泵）也是轮流担任的。变频泵在运行且达到最高频率时，增加一台工频泵投入运行。PLC 则是泵组管理的执行设备。

（3）变频器的驱动控制。恒压供水泵站中变频器常采用模拟量控制方式，这需采用具有模拟量输入/输出的 PLC 或采用 PLC 的模拟量扩展模块，水压传感器送来的模拟信号输入到 PLC 或模拟量模块的模拟量输入端，而输出端送出经给定值与反馈值比较并经 PID 处理后得出的模拟量控制信号。并依此信号的变化改变变频器的输出频率。

（4）泵站的其他逻辑控制。除了泵组的运行管理工作外，泵站还有许多逻辑控制工作，如手动、自动操作转换、泵站的工作状态指示、泵站工作异常的报警、系统的自检等，这些都可以在 PLC 的控制程序中安排。

三、控制实例

1. 控制要求

设计一个恒压供水系统，其控制要求如下。

（1）共有两台水泵，要求一台运行，一台备用，自动运行时泵运行累计 100h 轮换一次，手动时不切换；

（2）两台水泵分别由 M1、M2 电动机拖动，由 KM1、KM2 控制；

（3）切换后起动和停电后起动须 5s 报警，运行异常可自动切换到备用泵，并报警；

（4）水压在 0～1MPa 可调，通过触摸屏输入调节；

（5）触摸屏可以显示设定水压、实际水压、水泵的运行时间、转速、报警信号等；

2. 控制系统的 I/O 分配及系统接线

（1）I/O 分配。

根据系统控制要求，选用 F940GOT-SWD 触摸屏，触摸屏和 PLC 输入/输出分配见表 8-15。

表 8-15　　　　　　　　　　　I/O 设备及 I/O 点分配

触摸屏输入、输出				PLC 输入、输出			
触摸屏输入		触摸屏输出		PLC 输入		PLC 输出	
软元件	功能	软元件	功能	输入设备	输入继电器	输出设备	输出继电器
M500	自动启动	Y0	1 号泵运行指示	1 号泵水流开关	X1	KM1（控制1 号泵接触器）	Y0
M100	手动 1 号泵	Y1	2 号泵运行指示	2 号泵水流开关	X2	KM2（控制2 号泵接触器）	Y1
M101	手动 2 号泵	T20	1 号泵故障	过压保护开关	X3	报警器 HA	Y4
M102	停止	T21	2 号泵故障			变频器正转启动端子 STF	Y10
M103	运行时间复位	D101	当前水压				
M104	清除报警	D502	泵累计运行的时间				
D500	水压设定	D102	电动机的转速				

（2）系统接线。

根据控制系统的控制要求，PLC 选用 FX₂ₙ-32MR 型，变频器采用三菱 FR-E740，模拟量处理模块采用输入/输出混合模块 FX₀ₙ-3A，变频器通过 FX₀ₙ-3A 的模拟输出来调节电动机的转速。根据控制要求及 I/O 分配，控制系统接线图如图 8-45 所示。

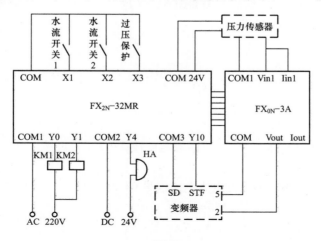

图 8-45　控制系统接线图

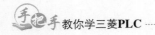

3. 触摸屏画面制作

根据系统控制要求，触摸屏制作画面如图 8-46 所示。

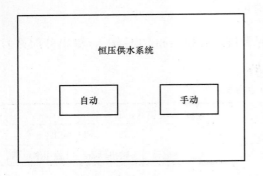

(a)

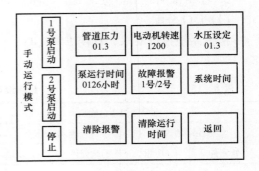

(b)

(c)

图 8-46 触摸屏画面

(a) 触摸屏首页画面；(b) 手动运行画面；(c) 自动运行画面

4. 程序的编制

根据系统的控制要求，控制梯形图如图 8-47 所示。

5. 变频器参数的确定和设置

(1) 上限频率 Pr.1＝50Hz；

(2) 下限频率 Pr.2＝30Hz；

(3) 变频器基准频率 Pr.3＝50Hz；

(4) 加速时间 Pr.7＝3s；

(5) 减速时间 Pr.8＝3s；

(6) 电子过电流保护 Pr.9＝电动机的额定电流；

(7) 启动频率 Pr.13＝10Hz；

(8) 设定端子 2-5 间的频率设定为电压信号 0～10V Pr.73＝1；

(9) 允许所有参数的读/写 Pr.160＝0；

(10) 操作模式选择（外部运行）Pr.79＝2。

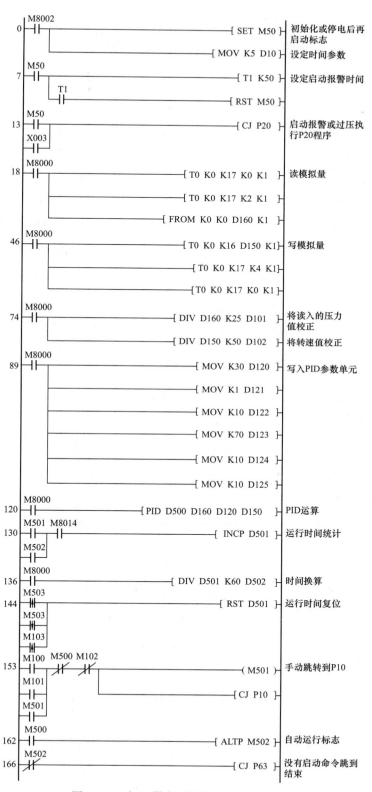

图 8-47 恒压供水系统控制梯形图（一）

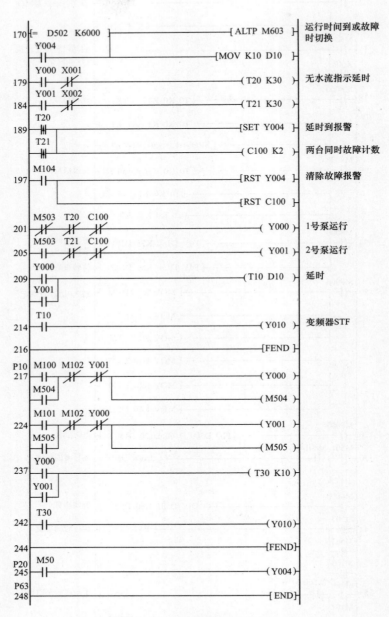

图 8-47　恒压供水系统控制梯形图（二）

第八节 图解 PLC 与变频器、触摸屏在中央空调节能改造技术中的应用

一、中央空调系统概述

中央空调系统主要由冷冻机组、冷却水塔、房间风机盘管及循环水系统（包括冷却水和冷冻水系统）、新风机等组成。在冷冻水循环系统中，冷冻水在冷冻机组中进行热交换，在冷冻泵的作用下，将温度降低了的冷冻水（称出水）加压后送入末端设备，使房间的温度下降，然后流回冷冻机组（称回水），如此反复循环。在冷却水循环系统中，冷却水吸收冷冻机组释放的热量，在冷却泵的作用下，将温度升高了的冷却水（称出水）压入冷却塔，在冷却塔中与大气进行热交换，然后温度降低了的冷却水又流进冷冻机组，如此不断循环。中央空调循环水系统的工作示意图如图 8-48 所示。

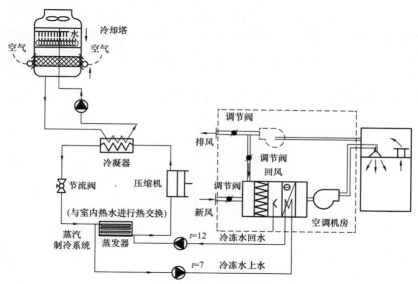

图 8-48 中央空调循环水系统的工作示意图

二、中央空调水系统的节能分析

目前国内仍有许多大型建筑中央空调水系统为定流量系统，水系统的能耗一般约占空调系统总能耗量的 15%～20%。现行定水量系统都是按设计工况进行设计的，它以最不利工况为设计标准，空调负荷大都采用估算法，因此冷水机组和水泵容量往往过大。但是几乎所有空调系统，最大负荷出现的时间很少，绝大部分时间在部分负荷下运行。而在实际运行时，由于缺乏先进的中央空调控制与管理技术装备，中央空调系统一直沿用着传统的开关控制方式，不能实现空调冷媒流量跟随末端负荷的变化而动态调节，在部分负荷运行时不仅浪费水泵的能量，制冷机的效率也大大降低。而由于变水量系统中的水泵能够按实际所需的流量和扬程运行，成为一种有效的节能手段。所以，要降低空调系统的运行能耗，对现有中央空调水系统进行节能改造是十分有必要的。

1. 变水量系统的基本原理

变水量系统运行的基本原理可用热力学第一定律表述为：

$$q = Q \cdot C \cdot \Delta t \qquad (8-1)$$

式中 　q——系统冷负荷；

　　　Q——冷水流量；

　　　C——水的比热；

　　　Δt——冷水系统送回水温差。

热力学第一定律表明，在冷水系统中，可以根据实际冷负荷的大小调整冷水流量或冷水系统送回水温差。在冷水系统盘管或负荷末端，进行冷水系统设计时，q、C、Δt 已经确定，q 为系统设计工况下的冷负荷，Δt 为按规范确定的温差，一般取 5℃，因此冷水量也被确定，系统按这些值设计选择设备。当系统设计完成并投入运行后，q 成了独立参数，它与室外的气象条件和室内散热量等诸多因素相关。当系统冷负荷 q 变化时，为保证式（8-1）的平衡，由热力学第一定律，系统也必须相应改变冷水流量 Q 或温差 Δt 的大小。例如当冷负荷在某一时刻为设计值的 50%，并且冷水送水温度不变，如果改变送回水温差 Δt，而保持流量 Q 不变，则形成定流量系统。如果保持冷水送回水温差 Δt 不变，改变冷水流量 Q 则形成变水量系统。理想的变水量系统，其送回水温差保持不变，而使冷水流量与负荷成线性关系。如果使流量与负荷真正满足式（8-1），则必须使用变速水泵。

2. 水泵的基本原理

离心水泵的相似定律又称为比例定律，表示如下：

$$\frac{Q_1}{Q_2} = \frac{n_1}{n_2} \qquad (8-2)$$

$$\frac{H_1}{H_2} = \frac{n_1^2}{n_2^2} \qquad (8-3)$$

$$\frac{P_1}{P_2} = \frac{n_1^3}{n_2^3} \qquad (8-4)$$

式中 　Q——水泵流量；

　　　H——水泵扬程；

　　　P——水泵功率；

　　　n——水泵转速。

3. 水泵变频调速节能原理

中央空调系统中的冷冻水系统、冷却水系统是完成外部热交换的两个循环水系统。以前，对水流量的控制是通过挡板和阀门来调节的，许多电能被白白浪费在挡板和阀门上；如果换成交流调速系统，把浪费在挡板和阀门上的能量省下来，每台冷冻水泵、冷却水泵平均节能效果就很可观。故采用交流变频技术控制水泵的运行，是目前中央空调水系统节能改造的有效途径之一。

图 8-49 给出了阀门调节和变频调速控制两种状态的扬程-流量（$H-Q$）关系。图 8-49 中曲线①为泵在转速 n_1 下的扬程-流量特性，曲线②为泵在转速 n_2 下的扬程-流量特性，曲线③为阀门关小时的管阻特性曲线，曲线④为阀门正常时的管阻特性。

假设泵在标准工作点 A 的效率最高，输出流量 Q_1 为 100%，此时轴功率 P_1 与 Q_1、H_1 的乘积（即面积 AH_1OQ_1）成正比。当流量需从 Q_1 减小到 Q_2 时，如果采用调节阀门方法（相当于增加管网阻力），使管阻特性从曲线④变到曲线③，系统轴功率 P_3 与 Q_2、H_3 的乘积（即面积 BH_3OQ_2）成正比。如果采用阀门开度不变，降低转速，泵转速由 n_1 降到 n_2，在满足同样流量 Q_2 的情况下，泵扬程 H_2 大幅降低，轴功率 P_2 和 P_3 相比较，将显著减小，节省的功率损耗 ΔP 与面积 BH_3H_2C 成正比，节能的效果是十分明显的。

由前面分析可知：对于变频调速来说，转速基本上与电源频率 f 成正比，而对于水泵来说，根据相似定律，即式（8-2）、式（8-3）、式（8-4）可知：水泵流量与频率成正比，水泵扬程与频率的平方成正比，水泵消耗的功率与频率的三次方成正比。如水泵转速下降到额定转速的 60%，即频率 $f=30\text{Hz}$ 时，其电动机轴功率下降了 78.4%，即节电率为 78.4%。因此，用变频调速的方法来减少水泵流量是值得大力提倡的。

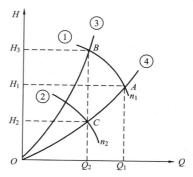

图 8-49 扬程-流量 $(H-Q)$ 关系曲线

三、中央空调节能改造实例

1. 大厦原中央空调系统的概况

某商贸大厦中央空调为一次泵系统，该大厦冷冻水泵和冷却泵电机全年恒速运行，冷冻水和冷却水进出水温差都约为 $2℃$，采用继电接触器控制。

冷水机组：中央空调系统采用两台（一用一备）开利水冷冷水机组，单机制冷量为 400USRT，电动机功率为 300kW。

冷冻水泵：冷冻水泵两台（一用一备），电动机功率为 55kW，电动机启动方式为自耦变压器启动。

冷却水泵：冷却水泵两台（一用一备），电动机功率为 75kW，电动机启动方式为自耦变压器启动。

冷却塔风机：冷却塔三座，每座风机台数为一台，风机额定功率为 5.5kW，额定电流为 13A，电机启动方式为直接启动。

该大厦中央空调系统的最大负载能力是按照天气最热，负荷最大的条件来设计的，存在着很大宽裕量，但实际上系统极少在这些极限条件下工作。一年中只有几十天时间中央空调处于最大负荷。大厦原中央空调水系统除了存在很大的能量损耗，同时还会带来以下一系列问题：

（1）水流量过大使循环水系统的温差降低，恶化了主机的工作条件、引起主机热交换效率下降，造成额外的电能损失。

（2）水泵采用自耦变压器启动，电动机的启动电流较大，会对供电系统带来一定冲击。

（3）传统的水泵启、停控制不能实现软启、软停，在水泵启动和停止时，会出现水锤现象，对管网造成较大冲击，容易对机械零件、轴承、阀门、管道等造成破坏，增加维修工作量和备件费用。

为使循环水量与负荷变化相适应，采用成熟的变频调速技术对循环系统进行改造，是降低水循环系统能耗的较好解决方案。一方面能够控制冷冻（却）泵的转速，即改变冷冻（却）水的流量，来跟踪冷冻（却）水的需求量，随着负载的变化调节水流量，从而节约能源；另一方面，因变频器是软启动方式，电机在启动时及运转过程中均无冲击电流，可有效延长电机、接触器及机械散件、轴承、阀门、管道的使用寿命。

2. 节能改造措施

结合大厦原中央空调水系统的实际情况，确定大厦水系统节能改造措施如下。

（1）由于系统中冷却水泵功率为75kW，相对主机功率接近30%较大，故对冷却水系统和冷冻水系统都进行变流量改造，在保证机组安全可靠运行的基础上，取得最大化的节能效果。

（2）冷冻水系统的控制方案采用定温差控制方法，因为冷冻水系统的温差控制适宜用于一次泵定流量系统的改造，施工较容易，将冷冻水的送回水温差控制在4.5～5℃。

PLC通过温度传感器及温度模块将冷冻水的出水温度和回水温度读入内存，根据回水和出水的温差值来控制变频器的转速，从而调节冷冻水的流量，控制热交换的速度。温差大，说明室内温度高，应提高冷冻泵的转速，加快冷冻水的循环速度以增加流量，加快热交换的速度；反之温差小，则说明室内温度低，可降低冷冻泵的转速，减缓冷冻水的循环速度以降低流量，减缓热交换的速度，达到节能的目的。

（3）冷却水系统的控制方案也采用定温差控制方法，因为冷却水系统定温差控制的主机性能明显优于冷却水出水温度控制，将冷却水的进出水温差控制在4.5～5℃。

PLC通过温度传感器及温度模块将冷却水的出水温度和进水温度读入内存，根据出水和进水的温差值来控制变频器的转速，调节冷却水的流量，控制热交换的速度。因此，对冷却水来说，以出水和进水的温差作为控制依据，实现出水和进水的恒温差控制是比较合理的。温差大，说明冷冻机组产生的热量大，应提高冷却泵的转速，加大冷却水的循环速度；温差小，说明冷冻机组产生的热量小，应降低冷却泵的转速，减缓冷却水的循环速度，达到节能的目的。

（4）由于冷却塔风机的额定功率为5.5kW，比较小，故不考虑对风机进行变频调速。

（5）两台冷却水泵M1、M2和两台冷冻水泵M3、M4的转速控制采用变频节能改造方案。正常情况下，系统运行在变频节能状态，其上限运行频率为50Hz，下限运行频率为30Hz；当节能系统出现故障时，可以启动原水泵的控制回路使电动机投入工频运行；在变频节能状态下可以自动调节频率，也可以手动调节频率，每次的调节量为0.5Hz。两台冷冻水泵（或冷却水泵）可以进行手动轮换。

3. 节能改造控制系统的功能结构图

为了用户直观方便的使用，需要给予人机界面，故采用触摸屏＋PLC＋变频器的控制系统结构，控制系统的功能结构图如图8-50所示。

4. 节能改造控制系统的设计

因篇幅有限，下面仅以冷却水泵为例介绍其节能改造控制系统的设计。

（1）设计方案。

冷却水泵M1主回路电气原理图如图8-51所示，接触器KM3为M1的旁路接触器，当KM3接通后，可启动原水泵的控制回路使电动机投入工频运行，接触器KM1为M1的变频接触器；而冷却水泵M2主回路电气原理图与M1相似，接触器KM2、KM4分别为冷却水泵M2的变频接触器、旁路接触器，两台冷却水泵的变频接触器通过PLC进行控制，旁路接触器通过继电器电路控制，变频接触器和旁路接触器相互之间有电气互锁。

控制部分通过两个铂温度传感器（PT100）采集冷却水的出水和进水温度，然后通过与之连接的FX$_{2N}$-4AD-PT特殊功能模块，将采集的模拟量转换成数字量传送给PLC，再通过PLC进行运算，将运算的结果通过FX$_{2N}$-2DA将数字量转换成模拟量［0～10V（DC）］来控制变频器的转速。出水和进水的温差大，则水泵的转速就大；温差小，则水泵的转速就小，从而使温差保持在一定的范围内（4.5～5℃），达到节能的目的。

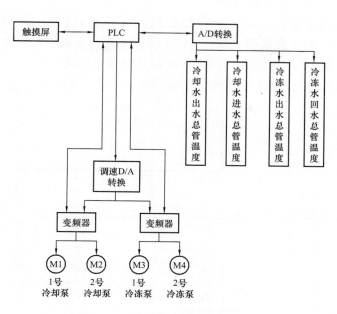

图 8-50　控制系统的功能结构图

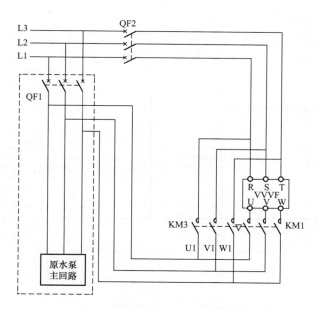

图 8-51　冷却水泵 M1 的主回路电气原理图

（2）控制系统的 I/O 分配及系统接线。

根据系统控制要求，选用 F940GOT-SWD 触摸屏，PLC 选用 FX$_{2N}$-48MR 型，触摸屏和 PLC 输入、输出分配如下：

X0：变频器报警输出信号；M0：冷却泵启动按钮；M1：冷却泵停止按钮；

M2：冷却泵手动加速；M3：冷却泵手动减速；M5：变频器报警复位；

M6：冷却泵 M1 运行；M7：冷却泵 M2 运行；M10：冷却泵手动/自动调速切换；

Y0：变频运行信号（STF）；Y1：变频器报警复位；Y4：变频器报警指示；

Y6：冷却泵自动调速指示；Y10：冷却泵 M1 变频运行；Y11：冷却泵 M2 变频运行。

数据寄存器 D20 为冷却水回水温度，D21 为冷却水出水温度，D25 为冷却水出回水温差，D1001 为变频器运行频率显示，D1010 为 D/A 转换前的数字量。

根据控制系统的控制要求，其冷却泵的接线图如图 8-52 所示。

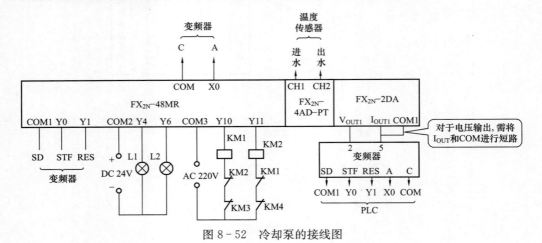

图 8-52　冷却泵的接线图

（3）触摸屏画面制作。

触摸屏画面的制作参见图 8-53。

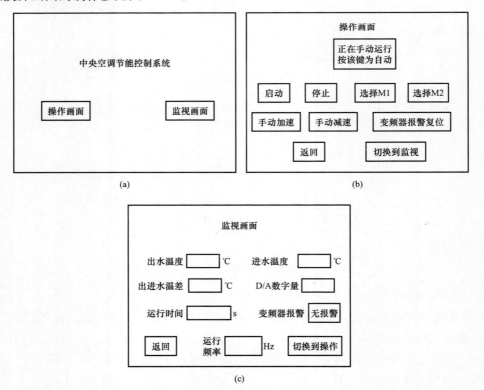

图 8-53　触摸屏画面

（a）触摸屏首页画面；（b）触摸屏操作画面；（c）触摸屏监视画面

（4）编制程序。

控制程序主要由以下几部分组成：冷却水出进水温度检测及温差计算程序、D/A转换程序、手动调速程序、自动调速程序和变频器、水泵启停报警的控制程序。

冷却水出进水温度检测及温差计算程序：CH1通道为冷却水进水温度（D20），CH2通道为冷却水出水温度（D21），D25为冷却水出进水温差，其程序如图8-54所示。

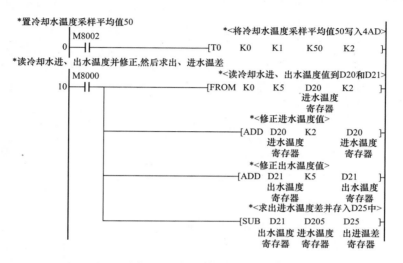

图8-54 冷却水出进水温度检测及温差计算程序

D/A转换程序：进行D/A数模转换的数字量存放在数据寄存器D1010中，它通过FX$_{2N}$-2DA模块将数字量变成模拟量，由CH1通道输出给变频器，从而控制变频器的转速以达到调节水泵转速的目的，其程序如图8-55所示。

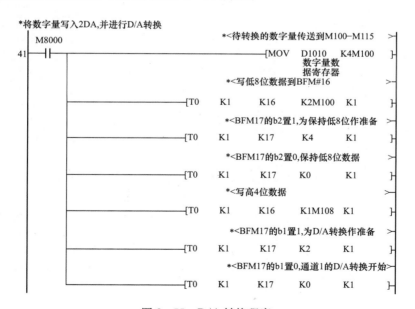

图8-55 D/A转换程序

手动调速程序：M2为冷却泵手动转速上升，每按一次频率上升0.5Hz，M3为冷却泵

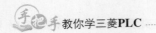

手动转速下降，每按一次频率下降0.5Hz，冷却泵的手动和自动频率调整的上限都为50Hz，下限都为30Hz，其程序如图8-56所示。

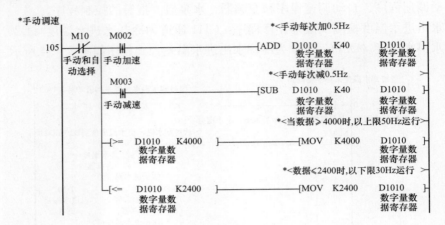

图8-56 手动调速程序

自动调速程序：因冷却水温度变化缓慢，温差采集周期4s比较符合实际需要。当温差大于5℃时，变频器运行频率开始上升，每次调整0.5Hz，直到温差小于5℃或者频率升到50Hz时才停止上升；当温差小于4.5℃时，变频器运行频率开始下降，每次调整0.5Hz，直到温差大于4.5℃或者频率下降到30Hz时才停止下降。这样，保证了冷却水出进水的恒温差（4.5~5℃）运行，从而达到了最大限度的节能，其程序如图8-57所示。

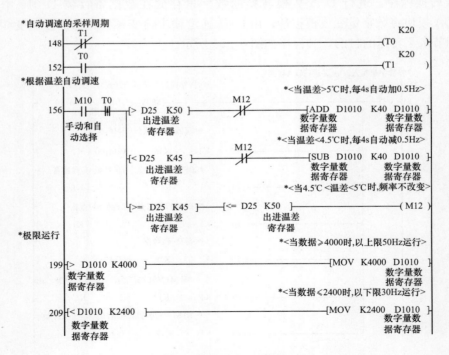

图8-57 自动调速程序

变频器、水泵启停报警的控制程序：变频器的启、停、报警、复位，冷却泵的轮换及变频器频率的设定、频率和时间的显示等均采用基本逻辑指令来控制，其控制程序如图8-58所示。将图8-54～图8-58的程序组合起来，即为系统的控制程序。

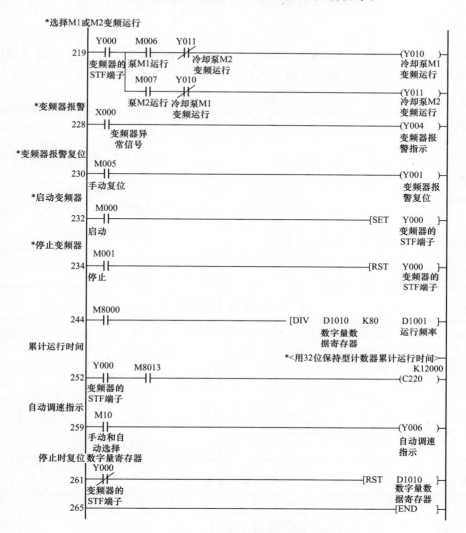

图8-58　变频器、水泵启停报警的控制程序

附录 A　FX₂N系列 PLC 技术性能指标

FX₂N系列 PLC 技术性能指标包括一般技术指标、电源技术指标、输入技术指标、输出技术指标和性能技术指标，分别如附表 A1～附表 A5 所示。

附表 A1　　　　　　　　　　　**FX₂N一般技术指标**

环境温度	使用时：0～55℃，储存时：－20～＋70℃				
环境温度	35％～89％RH 时（不结露）使用				
抗振	JIS C0911 标准 10～55Hz 0.5mm（最大 2G）3 轴方向各 2h（但用 DIN 导轨安装时 0.5G）				
抗冲击	JIS C0912 标准　10G　3 轴方向各 3 次				
抗噪声干扰	在用噪声仿真器产生电压为 1000Vp－p、噪声脉冲宽度为 $1\mu s$、周期为 30～100Hz 的噪声干扰时工作正常				
耐压	1500V（AC）1min	所有端子与接地端之间			
绝缘电阻	5MΩ 以上（DC 500V 兆欧表）				
接地	第三种接地，不能接地时也可浮空				
使用环境	无腐蚀性气体、无尘埃				

附表 A2　　　　　　　　　　　**FX₂N电源技术指标**

项目	FX₂N-16M	FX₂N-32M FX₂N-32E	FX₂N-48M FX₂N-48E	FX₂N-64M	FX₂N-80M	FX₂N-128M
电源电压	100～240V（AC）50/60Hz					
允许瞬时断电时间	对于 10ms 以下的瞬间断电，控制动作不受影响					
电源保险丝	250V3.15A, $\phi5\times20$mm		250V 5A, $\phi5\times20$mm			
电力消耗/（VA）	35	40（32E35）	50（48E45）	60	70	100
传感器电源 无扩展部件	DC 24V 250mA 以下		DC 24V 460mA 以下			
传感器电源 有扩展部件	DC 5V 基本单元 290mA 扩展单元 690mA					

附表 A3　　　　　　　　　　　**FX₂N输入技术指标**

输入电压	输入电流		输入 ON 电流		输入 OFF 电流		输入阻抗		输入隔离	输入响应时间
	X000～7	X010 以内	X000～7	X010 以内	X000～7	X010 以内	X000～7	X010 以内		
DC 24V	7mA	5mA	4.5mA	3.5mA	≤1.5mA	≤1.5mA	3.3kΩ	4.3kΩ	光电绝缘	0～60ms 可变

注　输入端 X0～X17 内有数字滤波器，其响应时间可由程序调整为 0～60ms。

附表 A4　　　　　　　　　　　**FX₂N输出技术指标**

项目		继电器输出	晶闸管输出	晶体管输出
外部电源		AC 250V，DV 30V 以下	AC 85～240V	DC 5～30V
最大负载	电阻负载	2A/1 点；8A/4 点共享；8A/8 点共享	0.3A/1 点 0.8A/4 点	0.5A/1 点 0.8A/4 点
	感性负载	80VA	15VA/AC 100V 30VA/AC 200V	12W/DC 24V
	灯负载	100W	30W	1.5W/DC 24V

续表

项目		继电器输出	晶闸管输出	晶体管输出
开路漏电流		—	1mA/AC 100V 2mA/AC 200V	0.1mA 以下/DC 30V
响应时间	OFF 到 ON	约 10ms	1ms 以下	0.2ms 以下
	ON 到 OFF	约 10ms	最大 10ms	0.2ms 以下①
电路隔离		机械隔离	光电晶闸管隔离	光电耦合器隔离
动作显示		继电器通电 时 LED 灯亮	光电晶闸管驱 动时 LED 灯亮	光电耦合器隔离 驱动时 LED 灯亮

① 响应时间 0.2ms 是在条件为 24V/200mA 时，实际所需时间为电路切断负载电流到电流为 0 的时间，可用并接续流二极管的方法改善响应时间。大电流时为 0.4mA 以下。

附表 A5　　　　　　　　**FX₂ₙ性能技术指标**

运算控制方法			存储程序反复运算方法（专用 LSI），中断命令
输入输出控制方法			批处理方式（在执行 END 指令时），但有输入输出刷新指令
运算处理速度	基本指令		$0.08\mu s$/指令
	应用指令		$(1.52\mu s \sim$数白$\mu s)$/指令
程序语言			继电器符合＋步进梯形图方式（可用 SFC 表示）
程序容量存储器形式			内附 8K 步 RAM，最大为 16K 步（可选 RAM，EPROM、EEPROM 存储卡盒）
指令数	基本、步进指令		基本（顺控）指令 27 个，步进指令 2 个
	应用指令		128 种 298 个
输入继电器（扩展合用时）			X000～X267（八进制编号）184 点
输出继电器（扩展合用时）			Y000～Y267（八进制编号）184 点
辅助继电器	一般用①		M000～M499① 500 点
	锁存用		M500～M1023② 524 点，M1024～M3071③ 2048 点
	特殊用		M8000～M8255 256 点
状态寄存器	初始化用		S0～S9 10 点
	一般用		S10～S499① 490 点
	锁存用		S500～S899② 400 点
	报警用		S900～S999③ 100 点
定时器	100ms		T0～T199 （0.1～3276.7s） 200 点
	10ms		T200～T245 （0.01～327.67s） 46 点
	1ms（积算型）		T246～T249③ （0.001～32.767s） 4 点
	100ms（积算型）		T250～T255③ （0.1～3276.7s） 6 点
	模拟定时器（内附）		1 点③
计数器	增计数	一般用	C0～C99① （0～32，767） （16 位） 100 点
		锁存用	C100～C199② （0～32，767） （16 位） 100 点
	增/减计数用	一般用	C200～C219① （32 位） 20 点
		锁存用	C220～C234② （32 位） 15 点
	高速用		C235～C255 中有：1 相 60kHz 2 点，10kHz 4 点或 2 相 30kHz 1 点，5kHz 1 点

输入继电器 | 输出继电器 合计最大 256 点

辅助继电器 合计 2572 点

运算控制方法			存储程序反复运算方法（专用LSI），中断命令
数据寄存器	通用数据寄存器	一般用	D0～D199（16位）200点
		锁存用	D200～D511（16位）312点，D512～D7999（16位）7488点
	特殊用		D8000～D8195（16位）106点
	变址用		V0～V7，Z0～Z7（16位）16点
	文件寄存器		通用寄存器的D1000③以后可按每500点为单位设定文件寄存器（MAX7000点）
指针	跳转、调用		P0～P127　128点
	输入中断、计时中断		I0□～I8□　9点
	计数中断		I010～I060　6点
	嵌套（主控）		N0～N7　8点
常数	十进制K		16位：−32 768～＋32 767；32位：−2 147 483 648～＋2 147 483 647
	十六进制H		16位：0～FFFF（H）；32位：0～FFFFFFFF（H）
SCF程序			○
注释输入			○
内附RUN/STOP开关			○
模拟定时器			FX₂ₙ−8AV−BD（选择）安装时8点
程序RUN写入			○
时钟功能			○（内藏）
输入滤波器调整			X000～X017　0～60ms可变；FX₂ₙ-16M X000～X007
恒定扫描			○
采样跟踪			○
关键字登录			○
报警信号器			○
脉冲列输出			20kHz/DC 5V 或 10kHz/DC 12～24V　1点

① 非后备锂电池保持区。通过参数设置，可改为后备锂电池保持区。

② 后备锂电池保护区，通过参数设置，可改为非后备锂电池保持区。

③ 后备锂电池固定保持区固定，该区域特性不可改变。

附录 B FX₂N系列 PLC 应用指令顺序排列及其索引

分类	FNC No.	指令符号	功能	D指令	P指令	分类	FNC No.	指令符号	功能	D指令	P指令
程序流	00	CJ	条件跳转	—	○	数据处理	40	ZRST	区间复位	—	○
	01	CALL	子程序调用	—	○		41	DECO	解码	—	○
	02	SRET	子程序返回	—	—		42	ENCO	编码	—	○
	03	IRET	中断返回	—	—		43	SUM	ON 位总数	○	○
	04	EI	允许中断	—	—		44	BON	ON 位判别	○	○
	05	DI	禁止中断	—	—		45	MEAN	平均值	○	○
	06	FEND	主程序结束	—	—		46	ANS	报警器置位	—	—
	07	WDT	监视定时器刷新	—	○		47	ANR	报警器复位	—	○
	08	FOR	循环区起点	—	—		48	SOR	BIN 平方根	○	○
	09	NEXT	循环区终点	—	—		49	FLT	BIN 整数与二进制浮点转换	○	○
传送比较	10	CMP	比较	○	○	高速处理	50	REF	刷新	—	○
	11	ZCP	区间比较	○	○		51	REFF	滤波调整	—	○
	12	MOV	传送	○	○		52	MTR	矩阵输入	—	—
	13	SMOV	移位传送	—	○		53	HSCS	比较置位（高速计数器）	○	—
	14	CML	反向传送	○	○		54	HSCR	比较复位（高速计数器）	○	—
	15	BMOV	块传送	—	○		55	HSZ	区间比较（高速计数器）	○	—
	16	FMOV	多点传送	○	○		56	SPD	速度检测	—	—
	17	XCH	交换	○	○		57	PLSY	脉冲输出	○	—
	18	BCD	BCD 转换	○	○		58	PWM	脉宽调制	—	—
	19	BIN	BIN 转换	○	○		59	PLSR	加减速的脉冲输出	○	—
四则逻辑运算	20	ADD	BIN 加	○	○	方便指令	60	IST	状态初始化	—	—
	21	SUB	BIN 减	○	○		61	SER	数据搜索	○	○
	22	MUL	BIN 乘	○	○		62	ABSD	绝对值式凸轮顺控	○	—
	23	DIV	BIN 除	○	○		63	INCD	增量式凸轮顺控	—	—
	24	INC	BIN 增 1	○	○		64	TTMR	示教定时器	—	—
	25	DEC	BIN 减 1	○	○		65	STMR	特殊定时器	—	—
	26	WAND	逻辑"与"	○	○		66	ALT	交替输出	—	○
	27	WOR	逻辑"或"	○	○		67	RAMP	斜坡信号	—	—
	28	WXOR	逻辑"异或"	○	○		68	ROTC	旋转台控制	—	—
	29	NEG	求补码	○	○		69	SORT	列表数据排序	—	—

续表

分类	FNC No.	指令符号	功能	D指令	P指令	分类	FNC No.	指令符号	功能	D指令	P指令
循环与移位	30	ROR	循环右移	○	○	外部设备IO	70	TKY	0～9数字键输入	○	—
	31	ROL	循环左移	○	○		71	HKY	16键输入	○	—
	32	RCR	带进位右移	○	○		72	DSW	数字开关	—	—
	33	RCL	带进位左移	○	○		73	SEGD	7段码译码	—	○
	34	SFTR	位右移	—	○		74	SEGL	带锁存在7段显示	—	—
	35	SFTL	位左移	—	○		75	ARWS	方向开关	—	—
	36	WSFR	字右移	—	○		76	ASC	ASCII转换	—	—
	37	WSFL	字左移	—	○		77	PR	ASCII码打印输出	—	—
	38	SFWR	"先进先出"写入	—	○		78	FROM	特殊功能模块读出	○	○
	39	SFRD	"先进先出"读出	—	○		79	TO	特殊功能模块写入	○	○
外部设备SER	80	RS	串行数据传送	—	—	时钟运算	160	TCMP	时钟数据比较	—	○
	81	PRUN	八进制位并行传送	○	○		161	TZCP	时钟数据区间比较	—	○
	82	ASCI	HEX→ASCII转换	—	○		162	TADD	时钟数据加	—	○
	83	HEX	ASCII→HEX转换	—	○		163	TSUB	时钟数据减	—	○
	84	CCD	校正代码	—	○		166	TRD	时钟数据读出	—	○
	85	VRRD	模拟量读取	—	○		167	TWR	时钟数据写入	—	○
	86	VRSC	模拟量开关设定	—	○		170	GRY	格雷码转换	○	○
	87						171	GBIN	格雷码逆转换	○	○
	88	PID	PID运算	—	—	接点比较	224	LD=	$(S1)=(S2)$	○	—
	89						225	LD>	$(S1)>(S2)$	○	—
浮点数	110	ECMP	二进制浮点数比较	○	○		226	LD<	$(S1)<(S2)$	○	—
	111	EZCP	二进制浮点数区间比较	○	○		228	LD<>	$(S1)\neq(S2)$	○	—
	118	EBCD	二进制浮点数→十进制浮点数	○	○		229	LD≤	$(S1)\leq(S2)$	○	—
	119	EBIN	十进制浮点数→二进制浮点数	○	○		230	LD≥	$(S1)\geq(S2)$	○	—
	120	EADD	二进制浮点数加	○	○		232	AND=	$(S1)=(S2)$	○	—
	121	ESUB	二进制浮点数减	○	○		233	AND>	$(S1)>(S2)$	○	—
	122	EMUL	二进制浮点数乘	○	○		234	AND<	$(S1)<(S2)$	○	—
	123	EDIV	二进制浮点数除	○	○		236	AND<>	$(S1)\neq(S2)$	○	—
	127	ESQR	二进制浮点数开平方	○	○		237	AND≤	$(S1)\leq(S2)$	○	—
	—	INT	二进制浮点数→BIN整数	○	○		238	AND≥	$(S1)\geq(S2)$	○	—
	130	SIN	浮点数SIN运算	○	○		240	OR=	$(S1)=(S2)$	○	—
	131	COS	浮点数COS运算	○	○		241	OR>	$(S1)>(S2)$	○	—
	132	TIN	浮点数TAN运算	○	○		242	OR<	$(S1)<(S2)$	○	—
	147	SWAP	上下字节转换	○	○		244	OR<>	$(S1)\neq(S2)$	○	—
							245	OR≤	$(S1)\leq(S2)$	○	—
							246	OR≥	$(S1)\geq(S2)$	○	—

注 表中○表示"有";表中—表示"无"。